AF453858

ENCYCLOPÉDIE-RORET.

NOUVEAU MANUEL COMPLET

DE

GÉOLOGIE.

MANUELS-RORET.

NOUVEAU MANUEL COMPLET

DE

GÉOLOGIE,

OU

TRAITÉ ÉLÉMENTAIRE DE CETTE SCIENCE,

COMPRENANT DES NOTIONS SUR LA MINÉRALOGIE ET LA CONCHYLIOLOGIE; LA DESCRIPTION MÉTHODIQUE DE TOUTE L'ÉCORCE DU GLOBE, C'EST-A-DIRE DES TERRAINS, DES FORMATIONS ET DES SUBDIVISIONS DE CES GRANDS GROUPES; DES APPLICATIONS DE LA GÉOLOGIE AUX ARTS ET A L'AGRICULTURE, ET DES CONSIDÉRATIONS SUR LES TRADITIONS BIBLIQUES. SUIVI D'INSTRUCTIONS RELATIVES AUX VOYAGES GÉOLOGIQUES ET D'UN VOCABULAIRE COMPOSÉ DE PRÈS DE 700 MOTS TECHNIQUES ALLEMANDS, ANGLAIS, ITALIENS, ETC., EMPLOYÉS DANS LA GÉOLOGIE ET LA MINÉRALOGIE.

Par M. J.-J.-N. HUOT,

Membre de plusieurs Sociétés savantes nationales et étrangères ; correspondant du Muséum royal d'histoire naturelle de Paris, et du Ministère de l'instruction publique, pour les travaux historiques ; continuateur de la *Géographie physique* de l'Encyclopédie méthodique, et du *Précis de la Géographie universelle* ; auteur du *Nouveau Cours élémentaire de Géologie*, faisant partie des Suites à Buffon.

Ouvrage orné de planches.

PARIS,

A LA LIBRAIRIE ENCYCLOPÉDIQUE DE RORET,

RUE HAUTEFEUILLE, 10 BIS.

1840.

PRÉFACE.

—

Depuis long-tems cet ouvrage est attendu ; nous devions le publier beaucoup plus tôt. Déjà en 1828 il était annoncé, comme sur le point de paraître, dans les catalogues de M. Roret. C'est par des circonstances indépendantes de notre volonté et de celle de l'Éditeur, que le *Manuel de Géologie* est resté en porte-feuille jusqu'à ce moment ; mais il n'en est pas moins le résumé exact des faits géologiques en 1839.

Nous n'avons pas prétendu, en composant cet ouvrage, faire un de ces livres faciles à lire, où la science est cachée sous des fleurs, livres que tout le monde lit et qui n'apprennent rien à personne Le discours le plus fleuri, le plus éloquent sur la géologie, et aucune science, en effet, ne prête plus à l'élé-vation des pensées, ne donnera qu'une idée imparfaite des faits géologiques à celui qui aurait le désir de les étudier.

Nous avons voulu au contraire être méthodique et précis ; exprimer beaucoup de choses en peu de mots ; faire enfin un livre portatif et indispensable à ceux qui veulent étudier et voyager en observateurs.

C'est pour atteindre ce but que cet ouvrage est partagé en *paragraphes,* et que nous en avons proscrit les phrases qui visent à l'effet et voilent plus ou moins les redites.

Cependant la sévérité de notre plan n'enlève point à la science l'intérêt qu'elle présente, et nous croyons même que cet intérêt est devenu plus réel par la marche que nous avons adoptée. Nous commençons la description de la croûte terrestre

par les couches les plus anciennes ; les faits se succèdent dans
leur ordre naturel ; et à la fin de chaque grande époque géologique, nous présentons le tableau de l'état de la Terre à cette
époque : de cette manière l'explication des phénomènes géognostiques devient plus claire, plus utile, plus intéressante
même, et l'exposé de faits aussi matériels que les faits géologiques, élève naturellement l'esprit de l'homme jusqu'à son
Créateur.

Nous n'avons pas négligé de présenter les applications utiles
de la géologie aux arts et à l'agriculture, et d'examiner les
rapports qui existent entre les grands faits géologiques et les
traditions bibliques.

Dans le but d'être utile à ceux qui ont le désir d'étudier la
géologie, nous avons rassemblé, dans le dernier chapitre de
cet ouvrage, les instructions nécessaires sur les voyages géologiques, sur les instrumens dont il faut se munir, sur les vête-
mens les plus commodes, sur les règles de conduite à observer
en voyageant, sur le choix des pays à parcourir pour s'ins-
truire, sur la manière de faire les collections et de dresser les
cartes et les coupes géologiques.

Enfin, nous terminons cet ouvrage par un vocabulaire des
principaux mots techniques allemands, anglais, italiens, etc.,
employés dans la Géologie et la Minéralogie.

NOUVEAU MANUEL

DE

GÉOLOGIE.

CHAPITRE PREMIER.

DÉFINITION ET BUT DE LA GÉOLOGIE.

1. — La *Géologie* est une science qui, ainsi que l'indique son nom, a pour but l'*Histoire de la Terre* (1).

2. — Cette science se compose de deux branches distinctes: la *géognosie* (2) ou la connaissance des faits, la *géogénie* (3) ou l'explication de ces mêmes faits.

3. — Il résulte de ces définitions que la géologie est essentiellement basée sur des observations exactes : c'est en ce sens seulement que cette science se place naturellement en tête de toutes les branches de l'histoire naturelle, et qu'elle cherche ses principaux appuis dans les différentes sciences physiques. Toute découverte de loi naturelle en botanique, en zoologie, en chimie et en physique, non-seulement intéresse la géologie, mais contribue à en étendre les bases ; et comme l'a dit fort judicieusement un savant géologiste anglais, M. J. Phillips, tant que ceux qui s'occupent de cette science suivront la méthode philosophique enseignée par Bacon, la géologie ne pourra jamais devenir une science de spéculation, ni servir d'arène aux discussions relatives à des hypothèses illusoires ou à des conjectures imaginaires.

4. — On ne doit donc en géologie admettre qu'avec beaucoup de réserve les théories et les hypothèses ; ou, pour mieux

(1) *Ge* terre, *logos* traité.
(2) *Ge* terre, *gnosis* connaissance.
(3) *Ge* terre, *genesis* naissance.

dire, on ne doit les considérer que comme les explications provisoires des faits sur lesquels elles sont fondées ; parce que dans l'état où est encore cette science, de nouveaux faits peuvent venir renverser certaines théories qui paraissent inébranlables.

5. — L'étude seule des faits offre à celui qui veut s'occuper de recherches géologiques un aliment assez substantiel, une étude assez attrayante pour qu'il s'en contente ; d'ailleurs l'explication de faits bien observés ne manque jamais à l'observateur : l'essentiel est qu'il n'attache pas aux hypothèses qu'ils lui suggèrent plus d'importance qu'elles n'en méritent réellement.

6. — En résumé la géologie, plus étendue qu'aucune autre science physique, a pour domaine l'étude entière du règne minéral et l'histoire des innombrables races éteintes du règne animal et du règne végétal. Elle nous fait voir dans la disposition des diverses roches qui forment l'écorce terrestre, un ordre régulier de superpositions qui, se répétant dans les localités les plus éloignées, annonce que notre globe a été le théâtre de grands phénomènes qui se sont développés sur toute sa surface et à des époques successives. Dans les amas immenses de débris organiques des deux règnes que recèlent les couches terrestres, elle nous prouve que chacun de ces deux règnes a été l'objet d'un plan et d'une prévoyance admirable dont l'homme devait un jour profiter. Dans les différentes phases de l'action vitale répandue dès que le tems en fut venu, sur la terre, elle nous fait voir que la vie de chacun des groupes d'êtres qui se sont succédés a toujours été en parfaite harmonie avec les conditions physiques dans lesquelles se trouvait le globe, et avec la nature des milieux dans lesquels ils étaient destinés à vivre. Enfin elle nous montre notre planète passant graduellement par différens états jusqu'à l'époque où les végétaux et les animaux qui l'habitent, où l'homme enfin y parurent, parce que toutes les conditions physiques y étaient favorables à leur développement.

Cet exposé rapide, qui n'est que l'énoncé même des faits, suffit pour démontrer le but élevé de la géologie ; il est impossible d'examiner ces faits sans reconnaître et dans leur ensemble, et dans leurs détails la main puissante d'un Dieu créateur.

CHAPITRE II.

CONNAISSANCES ESSENTIELLES A L'ÉTUDE DE LA GÉOLOGIE.

7. — Bien que nous ayons vu précédemment (3—6) que les différentes branches des sciences physiques et naturelles sont utiles à l'étude de la géologie, et que les grandes lois que la chimie, la physique, la zoologie et la botanique, sont appelées à découvrir, sont destinées à étendre les bases de cette science, il ne faut pas croire que l'étude approfondie des autres sciences soit indispensable au géologiste.

Celui-ci a, sans aucun doute, besoin de connaître les bases des différentes branches de connaissances que nous venons de nommer ; mais encore ne lui sont-elles pas indispensables pour faire de bonnes et intéressantes observations.

8. — Les deux sciences auxquelles il emprunte le plus de secours sont la minéralogie et la malacologie : encore n'a-t-il strictement besoin de connaître qu'un petit nombre des principales substances minérales ; afin de pouvoir distinguer les différentes roches qui composent l'enveloppe du globe, et que certaines espèces de mollusques, que quelques polypiers et crustacés caractéristiques des terrains et des formations qui servent à diviser la croûte terrestre.

Nous allons donc jeter un coup d'œil sur les principaux minéraux et les principaux animaux, indispensables à connaître avant d'entreprendre l'étude de la géologie.

CHAPITRE III.

—

SUBSTANCES MINÉRALES INDISPENSABLES A CONNAITRE.

9. — Les espèces minérales bien déterminées s'élèvent au
nombre de 385, qui se groupent en 71 genres, 37 familles et
3 classes. Cette classification, due à M. Beudant, est fondée
sur les principes et l'analyse chimiques ; nous la choisissons
préférablement à toute autre parce que la chimie étant d'un
grand secours pour la géologie dans l'explication de certains
faits, il est utile que le géologiste ne perde pas de vue une
science à laquelle il doit avoir quelquefois recours.

C'est donc dans la nomenclature de M. Beudant que nous
allons indiquer les minéraux les plus essentiels à connaitre. Ils
appartiennent à 2 classes, à 8 familles, à 18 genres et sous-
genres, et constituent seulement 68 espèces ou sous-espèces.

Afin de réduire autant qu'il est possible, l'exposé minéralogique que nous croyons utile de donner ici, nous allons le présenter sous la forme de tableau.

*TABLEAU méthodique et descriptif des principales substances
minérales indispensables à connaitre.*

CLASSE DES GAZOLYTES.

Substances renfermant, comme principe électro-négatif, des
corps gazeux, liquides ou solides susceptibles de former des
combinaisons gazeuses permanentes avec l'oxigène, avec l'hydrogène ou avec le phtore (acide fluorique).

FAMILLE DES SILICIDES.

Corps composés d'oxide de silicium, ou d'acide silicique,
soit seul, soit combiné avec divers oxides.

GENRE SILICE.

Substances infusibles seules, insolubles dans les acides, fusibles avec les alcalis caustiques.

Espèce *Quarz* A.

Quarz hyalin. Substance hyaline ou vitreuse, connue sous le nom de *cristal de roche*, rayant fortement le verre, donnant une lueur phosphorique par le frottement mutuel de deux morceaux, répandant une odeur particulière par le frottement ou la percussion; procurant une impression de froid assez marquée sur le toucher, et suffisante pour servir à distinguer toujours le quarz hyalin des verres artificiels et de plusieurs autres substances d'un aspect vitreux.

Cristallisant dans le système rhomboédrique, et principalement en prisme hexagone régulier terminé par des pyramides à six faces.

Variétés de couleurs. Quarz rouge (sinople), — hématoïde (hyacinthe de Compostelle), — rose (pseudo-rubis), jaune (fausse topaze), — violet (améthyste), — bleu (sidérite), — vert (prase), — brun (topaze enfumée), — noir (diamant d'Alençon).

Variétés de lumière. Quarz gras, terne ou laiteux : chatoyant (œil-de-chat), — opalisant (pseudo-opale), irisé (iris), que l'on obtient d'une manière artificielle, par exemple, en frappant le quarz limpide, — aventuriné (aventurine).

Sous-espèce *Calcédoine* B.

Substance plutôt lithoïde que hyaline, blanchissant au feu sans dégager d'eau, ou en dégageant très peu. — Souvent plus dure que le quarz hyalin. — Ténacité plus grande que dans celui-ci, en sorte qu'elle fait feu plus facilement. — Cassure conchoïde, présentant des zones parallèles comme le verre en masse.

Cristallisant en rhomboèdres.

Cette sous-espèce comprend un grand nombre de variétés dont nous ne citerons que les principales.

Variétés de texture. Calcédoine *compacte* et *opaque* (jaspe).

— *compacte translucide* (agate). — à cassure *conchoïdale esquilleuse* (silex). — à cassure *plate* (silex corné). — *cellulaire* ou *carriée* (silex molaire ou pierre meulière).

Variétés de couleur. Calcédoine *incolore* (calcédoine des lapidaires). — *jaune* ou *roussâtre* (sardoine). — *bleuâtre* et *violâtre* (saphirine). — *vert pomme* (chrisoprase). — *rouge* (cornaline). — à *dentrites noires* ou *rouges* (agate herborisée). — *rubanée* (agate onix). — *panachée* et *zonaire* (cailloux d'Égypte).

Il y a des jaspes *rouges*, *jaunes*, *verts* ou *panachés* de diverses couleurs.

Variétés par altération. Calcédoine *d'un blanc mat* et happant à la langue (cacédoine cacholong) — *terreuse* et *friable* (silex nectique). — *silice pulvérulente*, en poussière plus ou moins dure au toucher.

Espèce *Opale*.

Substance tantôt hyaline, tantôt lithoïde; blanchissant au feu et donnant toujours de l'eau par calcination, rayant le verre, mais ayant peu de tenacité. C'est un hydrate de silice dont les proportions et la composition sont très variables.

Variétés de structure. — Opale *mamelonnée* (hyalite). — *xiloïde* ou bois opalisé (holz-opal). — *incrustante* (geyserite).

Variétés de couleurs. — Opale *diaphane* (opale commune). — *opaque* et *brune* (ménilite). — *résinoïde* (quarz résinite). — *irisée* (opale noble). — *chatoyante* (girasol).

Variétés par altération. Opale *opaque*, happant à la langue et reprenant de la transparence dans l'eau (hydrophane) — *terreuse*, matière tendre qui se délaye même quelquefois dans l'eau.

GENRE SILICATE.

Substance tantôt insoluble dans les acides, tantôt soluble, entrant toujours en fusion avec les alcalis, le carbonate de barite, etc.

Silicates alumineux.

Espèce *Staurotide* (syn. *Granatite*, *Croisette*, *Staurolithe*, *Schorl cruciforme*).

Substance opaque rayant le quarz, et rayée par la topaze;

sa couleur est le rouge, le brun et le noirâtre. Elle cristallise en prismes rhomboïdaux qui, le plus souvent se réunissent au nombre de quatre, tantôt obliquement et tantôt à angle droit.

Espèce *Disthène* (syn. *Cyanithe, Schorl bleu*).

Rayant le verre, mais rayée par une pointe d'acier lorsque l'on suit les stries du clivage. Cristallisant dans le système prismatique.

Variétés de couleurs. Disthène *blanc. — jaune. — bleu* et même noirâtre.

Espèce *Andalousite* (syn. *Macle, Feldspath apyre*).

Substance en prisme droit, à base carrée, de couleur grise, verdâtre, rougeâtre ou rouge, rayant le quarz, rayée par la topaze, infusible au chalumeau, inattaquable par les acides.

Sous-genre Grenat.

Substances vitreuses, cristallisant en dodécaèdres, fusibles toutes au chalumeau.

A. Espèce *Grossulaire* (syn. *Essonite, Aplome*).

Minéral rayant le quarz, couleur verdâtre, jaunâtre ou rouge orangé.

B. Espèce *Almandine* (syn. *Pyrope, Escarboucle, Grenat syrien.*)

Rayant le quarz ; couleur rouge, violette, brune ou noire.

C. Espèce *Mélanite* (syn. *Allochroïte*).

Rayée en général par le quarz ou le rayant très difficilement couleur jaunâtre, brune ou noire.

D. Espèce *Spessartine.*

Rayant le quarz ; couleur rouge ou brune.

Espèce *Mésotype* (syn. *Zéolithe, Natrolithe*).

Substance ordinairement blanche, ne rayant pas le verre, soluble en gelée dans les acides; cristallisant en prismes rhomboïdaux.

Espèce *Idocrase* (syn. *Vésuvienne*, *Chrysolithe*, *Hyacinthe volcanique*).

Substance plus dure que le feldspath, un peu plus dure que le quarz et moins dure que la topaze. Elle cristalise dans le système prismatique. Elle ne donne pas d'eau par la calcination; elle est fusible par digestion dans les acides, et sa solution précipite abondamment par l'oxalate d'ammoniaque.

Variétés de formes. Idocrase *cristallisée.* — *cylindroide.* — *bacillaire.* — *granulaire.*

Variétés de couleurs. Idocrase *verte.* — *bleue* (cyprine). — *brune.* — *noire.*

Sous-genre Feldspath.

Silicate alumineux qui se divise en deux espèces; l'*Orthose* qui contient de la potasse, et l'*Albite* qui renferme de la soude.

Espèce *Orthose* (syn. *Spath fusible*, *Adulaire*).

Substance qui cristallise en prisme oblique rhomboïdal, et qui est susceptible de deux clivages : l'un suivant les bases, l'autre suivant le plan passant par deux diagonales obliques. Elle raye le verre, ne donne pas d'eau par la calcination, est inattaquable par les acides, et fusible au chalumeau en émail blanc.

Espèce *Albite* (syn. Feldspath *vitreux*, *Cleavelandite*, *Eiss-path*.)

Substance vitreuse cristallisant dans le système prismatique oblique; susceptible de trois clivages parallèles aux faces d'un prisme; rayant le verre, rayé par le quarz; ne donnant point d'eau par la calcination; inattaquable par les acides; fusible au chalumeau, et ne se distinguant alors de l'orthose qu'en employant le borax mélangé d'oxide de nickel. Ainsi l'albite ne change pas la couleur brune du globule, tandis que l'orthose fait passer cette teinte au bleu ou au rouge pourpre foncé.

Appendice à cette espèce.

Petrosilex. Substance compacte, à cassure conchoïdale, ou d'un éclat gras à cassure squilleuse.

Obsidienne. Cassure conchoïdale ; couleur noirâtre ou verdâtre, se boursouflant en émail blanc avant de se fondre.

Ponce : substance poreuse, à texture fibreuse, légère et
d'une nature vitreuse.

Silicates alumineux mal connus.

Chlorite ou silicate de fer, mêlé d'alumine ou de magnésie,
en petites lames plus ou moins brillantes et de couleur verte
agrégées plus ou moins fortement.

Glauconie ou terre verte de la craie.

Smaragdite (diallage verte). Substance d'un beau vert, fissile, d'un éclat nacré dans la cassure parallèle aux feuillets.

Silicates alumineux fluorifères.

Espèce *Mica.*

Substance foliacée, cristallisant en prisme hexagone régulier ; divisible en feuillets minces, élastiques, à surface brillante ; rayant facilement le gypse feuilleté ; rayée par le calcaire spathique.

Silicates alumineux renfermant de l'acide borique.

Espèce *Tourmaline.*

Cristallisant dans le système rhomboédrique ; rayant le
quarz et rayée par la topaze ; électrique par la chaleur ; cassure conchoïdale. Ne donnant pas d'eau par la calcination ;
fusible au chalumeau.

Variétés de couleurs. Tourmaline *incolore.* — *jaune.* —
rouge. — *violâtre.* —*indigo.* — *bleue.* — *verte.* — *naire.*

Silicate non alumineux.

Espèce *Zircon* (syn. *Hyacinthe, Ceylanite*).

Substance cristaline, plus dure que le quarz, mais moins
que la topaze : cristallisant dans le système du prisme droit à
base carrée. — Inattaquable aux acides ; infusible au chalumeau, mais perdant sa couleur par l'action du feu.

Varietés de couleurs. Zircon *brun,* — *rougeâtre,* —*verddtre,*
— *jaune,* — *bleuâtre,* — *incolore.*

Espèce *Rhodonite* (syn. *Manganèse rose*, *Manganèse oxdé silicifère*.

Substance rose ou d'un rose violâtre ; ordinairement compacte ou finement granulaire ; quelquefois présentant des indices de cristallisation prismatique ; rayant le verre, faisant feu au briquet ; ne donnant pas d'eau par la calcination, fusible en émail rose au feu de réduction, et en globule noir métalloïde au feu d'oxidation.

Espèce *Calamine* (syn. *Zinc oxidé hydraté siliceux*).

Substance blanchâtre ou jaunâtre, cristallisant dans le système rhomboïdal. Rayant la fluorine, et rayée difficilement par une pointe d'acier. Donnant de l'eau par calcination ; infusible au chalumeau ; soluble en gelée dans les acides.

Silicates magnésiens.

Espèce *Peridot* (syn. *Chrisolithe*, *Olivine*).

Substance vitreuse, le plus souvent verdâtre, cristallisant dans le système prismatique rectangulaire droit ; rayant fortement le verre et presque le quarz ; ne donnant pas d'eau par calcination ; infusible au chalumeau ; inattaquable par les acides.

Espèce *Serpentine* (syn. *Ophite*, *Néphrite*, *Pierre ollaire*).

Substance compacte, quelquefois douce au toucher, tendre, mais tenace, à cassure mate ou d'un aspect céroïde. Donnant de l'eau par calcination ; infusible au chalumeau.

Espèce *Diallage.*

Substance verdâtre ou brunâtre, clivable par deux plans parallèles ; chatoyante sur les faces du clivage ; mate et à cassure compacte ou esquilleuse dans les autres sens. Rayée par une pointe d'acier, quelquefois même par l'ongle. Donnant de l'eau par calcination ; infusible au chalumeau.

Espèce *Talc.*

Substance feuilletée, quelquefois fibreuse, écailleuse ou compacte ; grisâtre, verdâtre ou blanche ; douce au toucher et se laissant facilement rayer par l'ongle. Donnant de l'eau par la calcination.

Espèce *Stéatite* (syn. *Talc steatite*, *Craie de Briançon*).

Substance compacte ou finement écailleuse, douce et grasse au toucher ; se laissant rayer facilement ; donnant de l'eau par calcination.

Espèce *Magnésite* (syn. *Ecume de mer*, *Magnésie carbonatée silicifère*).

Substance blanche ou grisâtre plus ou moins terreuse ; toujours assez tendre ; sèche au toucher ; happant à la langue. Donnant de l'eau par calcination ; attaquable par les acides ; très difficilement fusible au chalumeau en émail blanc.

Silicates doubles.

Sous-genre Pyroxène.

Il se divise en trois espèces, dont deux, qui sont seules indispensables à connaître, comprennent, l'une les pyroxènes blancs, l'autre les pyroxènes noirs.

Espèce *Diopside* (syn. *Pyroxène blanc*, *Allalite*, *Mussite*, *Sahlite*, *Fassaïte*).

Ce pyroxène est tantôt blanc et tantôt verdâtre, souvent clivable parallèlement aux bases d'un prisme rectangulaire oblique, ou aux pans d'un prisme rhomboïdal ; rayant difficilement le verre, rayé par le quarz. Ne donnant pas d'eau par calcination ; fusible au chalumeau ; inattaquable par les acides.

Espèce *Hédenbergite* (syn. *Pyroxène noir*, *Euchysidérite*).

Ce pyroxème est vert, tirant plus ou moins sur le noir, et à poussière verte, ou bien tout-à-fait noir et à poussière brune ou rougeâtre. Clivage facile suivant les pans d'un prisme rhomboïdal, mais difficile et souvent nul parallèlement aux bases. Rayant difficilement le verre ; ne donnant pas d'eau par calcination ; fusible au chalumeau en un verre noir ou vert sombre.

Sous-genre Amphibole.

Il comprend les deux espèces suivantes :

Espèce *Tremolithe* (syn. *Grammatite* et *Asbeste* en partie).

Substance blanche ou verdâtre, peu colorée, cristallisant en prismes obliques rhomboïdaux ; rayant difficilement le verre ; ne donnant pas d'eau par calcination ; fusible au chalumeau ; difficile à attaquer par les acides.

Espèce *Actinote* (syn. *Stralithe, Hornblende, Bissolithe, Pargassite, Asbeste* en partie).

D'un vert plus ou moins intense ; cristallisant en prisme oblique rhomboïdal, rayant le verre ; ne donnant pas d'eau par calcination ; fusible au chalumeau en verre brunâtre ou noir ; difficile à attaquer par les acides.

Outre les variétés de cristallisation et de couleur que présentent ces deux espèces, il y a des *Amphiboles bacillaire.* — *fibreux.* — *asbestoïde (Asbeste).* — *lamellaire.* — *granulaire.* — *compacte.*

FAMILLE DES CARBONIDES.

Substance renfermant du carbone, soit pur, soit combiné avec d'autres corps.

GENRE CARBONE.

Corps solides, fusant et détonnant avec le nitrate de potasse ; brûlant avec plus ou moins de facilité, quelquefois sans flamme ni fumée, souvent avec l'une et l'autre, et dégageant alors une odeur particulière.

Graphite (syn. *Plombagine, Carbure de fer*, improprement nommé mine de plomb). Substance d'un éclat métallique, gris de plomb ou gris de fer, douce au toucher, tachant les doigts en gris de plomb. La graphite est facile à rayer et se coupe facilement avec un instrument tranchant.

Variétés de texture. Graphite *écailleux.* — *schistoïde.* — *compacte.* — *terreux.*

Anthracite. Substance noire, opaque, tendre, sèche au toucher, dont la poussière a l'odeur du charbon. Brûlant avec difficulté, sans flamme ni fumée, et se couvrant à peine d'un enduit de cendre blanche en se refroidissant.

Variétés de texture. Anthracite *réniforme*, c'est-à-dire en rognons plus ou moins volumineux. — *polyèdrique.* — *compacte.* — *feuilletée en schistoïde.* — *granulaire.* — *fibreuse.* — *terreuse.*

Houille. Substance noire, opaque, tendre, s'allumant et brûlant facilement avec flamme, fumée noire et odeur bitumineuse ; se gonflant pendant la combustion et fondant de manière que les fragmens s'agglutinent ; formant, lorsqu'elle a cessé de flamber, un charbon poreux, léger, solide, dur, d'un éclat métalloïde, à surface largement mamelonnée et nommé *coke* ; donnant par la distillation des matières bitumineuses, de l'eau, du gaz, souvent de l'ammoniaque, et laissant un charbon brillant, celluleux, qui a pris la forme du vase distillatoire et qui est du carbone assez pur.

Variétés de texture. Houille *réniforme.* — *polyèdrique.* — *compacte.* — *feuilletée* ou *schisteuse.* — *granulaire.* — *terreuse.*

Lignite (syn. *Jayet.* — *Houille sèche*). Matière noire ou brune, opaque, s'allumant et brûlant avec facilité, avec flamme, fumée noire, odeur bitumineuse. Donnant, lorsqu'elle a cessé de flamber, un charbon semblable à la braise.

Variétés de forme et de texture. Lignite xyloïde ou conservant la forme du bois. — *polyèdrique.* — *bacillaire.* — *compacte.* — *schistoïde.* — *lamellaire.* — *granulaire.*

GENRE CARBONATE.

Corps solubles dans les acides, les uns à froid, les autres à chaud, et dégageant alors du gaz acide carbonique, avec une effervescence plus ou moins vive.

Espèce *Carbonate de chaux.*

Substance donnant par la calcination une matière caustique appelée *chaux.* Soluble à froid, et avec une vive effervescence dans les acides.

Sous-espèce *Calcaire* (syn. *Chaux carbonatée, Spath d'Islande*).

Substance susceptible de cristalliser dans le système rhomboédrique. En cristaux elle possède à un haut degré la double réfraction. Rayant le gypse, rayée par l'aragonite. Ne se réduisant pas en poussière au feu, et se convertissant simplement en chaux vive sans gonflement.

Variétés cristallines régulières. Les variétés régulières connues jusqu'à ce jour s'élèvent à près de 1400 ; mais en les considérant sous un point de vue général, il est facile d'en former quatre groupes qui sont : le *rhomboédrique*, le *prismatique*, celui du *dodécaèdre à triangles scalènes*, et celui du *dodécaèdre à triangles isocèles.*

Variétés cristallines irrégulières. — **Les principales sont les** calcaires *lenticulaire.* — *squammiforme.* — *lamelliforme.* — *cylindroïde.* — *aciculaire.* — *spiculaire.* — *réticulaire.* — *globaire.* — *stalactitique.* — *cotonneux* et *pseudomorphique.*

Variétés de texture. Calcaire *laminaire.* — *lamellaire.* — *sublamellaire.* — *grenu.* — *bacillaire.* — *fibreux.* — *oolithique.* — *compacte.* — *chlorité.* — *siliceux.* — *argilifère.* — *bituminifère.* — *crayeux.*

Sous-espèce *Aragonite.*

Substance qui, à l'analyse, ne diffère de la précédente qu'en ce qu'elle contient un peu de carbonate de strontiane, mais qui s'en distingue par ses caractères physiques en ce qu'elle raye le calcaire, et que sa cassure, au lieu de présenter des lamelles, est vitreuse.

Espèce *Dolomie* (syn. *Chaux carbonatée magnésifère*).

Substance cristallisant dans le système rhomboédrique, rayant le calcaire, rayée difficilement par l'aragonite. Se dissolvant lentement à froid et sans effervescence remarquable, dans l'acide nitrique.

Variétés de formes, de structure et de texture. — Dolomie *cristallisée.* — *mamelonnée.* — *lamellaire.* — *granulaire.* — *compacte.* — *pulvérulente.*

Espèce *Sidérose* (syn. *Carbonate de fer, Fer carbonaté, Chaux carbonatée ferrifère, Fer spathique*).

Cristallisant comme le calcaire dans le système rhomboédrique ; rayant le calcaire ; rayé par l'aragonite ; soluble lentement à froid et sans effervescence dans l'acide nitrique ; ne faisant effervescence que dans l'acide à chaud.

Variétés de formes et de texture. Sidérose *cristallisée en rhomboèdres et en prismes hexagones.* — *lenticulaire* — *réniforme.* — *mamelonnée.* — *pseudomorphique* (sous formes de végétaux). — *lamellaire.* — *granulaire.* — *oolithique.* — *compacte.* — *terreuse.*

Variétés de couleurs. Le blanc-jaunâtre, le jaune, le rougeâtre, le brun.

Espèce *Smithsonite* (syn. *Zinc carbonaté, Calamine*).

Substance cristallisant dans le système rhomboédrique,

rayant l'aragonite ; rayée par l'apatite. Soluble avec effervescence dans l'acide nitrique ou azotique.

Variétés de forme et de texture. — Smithsonite *rhomboédrique.* — *pseudomorphique.* — *lamellaire.* — *fibreuse.* — *compacte.*

FAMILLE DES SULFURIDES.

Corps solides, liquides ou gazeux, dégageant des vapeurs
d'acide sulfureux, soit immédiatement, soit par la combustion,
soit par l'action de la poussière de charbon à l'aide de la chaleur, ou bien donnant de l'hydrogène sulfuré lorsqu'après les
avoir traités par le carbonate de potasse et la poussière de charbon, on fait agir de l'acide nitrique étendu d'eau sur le résidu.

Genre et espèce *Soufre.*

Corps solide non métalloïde, cristallisant dans le système
prismatique rectangulaire, très facilement fusible et même volatile, très combustible ; brûlant avec une flamme bleue en se
résolvant en gaz acide sulfureux, et ne donnant ni résidu, ni
aucune matière volatile, lorsqu'il est pur.

Variétés de forme et de texture. Soufre *cristallisé.* — *aciculaire.* — *concrétionné.* — *compacte.* — *granulaire.* — *terreux.*

Variétés de couleurs. Jaune, rougeâtre, brunâtre, verdâtre.

GENRE SULFURE.

Corps solides (à l'exception d'un seul, l'*hydrogène sulfuré*),
le plus souvent doués de l'éclat métallique, donnant l'odeur
de soufre par le grillage, formant par leur fusion avec la soude,
une matière qui, projetée dans l'eau acidulée, laisse dégager
de l'hydrogène sulfuré. Attaquables par l'acide nitrique ou
l'eau régale, avec dégagement de gaz nitreux.

Espèce *Galène* (syn. *Plomb sulfuré*).

Substance métalloïde d'un gris de plomb, mais très brillante. Cristallisant dans le système cubique. Fusible au chalumeau avec dégagement de vapeur sulfureuse. Soluble dans
l'acide nitrique, avec précipité blanc de sulfate de plomb.

Espèce *Blende* (syn. *Zinc sulfuré*).

Substance non-métalloïde, jaunâtre ou brune. Cristallisant
dans le système cubique. Infusible au chalumeau. Non réduc-

tible. Ne donnant par le grillage qu'une très faible odeur d'acide sulfureux.

Espèce Cinabre (syn. Mercure sulfuré, Vermillon).

Substance nonmétalloïde rouge ou brune. Cristallisant dans le système rhomboédrique ; facilement réductible en poussière d'un beau rouge. Volatile sans résidu sur le charbon, avec vapeur sulfureuse. Attaquable seulement par l'eau régale (acide hydrochloronitrique), et donnant une solution qui précipite sur une lame de cuivre une poussière grise qui en argente la surface.

Espèce Sulfure de fer.

Sous-espèce Pyrite (syn. Fer sulfuré, Pyrite martiale, Marcassite).

Substance métalloïde d'un jaune d'or, cristallisant dans le système cubique et ne se décomposant pas à l'air.

Sous-espèce Sperkise (syn. Fer sulfuré blanc, Pyrite blanche).

Substance métalloïde, jaune livide ou aune verdâtre ; se décomposant facilement à l'air ; cristallisant en prismes rhomboïdaux.

Espèce Leberkise (syn. Pyrite magnétique, Pyrite hépatique).

Substance métalloïde, brune, magnétique ; cristallisant en prisme hexagone.

Espèce Chalkopyrite (syn. Cuivre pyriteux, Pyrite cuivreuse).

Substance métalloïde jaune de bronze ; cristallisant en octaèdre à base carrée, passant au tétraèdre.

GENRE SULFATE.

Corps solides, donnant de l'hydrogène sulfuré lorsque, après avoir été chauffés avec un mélange de carbonate de soude et de charbon, on verse de l'eau acidulée sur le résidu ; ne dégageant point d'odeur sulfureuse par l'action de l'acide chlorhydrique.

Espèce Barytine (syn. Baryte sulfatée, Spath pesant).

Substance reconnaissable à sa pesanteur ; cristallisant dans le système du prisme rhomboïdal ; rayée par la fluorine.

Variétés de forme et de texture. Barytine cristallisée (en tables rhomboïdales). — crétée. — concrétionnée. — bacillaire — lamellaire. — grenue. — compacte. — terreuse.

Variétés de couleurs. Le blanc, le blanc jaunâtre, le rouge de chair, le grisâtre, le noirâtre.

Espèce *Célestine* (syn. *Strontiane sulfatée*).

Cristallisant dans le système du prisme droit rhomboïdal ; rayant le calcaire ; rayée par la fluorine ; faiblement fusible au chalumeau.

Variétés de forme et de texture. Célestine *cristallisée* (en prismes ou en octaèdres alongés). — *aciculaire.* — *mamelonnée.* — *pseudomorphique* (sous la forme du gypse lenticulaire ou sous forme de coquilles). — *réniforme* (en rognons mélangés d'argile et de calcaire). — *lamellaire.* — *bacillaire.* — *compacte.* — *terreuse.*

Variétés de couleurs. Le blanc et le bleuâtre.

Espèce *Karstenite* (syn. *Chaux sulfatée anhydre, Anhydrite, Muriacite, Vulpinite*).

Cristallisant rarement et dans le système prismatique. Rayant le calcaire ; rayée par la fluorine. Ne donnant pas d'eau par calcination ; assez difficilement fusible en émail blanc.

Variétés de forme et de texture. Karstenite *prismatique.* — *botroïde* (pierre de tripes. — *lamellaire.* — *fibreuse.* — *compacte.* — *terreuse.*

Variétés de couleurs. Le blanc, le grisâtre, le rougeâtre, le violâtre, le bleuâtre.

Espèce *Gypse* (syn. *Chaux sulfatée, Sélénite*).

Substance le plus souvent blanche, et rouge lorsqu'elle est salie par l'oxide de fer ; facile à reconnaître en ce qu'on la raye facilement avec l'ongle. Cristallisant dans le système du prisme oblique rectangulaire.

Variétés de forme et de texture. Gypse *cristallisé.* — *aciculaire.* — *cylindroïde.* — *lenticulaire.* — *mamelonné.* — *laminaire.* — *lamellaire.* — *fibreux.* — *granulaire.* — *niviforme.* — *compacte.* — *terreux.*

Espèce *Alunite* (syn. *Aluminite, Alumine sous-sulfatée alcaline*).

Substance pierreuse insoluble ; cristallisant dans le système rhomboédrique.

Espèce *Alun* (syn. *Alumine sulfatée alcaline*).

Substance blanche, d'une saveur acerbe, soluble dans l'eau; cristallisant dans le système cubique; formant dans la nature des enduits et des veines à texture fibreuse; se présentant en effervescence à la surface des schistes alumineux.

FAMILLE DES CHLORIDES.

Corps solides (à l'exception d'un seul, l'acide hydrochlorique). Solubles ou insolubles; dégageant du chlore, reconnaissable à l'odeur safranée, par l'action de l'acide sulfurique sur leur mélange avec le peroxide de manganèse.

GENRE UNIQUE : CHLORURE.

Espèce *Salmare* (syn. *Sel gemme, Chlorure de sodium*).

Substance soluble, reconnaissable à sa saveur; attirant l'humidité; cristallisant dans le système cubique et se clivant en cubes.

Variétés de texture. Salmare *compacto-clivable* (en masses vitreuses, homogènes, qui se clivent en cubes). — *lamellaire. granulaire. — fibreux.*

Variétés de couleurs. Le blanc, le rouge, le bleu, le gris plus ou moins foncé.

FAMILLE DES PHTORIDES.

Corps donnant par la fusion, dans un tube avec l'acide phosphorique, une vapeur qui corrode fortement le verre.

GENRE PHTORURE.

Ne donnant pas de silice, au moins sensiblement, après sa fusion avec la potasse ou la soude.

Espèce *Fluorine* (syn. *Fluor, Fluorite, Chaux fluatée*).

Cristallisant dans le système cubique; cristaux clivables en octaèdres; rayant le calcaire; rayée par une pointe d'acier.

Variétés de texture. Fluorine *bacillaire. — testacée. — granulaire. — compacte. — terreuse.*

Variétés de couleurs. Le blanc, le jaune, le rose, le rouge, le violet, le bleu, le vert, etc.

GENRE PHTOROSILICATE.

Donnant de la silice comme les silicates, après la fusion avec la potasse caustique.

Espèce *Topaze* (syn. *Silice fluatée alumineuse*).

Substance vitreuse ; cristallisant dans le système prismatique rectangulaire droit, rayant le quartz ; infusible au chalumeau ; attaquable seulement par la fusion avec la potasse caustique.

FAMILLE DES PHOSPHORIDES.

GENRE UNIQUE : PHOSPHATE.

Corps solides, non métalliques, donnant par la fusion avec le carbonate de soude un sel soluble dans l'eau, dont la solution, préalablement dépouillée d'acide carbonique, précipite en blanc par le nitrate de plomb, et en jaune par le nitrate d'argent.

Espèce *Apatite* (syn. *Chaux phosphatée*, *Phosphorite.*

Substance vitreuse ou terreuse; cristallisant en prisme à base d'hexagone régulier. Rayant la fluorine ; rayée par le feldspath. Très difficilement fusible au chalumeau ; ne donnant pas d'eau par calcination. Attaquable par l'acide nitrique. Solution précipitant abondamment par l'oxalate d'ammoniaque.

Variétés de texture. Apatite *mamelonnée.* — *réniforme.* — *lamellaire.* — *granulaire.* — *fibreuse.* — *compacte.* — *terreuse.*

Variétés de couleurs. Le blanc, le jaune, le bleu, le *violâtre,* le *verdâtre.*

CLASSE DES CHROICOLYTES.

(Du grec χρωικος *coloré,* λυτος *soluble*).

Substances renfermant, comme principe électro-négatif, des corps solides susceptibles de former des sels ou des solutions colorées, et ne se réduisant jamais en gaz permanent.

FAMILLE DES MANGANIDES.

Corps donnant tous plus ou moins de chlore par l'action de l'acide chlorhydrique ; offrant par la fusion avec le carbonate de soude, une fritte verte, soluble dans l'eau, la colorant en vert, et laissant ensuite précipiter de l'oxide brun.

GENRE MANGANOXIDE.

Espèce *Acerdèse* (syn. *Manganite, Manganèse oxidé hydraté*).

Minéral noir-brunâtre ou noir de fer, à poussière brune ; d'un éclat plus ou moins métalloïde. Cristallisant en prisme

rhomboïdal droit; rayant la fluorine; donnant de l'eau par calcination dans un tube. Infusible au chalumeau; prenant une
teinte rougeâtre au feu de réduction.

FAMILLE DES SIDÉRIDES.

Substances attaquables par l'acide nitrique, soit avant, soit
après avoir été calcinées avec la poussière de charbon. Solution
précipitant en bleu par l'hydrocyanate ferruginé de potasse.

GENRE SIDÉROXIDE.

Substances non-métalliques, réductibles en poussière terreuse rouge ou jaune.

Espèce *Oligiste* (syn. *Fer oligiste* (1), *Fer oxidé rouge*).

Substance métalloïde, gris de fer, ou non métalloï de, de
couleur rouge, toujours à poussière rouge plus ou moins brunâtre. Cristallisant dans le système rhomboédrique.

Variétés métalloïdes. Oligiste *cristallisé.* — *pseudomorphique.* — *laminiforme.* — *lenticulaire.* — *laminaire.* — *lamellaire.* — *fibro-lamellaire.* — *schisteux.* — *écailleux.* —
granulaire. — *compacte.*

Variétés non métalloïdes. Oligiste *pseudomorphique.* — *polyédrique.* — *écailleux.* — *mamelonné.* — *fibreux.* — *globulaire.* — *lithoïde.* — *ocreux.*

Espèce *Limonite*. (syn. *Fer hydraté, Fer limoneux*).

Substance non-métalloïde, brune ou jaune, toujours à poussière jaune, cristallisant dans le système cubique.

Variétés de forme et de texture. Limonite *cristallisée.* — —
aciculaire. — *pseudomorphique.* — *mamelonnée.* — *fibreuse.*
— *schisteuse.* — *géodique.* — *oolithique.* — *compacte.* — —
polyédrique. — *ocreuse.*

GENRE FERRATE.

Substances métalloïdes ou non métalloïdes, à poussière noire
ou brune.

Espèce *Aimant* (syn. *Fer oxidulé, Fer oxidé magnétique*).

Substance métalloïde, de couleur noir de fer, à poussière
noire; très attirable au barreau aimanté. Cristallisant dans le
système cubique.

(1) Du grec *oligistos*, très peu abondant.

Variétés de texture. Aimant laminaire. — granulaire. — compacte. — terreux.

<hr>

CHAPITRE IV.

—

DES ROCHES.

10. — Les roches sont des substances minérales simples ou mélangées qui forment des *dépôts*, des *masses*, des *couches* assez importantes pour être considérées comme parties constituantes de la croûte terrestre.

11. — Le défaut d'agrégation de leurs molécules ne change rien à la dénomination adoptée : ainsi en géologie *l'argile* et le *sable* sont des roches aussi bien que le *granite* et le *grès*.

12. — On ne doit point oublier que les roches doivent toujours être considérées comme des individus minéralogiques, et que leurs noms s'appliquent uniquement à leur nature, à leur composition et nullement à leur origine ou à leur mode de formation.

13. — D'après leur mode de composition, les roches se divisent en deux grandes classes : les *roches homogènes* ou *simples,* c'est-à-dire formées d'une seule substance comme les marbres et les gypses, et les roches *hétérogènes* ou *composées,* c'est-à-dire formées de plusieurs substances, comme les granites et les porphyres.

14. — Dans l'examen d'une roche, différens caractères servent à la faire reconnaître. Les principaux sont : 1° la composition, 2° la texture, 3° la cohésion, 4° la cassure, 5° la dureté, 6° la structure. Nous allons examiner ces caractères.

15. — Composition. — Dans la composition d'une roche hétérogène on doit examiner d'abord les *parties constituantes* ou *essentielles,* et en second lieu les *parties accessoires.* Comme

ces deux caractères suffisent pour distinguer et reconnaître les roches, nous nous bornerons à les indiquer.

Les parties constituantes sont celles qui, disséminées uniformément, indiquent le caractère essentiel de la roche : ainsi le mélange du feldspath, du quarz et du mica en quantités à peu près égales, constitue le granite. Une ou plusieurs autres substances viennent quelquefois s'ajouter au mélange, mais sans changer la nature de la roche. Ainsi le quarz dans le gneiss et le mica et la serpentine dans le calschiste sont des *parties accessoires* bien qu'en quantité plus ou moins notable.

16. — TEXTURE. Ce caractère se rapporte à la pâte d'une roche ; nous allons en décrire les nuances les plus tranchées.

1° *Texture compacte* : c'est celle qui présente une surface serrée et unie, comme dans plusieurs calcaires.

2° *Texture grenue* : c'est celle d'une roche composée de grains arrondis ou anguleux réunis par un ciment, comme dans les granites.

3° *Texture terreuse* : c'est celle qui tient le milieu entre la texture compacte et la texture grenue, comme dans les argiles sèches.

4° *Texture laminaire* : c'est celle qui offre une réunion de grandes lames comme dans quelques pegmatites.

5° *Texture lamellaire* : c'est celle qui présente de petites lamelles cristallines comme dans le marbre de Paros.

6° *Texture sublamellaire* : c'est celle dont les lamelles peu visibles se détachent sur un fond compacte, comme dans certains calcaires.

7° *Texture saccharoïde* : c'est celle dont les lamelles présentent le même aspect que celles du sucre cristallisé, comme dans le marbre de Carrare.

8° *Texture cellulaire* : c'est celle des roches qui offrent des cavités nombreuses, comme les laves poreuses et les meulières dites caverneuses.

9° *Texture globuliforme* ou *oolithique* : c'est celle qui présente comme une réunion de petits œufs de poissons, et qui est particulière au calcaire appelé *oolithique*.

10° *Texture empâtée* : c'est celle dans laquelle la base de la roche est une pâte homogène au milieu de laquelle sont disséminées les parties constituantes, comme dans les porphyres et les poudingues.

17. — Cohésion. Le mode de cohésion est important dans la description des roches; les caractères qu'elles présentent sont faciles à saisir : ils se réduisent à quatre.

1° *Solide*. On dit qu'une roche est *solide*, lorsque ses parties sont fortement liées entre elles comme dans les porphyres.

2° *Friable*. Une roche est *friable* lorsque ses parties se désagrègent facilement, soit par la percussion, soit par l'action des agens atmosphériques, comme on le remarque dans beaucoup de granites et de grès.

3° *Tenace*. Une roche est *tenace* lorsqu'elle est difficile à casser; c'est-à-dire que ses parties sont plus fortement liées que si elle était solide, comme dans la serpentine.

4° *Aigre*. Une roche est *aigre* quand elle se casse aisément, comme le quarzite.

18. — Cassure. Le mode de cohésion donne à la cassure des roches, certains caractères qu'il ne faut point négliger, puisqu'ils peuvent servir à les faire reconnaître. On distingue quatre sortes de cassures que l'on désigne de la manière suivante.

1° *Unie* : c'est celle que l'on remarque dans les roches dont les parties sont solidement liées par une pâte, comme dans les porphyres.

2° *Raboteuse* : c'est celle des roches dont les parties sont solidement réunies, comme dans les granites.

3° *Grenue* : c'est celle des roches dont toutes les parties sont plus ou moins friables, comme dans certains grès.

4° *Conchoïde* : la cassure est appelée ainsi ou conchoïdale, lorsqu'elle offre d'un côté une partie convexe et de l'autre une partie concave qui rappelle l'empreinte d'une coquille bivalve, unie, comme dans un grand nombre de calcaires à texture compacte.

19. — Dureté. La dureté diffère dans les roches selon celle des matières qui les composent : c'est pour cette raison qu'elle peut offrir quelques caractères utiles à consulter : ainsi le gypse se distingue facilement d'un calcaire ayant la même texture, en ce qu'il est plus tendre; le calcaire siliceux se reconnaît aisé-

ment à sa dureté assez grande pour rayer le verre, et même les marteaux d'acier du géologiste.

20. — STRUCTURE. On doit entendre par *structure* la disposition que présentent les joints de séparation des fragmens d'une roche. Les fragmens les plus petits en montrent la texture : il faut des fragmens volumineux pour en reconnaître la structure.

On peut distinguer sept modes différens de structure.

1° *Sphéroïdale ;* la dénomination de *sphéroïdale* ou *globaire* s'applique à la structure des roches composées de parties disposées en sphéroïdes, comme dans les variolites, les pyromérides et le diorite orbiculaire.

2° *Fragmentaire :* c'est celle des roches qui se divisent en fragmens anguleux dans diverses directions, comme les trapps.

3° *Entrelacée :* c'est celle des roches composées de parties anguleuses ou arrondies qui s'engrainent les unes dans les autres et qui sont liées par un ciment, comme dans les ophicalces, les ophiolithes et le marbre de Campan.

4° *Fissile :* c'est celle des roches dont les masses sont formées de lits minces qui se désagrègent facilement, comme dans certains calcaires.

5° *Feuilletée.* Cette structure est celle qui donne à une roche l'aspect d'une réunion de feuillets, comme dans le schiste ardoisier.

6° *Mamelonnée :* c'est celle des roches qui se présentent hérissées de mamelons et de tubercules comme le grès de Fontainebleau, et les dépôts d'albâtre.

7° *Prismatique.* Cette structure, dont le nom indique des groupes de prismes, se montre dans beaucoup de roches d'origine ignée comme les basaltes, les trapps, les diorites, et dans des roches de sédiment, comme les marnes et souvent les gypses.

21. — PASSAGE D'UNE ROCHE A UNE AUTRE. On sait que dans le règne organique tous les êtres forment une chaîne immense, et que sous le rapport de l'organisation ils passent des uns aux autres par des nuances presque insensibles. Il en est de même dans le règne inorganique ; ainsi les roches passent des unes aux autres soit par la nature et le nombre des parties qui

les composent ; soit par l'altération d'une ou de plusieurs de ces parties ; soit enfin par un changement de texture.

Dans le premier cas, le *granite*, par exemple, qui se compose de quarz, de feldspath et de mica, passe à la *protogyne* à mesure que le mica est remplacé par le talc ; si le mica est remplacé par l'amphibole, la roche prend le nom de *syénite* ; si le granite perd son mica sans que cette substance y soit remplacée, il devient une *pegmatite*.

Dans le second cas, si le mica du granite s'altère et prend l'aspect du talc, il devient difficile de décider si la roche est encore un granite ou si elle est devenue une protogyne.

Dans le troisième cas, enfin, la texture grenue du *granite* passe à la texture compacte pour former le *porphyre*.

Il est à remarquer que comme dans les masses de roches qui forment l'écorce du globe, l'addition, la suppression et la substitution d'une substance minérale à une autre, ou bien l'altération et la décomposition d'une de ces substances ne s'opèrent que graduellement ou insensiblement, de manière qu'aux deux extrémités d'une même masse la roche présente des caractères différens, le phénomène des changemens dont il s'agit a été désigné avec raison sous le nom de *passage d'une roche* à une autre.

Nous allons compléter ce que nous avons à dire des roches par un tableau méthodique destiné à en faciliter l'étude.

TABLEAU méthodique et descriptif des roches essentielles à connaître.

PREMIÈRE CLASSE.

ROCHES PIERREUSES ET ARGILEUSES.

PREMIER ORDRE.

ROCHES SILICEUSES.

GENRE DES ROCHES QUARZEUSES.

Roches dans lesquelles domine le quarz.

Espèce *Quarzite* (syn. *Quarzfels*. — Quarz en roche). Roche à base de quarz, à texture lamellaire, compacte, grenue ou schistoïde, raboteuse, ou subvitreuse.

Variétés de mélange. *Quarzite micacé* (syn. *Hyalomicte.* — *Grès flexible* — *Greisen , Itacolumite*). Composé essentiellement de quarz hyalin et de mica disséminé. Texture grenue. Structure schistoïde.

Quarzite talqueux (syn. *Hyalistine*). Composé de quarz et de talc.

Quarzite ferrifère (syn. *Sidérocriste.* — *Eisenglimmerschiefer*) composé de quarz hyalin et d'oligiste micacé. Texture schistoïde .

Sous-espèce *Calcédoine* (syn. *Agate.* — *Silex*).

Variétés de texture. *Calcédoine compacte* ou *grossière* (syn. *Silex noir* ou *pyromaque.* — *Silex corné*).

Calcédoine cellulaire (syn. *Meulière.* — *Silex molaire*).

Sous-espèce *Phtanite* (syn. *Jaspe schisteux*). Roche qui se distingue du jaspe proprement dit par sa texture schistoïde. Elle est ordinairement noire veinée de blanc.

Espèce *Grès* (syn. *Sandstein* , all.; *Sandstone* , angl. Pierre de sable). Roche à texture sublamellaire ou grenue , lâche ou serrée , dont les couleurs variées sont dues à des oxides de fer, de manganèse , de cobalt , etc.

Variétés de texture. *Grès lustré*. Texture serrée, aspect gras; faiblement translucide.

Variétés de mélange. *Grès quarzeux* à ciment de quarz. — — *Grès calcarifère* à ciment calcaire.

Espèce *Sable*. Roche de quarz à l'état arénacé et pulvérulent , variant par la grosseur de ses grains.

Variétés de mélange. Sable *micacé, argileux, chlorité*.

Espèce *Poudingue*. Composée de fragmens de roches siliceuses, soit arrondis , soit anguleux ; réunis par un ciment siliceux ou silicéo-argileux plus ou moins visible.

Variétés de ciment. *Poudingue siliceux :* noyaux siliceux dans une pâte de grès.

Poudingue psammitique. Noyaux siliceux dans une pâte de psammite.

Poudingue jaspique. Noyaux d'agate, de silex, etc., dans une pâte d'agate, de silex ou de jaspe.

Espèce *Psammite* (syn. *Grès argileux* , — *Grès micacé.* — *Grès des houillères.* — La plupart de *grès rouges.* — Quelques *grès bigarrés.* — Un grand nombre de *traumates* de M. d'Au-

buisson de Voisins et de *Grauwackes*, des auteurs allemands).
Roche grenue à texture tenace ou friable, grésiforme ou
schisto-grésiforme, composée de grès et d'argile.

Variétés de texture. *Psammite schistoïde.* — *Psammite sablonneux.*

Variétés de mélange. *Psammite micacé.* — *Psammite maclifère*, ou renfermant de la macle — *Psammite carbonifère*,
ou contenant du charbon, etc.

Espèce *Macigno* (syn. *Grès argilo-calcarifère*). Roche à
texture grenue, tenace, friable, ou meuble, à base composée
de grès, d'argile et de calcaire.

Variétés de texture et de structure. *Macigno solide*, à texture grenue, solide, rude au toucher.

Macigno schistoïde, à texture grenue, à structure fissile.

Macigno mollasse, à texture grenue, lâche, sableuse, quelquefois presque friable.

Macigno compacte, à texture compacte, quelquefois un peu
lamellaire.

Variétés de mélange. *Macigno micacé.* — *Macigno carbonifère.*

Espèce *Gompholithe* (1) (syn. *Nagelfluhe* des Suisses). Roche composée d'une pâte de macigno, renfermant des fragmens de diverses substances, principalement de quarz et de
calcaire. Sa texture est tenace, friable ou meuble ; sa structure ordinairement poudingiforme et quelquefois bréchiforme.

Espèce *Arkose*. Roche à texture grenue, essentiellement
composée de quarz et de feldspath.

Variétés de composition. *Arkose commune* (dans laquelle
le quarz domine).

Arkose granitoïde (dans laquelle c'est le feldspath qui domine).

Arkose micacée (syn. *Hyalomicte granitoïde.* — *Granite* recomposé).

Arkose porphyroïde (syn *Mimophyre quarzeux*).

Variété de texture. *Arkose miliaire* (dans laquelle les grains

(1) Nom proposé par M. Al. Brongniart, et composé des deux mots grecs
gomphos (clou) et *lithos* (pierre). C'est la traduction du mot allemand *nagelflune*.

de feldspath et de quarz sont gros tout au plus comme des grains de millet).

Arkose arenacée (syn. *Sable feldspathique*).

IIe ORDRE.

ROCHES SILICATÉES.

GENRE DES ROCHES SCHISTEUSES.

Espèce *Schiste* proprement dit, ou *Schiste argileux* (syn. *Thonschiefer* des Allemands). Roche tendre, d'apparence homogène, souvent terne et quelquefois luisante ; perdant sa cohérence par l'influence des agens atmosphériques, et se transformant en argile ; se divisant fréquemment en polyèdres affectant la forme du rhomboïde.

Variétés de mélange. *Schiste micacé.* — *Schiste ferrifère.* — *Schiste bituminifère.* — *Schiste maclifère.*

Espèce *Ardoise* (syn. *Schiste tégulaire.* — *tabulaire.* — *ardoisier*). Roche d'apparence homogène ; souvent assez dure pour recevoir la trace d'une lame de cuivre ; ordinairement terne et quelquefois luisante ; d'une structure essentiellement feuilletée ; se divisant presque à l'infini en feuillets à surface plane ; se partageant naturellement en polyèdres affectant la forme rhomboédrique ; résistant long-tems à l'action des agens atmosphériques, mais se décomposant à la longue en une terre onctueuse qui ne fait point pâte avec l'eau.

Espèce *Coticule* (syn. *Novaculite.* — *Pierre à rasoir* — *Wetzschiefer*). Roche d'apparence homogène; à texture schisto-compacte ; présentant quelquefois des feuillets épais qui paraissent tout-à-fait compactes et à cassure conchoïde ; se laissant entamer par une pointe de fer, mais cependant usant ce métal et même l'acier.

Espèce *Ampélite* (1). Roche d'apparence simple ; à structure feuilletée ; solide, noire ; tachant les doigts ; rougissant par l'action du feu.

---

(1) Du grec *ampelos* (vigne), parce que les anciens pensaient que cette roche favorisait la végétation de la vigne.

Variétés de composition. *Ampélite alunifère* (syn. *Ampélite alumineux.* — *Schiste aluminifère.* — *Alaunschiefer* des Allemands*). Se décomposant par l'influence des agens atmosphériques et se couvrant d'efflorescences composées de sulfate de fer et d'alumine.

Ampélite graphique (syn. *Schiste graphique.* — *Pierre d'Italie.* — *Crayon noir.* — *Crayon des charpentiers*). Roche fortement chargée de carbone, laissant des traces sur la plupart des corps et notamment sur le papier.

Espèce *Calchiste* (syn. *Schiste calcarifère*). Roche à base de calcaire et de schiste; dont les élémens sont tantôt distincts et tantôt unis intimement. Faisant effervescence dans l'acide nitrique, mais ne s'y dissolvant qu'en partie.

GENRE DES ROCHES ARGILEUSES.

Les argiles paraissent être comme les schistes un mélange de plusieurs silicates alumineux ; elles ne diffèrent des schistes que par la propriété qu'elles ont de se délayer dans l'eau. Nous ne relaterons que les plus importantes.

Espèce *Kaolin* (syn. *Feldspath argiliforme.* — *Argile à porcelaine*). Roche tendre, d'apparence simple, mais présentant plus ou moins de quarz et en général une composition très variable. Aspect terreux ; texture lâche et friable. Faisant une pâte courte avec l'eau. Happant légèrement à la langue.

Espèce *Argile* (syn. *Argile plastique.* — *Argile à potier.* — *Terre de pipe.* — *Terre glaise*). Roche tendre, d'apparence simple, à texture terreuse, serrée, solide ; faisant avec l'eau une pâte tenace qui conserve les formes qu'on lui donne.

Variétés de mélange. L'argile est souvent mélangée de *sable*, de *mica*, de *végétaux à l'état charbonneux*, de *sel marin* et *d'oxide de fer* : ce qui constitue les variétés *sableuse, micacée, carbonifère, salifère* et *ferrugineuse*.

Espèce *Magnésite* (syn. *Écume de mer.* — *Magnésie carbonatée silicifère*). Substance argileuse, tendre, rude au toucher ; texture compacte ; structure feuilletée. Happant à la langue. Couleur, blanc jaunâtre, grisâtre ou rosâtre.

Variétés de texture et de structure. — *Magnésite plastique.* — *Magnésite schistoïde.*

Elle se présente en couches et en amas plus ou moins considérables.

Espèce *Ocre* (syn. *Terre franche.* — *Terre de Sienne.* — *Terre d'ombre.* — *Gelberde* , all.). Roche en apparence simple, composée d'argile et de limonite. Elle est douce au toucher, meuble ou friable et d'un aspect terne.

Espèce *Sanguine* (syn. *Ocre rouge.* — *Bol d'Arménie.* — *Terre de Lemnos.* — *Terre de Bucaros.* — *Terre sigillée*). Roche en apparence simple, composée d'argile et d'oligiste, dans des proportions variables. Se délayant plus ou moins facilement dans l'eau, mais formant toujours une pâte courte. Tenace, friable ou meuble ; douée de la qualité traçante.

Espèce *Marne* (syn. *Mergel* , allem.) Roche en apparence simple, composée d'argile et de calcaire dans des proportions très variables ; faisant effervescence dans l'acide nitrique , mais ne s'y dissolvant qu'en partie ; se délayant dans l'eau et formant une pâte plus ou moins plastique ; enfin tendre, friable , happant à la langue.

Variétés de mélange. *Marne sableuse :* lorsqu'elle renferme du sable siliceux.

Marne argileuse : lorsqu'elle contient plus d'argile que de calcaire.

Marne calcaire : lorsqu'elle renferme plus de calcaire que d'argile.

GENRE DES ROCHES FELDSPATHIQUES.

Roches dans lesquelles domine comme pâte le feldspath à texture cristalline.

Espèce *Feldspath.* Roche composée soit de l'espèce minéralogique appelée *Orthose*, soit de celle que l'on nomme *Albite.*

Variétés de texture et de structure : *Feldspath laminaire,* — *lamellaire-grenu.*

Feldspath compacte (syn. *Petrosilex.* — *Feldstein* , all.). Roche à cassure conchoïde et esquilleuse , d'un éclat gras.

Feldspath compacte fissile (syn. *Phonolithe.* — *Klingstein*).

Espèce *Leptynite* (syn. *Eurite.* — *Leucostine.* — *Weistein* — *Amausite.* — *Granulithe*). Roche à base de feldspath-orthose à texture grenue, compacte ou bréchiforme pur, ou mélangé soit intimement , soit mécaniquement, avec d'autres substances.

Espèce *Téphrine* (syn. *Lave théphrinique*) Roche à base d'apparence simple dont la pâte paraît être feldspathique.

Variétés de mélange et de texture. *Téphrine feldspathique :* cristaux de feldspath, vitreux, disséminés dans la pâte.

Tephrine pyroxénique. — amphigénique : lorsque des cristaux de pyroxène et des cristaux d'amphigène sont disséminés et dominans dans la pâte.

Théphrine pavimenteuse. Roche à texture poreuse, d'une apparence homogène.

Téphrine scoriacée. Ainsi appelée lorsque la roche a l'aspect d'une scorie et offre plus de vides que de pleins.

Espèce *Perlite* (syn. *Obsidienne perlée. — Stigmite perlaire. — Perlstein*, all.) Roche vitreuse, d'apparence simple, qui paraît être composée de feldspath orthose : à en juger par la potasse que donne l'analyse. Elle offre quelquefois l'éclat nacré, d'autres fois vitreux, et les couleurs blanchâtre, grisâtre et verdâtre.

Espèce *Ponce* (syn. *Pumite. — Lave vitreuse pumicée. — Bimstein*, all.). Roche d'apparence simple, à texture poreuse et fibreuse.

Espèce *Argilophyre* (*Porphyre argileux. — Thon-porphyr*, all.). Roche composée d'une pâte d'argilolithe renfermant des cristaux de Feldspath, compacte, terne ou vitreux.

Variétés de mélange et de texture. *Argilophyre porphyroïde.* Pâte homogène, contenant des cristaux de feldspath assez nettement déterminés.

Espèce *Pegmatite* (syn. *Aplite. — Granite graphique*). Roche composée essentiellement de Feldspath lamellaire et de quarz.

Variétés de texture. *Pegmatite granulaire* (syn. *Pétuntzé*). Mélange de quarz en grains et de feldspath lamellaire.

Pegmatite graphique (syn. *Granite graphique* proprement dit). Quarz en lignes brisées, imitant un peu des caractères hébraïques (1).

Espèce *Granite.* Roche composée essentiellement de feldspath lamellaire, de quarz et de mica à peu près également disséminés.

______

(1) C'est à la décomposition des Pegmatites qu'est due l'argile appelée kaolin.

Variétés de mélange. *Granite commun* ou *à petits grains.*

Granite porphyroïde. Caractérisé par des cristaux de feldspath dans un granite à petits grains.

Espèce *Syenite* (syn. *Granitelle*). Roche composée essentiellement de feldspath lamellaire, d'amphibole-hornblende (actinote) et de quarz.

Espèce *Protogyne.* Roche essentiellement composée de feldspath servant de base, et de quarz, de talc, de stéatite ou de chlorite, remplaçant presque entièrement le mica du granite.

Espèce *Trachyte* (syn. *Nécrolithe*). Roche à base d'apparence simple dont la composition n'est pas bien connue; mais qui paraît être feldspathique, et probablement formée de feldspath à base de soude, c'est-à-dire d'albite. Elle est d'un aspect terne et mat, et d'une texture poreuse. Sa pâte enveloppe toujours des cristaux d'albite.

Variété de texture. *Trachyte terreux* (syn. *Domite*).

Espèce *Obsidienne* (syn. *Verre des volcans. — Agate noire d'Islande.—Gallinace*). Roche à base d'apparence simple dont la composition n'est pas bien déterminée. Sa texture est compacte et son éclat est vitreux.

Espèce *Eurite* (syn. *Petrosilex.— Phonolithe.— Klingstein. —Leptinite.— Weisstein.— Amausite. — Granulithe.—* Roche à base d'apparence simple, composée principalement d'albite. Pâte compacte, renfermant des cristaux de différentes substances.

Variétés de texture et de mélange.— *Eurite compacte.*

Pâte en apparence homogène avec des lames de feldspath disséminées.

Eurite porphyroïde : pâte grisâtre avec des cristaux déterminables de feldspath et d'amphibole.

Eurite granitoïde.— Texture grenue, quarz, amphibole et lames de mica disséminés.

Eurite bréchiforme (syn. *Brèche universelle.—Anagénite petrosiliceuse*); fragmens de roches granitiques réunis par un ciment d'albite.

Eurite schistoïde : texture serrée, structure fissible ; quarz, disthène, mica ou talc disséminés.

Espèce *Porphyre.* Roche à pâte d'albite ou plutôt d'eurite ferrifère, renfermant des cristaux de feldspath.

Variétés de couleurs. *Porphyre antique* : pâte d'un brun rouge vif avec de petits cristaux de feldspath blanchâtre.

Porphyre brun-rouge : pâte d'un brun-rouge sombre, quelquefois grisâtre avec cristaux de feldspath et un peu de quarz.

Porphyre rosâtre : Pâte d'un rouge pâle avec de nombreux grains ou cristaux de quarz.

Porphyre violâtre : pâte d'un violâtre sale ; cristaux de feldspath blanchâtre, rosâtre ou verdâtre.

Porphyre ophite (syn. *Ophite*. — *Porphyre vert*. — *Prasophyre*. — *Serpentin*. — *Grün-porphyr*, all.). Pâte verdâtre enveloppant des cristaux déterminables de feldspath verdâtre.

Espèce *Variolite* (syn. *Amygdaloïde*). Roche à pâte d'eurite, souvent mélangée intimement d'amphibole ou de pyroxène, renfermant des grains ou de petits noyaux qui paraissent être formés de la même pâte, mais d'une couleur différente.

Variétés de couleurs. *Variolite verdâtre*, *grisâtre*, *rougeâtre*.

Espèce *Pyroméride* (syn. *Porphyre orbiculaire de Corse*). Roche à base d'eurite, renfermant des noyaux sphéroïdaux à texture radiée, et à cassure raboteuse, qui paraissent être composés d'orthose, et que, pour cette raison on a appelée *orthose globulaire*.

Espèce *Euphotide* (syn. *Verde di Corsica*). Roche composée d'albite compacte et de smaragdite.

Variétés de texture et de mélange. — *Euphotide compacte*. — *Euphotide micacé*.

GENRE DES ROCHES GRENATIQUES.

Espèce *Grenat* (syn. *Grenat massif*. — *Grenat en roche*).

Variétés de texture. *Grenat compacte*. — *Grenat granulaire*.

Espèce *Eclogite* (syn. *Amphibolite actinotique*). Roche composée essentiellement de grenat et de smaragdite, renfermant accidentellement du disthène, du quarz, de l'épidote et de l'amphibole.

GENRE DES ROCHES MICACIQUES.

Espèce *Micaschiste* (syn. *Schiste micacé*. — *Micaschistoïde*. — *Glimmerschiefer*, all.). Roche composée essentiellement de mica dominant et continu, et de quarz. Texture feuilletée ; structure éminemment fissile.

Variétés de mélange. — *Micaschiste quarzeux.* Le mica et le quarz très apparens, alternant en feuillets ondulés.

Micaschiste feldspathique : du feldspath lamellaire en petits lits alternans.

Micaschiste porphyroïde : du feldspath en petits cristaux assez également répandus dans la roche.

Espèce *Gneiss* (syn. *Granite veiné*). Roche composée essentiellement de mica abondant en paillettes distinctes et de feldspath lamellaire ou grenu. Structure feuilletée.

Variétés de mélange. *Gneiss commun* : peu ou point de quarz.

Gneiss quarzeux : du quarz abondant en lits ou en veines.

Gneiss porphyroïde : cristaux de feldspath disséminés dans un gneiss.

Gneiss graphiteux : du graphite écailleux remplaçant une partie du mica.

GENRE DES ROCHES TALCIQUES.

Espèce *Talc.* Roche à texture sublamellaire, à structure schistoïde ; ayant pour caractère le toucher onctueux et un éclat soyeux.

Variétés de texture : *Talc laminaire.* — *Talc fibreux.*

Espèce *Stéatite.* Roche tendre, à texture terreuse ; onctueuse au toucher. Couleurs variées.

Espèce *Ophiolithe* (syn. *Serpentine*). Roche tenace, mais tendre, à base composée de divers silicates magnésiques et à texture non schistoïde.

Variétés de mélange. *Ophiolithe diallagique* (syn. *Gabbro* des Toscans). Pâte compacte de serpentine, renfermant de nombreuses lamelles de diallage.

Ophiolithe grenatique : pâte contenant des grenats pyropes.

Ophiolithe grammatiteux : des aiguilles de grammatite disséminées dans la pâte.

Ophiolithe quarzeux : pâte contenant des noyaux de quarz blanc.

Ophiolithe calcareux : des parties calcaires disséminées.

Ophiolithe ollaire (syn. *Pierre ollaire*). Roche d'apparence homogène, employée dans certains pays à faire des poteries.

Espèce *Stéaschiste* (syn. *Talkschiefer*, all.) Roche à base de divers silicates de magnésie et à texture schistoïde.

Variétés de mélange. *Stéaschiste quarzeux.* — *Stéaschiste feldspathique*. Roche qui passe à la protogyne.

Stéaschiste grenatique : l'abondance des grenats donne quelquefois à cette variété une texture porphyroïde.

GENRE DES ROCHES AMPHIBOLIQUES.

Espèce *Amphibolite* (syn. *Hornblende Hornbleindegestein*, all). Roche formée quelquefois presque uniquement de l'amphibole appelée actinote ; mais plus souvent empâtant du mica, du grenat, du quartz, etc. La texture de cette roche est tantôt lamellaire et tantôt schistoïde, rarement grenue ou compacte.

Variétés de mélange et de texture. *Amphibolite micacée.* Sa texture est grenue et sa structure schistoïde.

Amphibolite grenatique, renfermant plus de grenats que d'autres substances minérales.

Amphibolite serpentineuse : la serpentine verte y est disséminée.

Amphibolite quarzeuse : texture grenue ; structure massive.

Amphibolite granitoïde : même texture et même structure que la précédente, mais renfermant des grenats, du feldspath et du quarz sans mica.

Amphibolite schistoïde : texture fibreuse, structure fissile point de mica.

Amphibolite calcarifère (syn. *Hémithrène*. - Quelques *Grünstein* des All.). Roche à texture grenue, composée essentiellement d'amphibolite et de calcaire, et renfermant aussi du mica, du feldspath, de l'aimant, etc. Sa couleur est ordinairement le vert.

Espèce *Diorite* (syn. *Diabase.* — *Granitel.* — *Ch.'oritin.* — *Grünstein*, all.). Roche composée d'actinote et de feldspath. Elle est très tenace lorsqu'elle n'est pas altérée ; sa texture et sa structure sont très variées.

Variétés de mélange et de texture. — *Diorite micacée.* (D.

sélagite). Roche à texture grenue, renfermant du mica noir
brillant.

Diorite granitoïde. Roche très mélangée et qui présente un
peu l'aspect d'un granite.

Diorite porphyroïde (syn. *Grüner Porphyr.—Porphyrœhn-
liches Urtrappgestein.* all.) Diorite à grains fins, renfermant
des cristaux de feldspath compacte

Diorite schistoïde (syn. *Grünstein Schiefer*, all). Roche
rayée ou zonée à structure fissile.

Diorite orbiculaire (syn. *Granite orbiculaire de Corse*). Sphéroïdes d'actinote noir et de feldspath blanc dans un diorite à
grains fins. C'est une des plus belles roches que l'on connaisse.

Espèce *Aphanite* (syn. *Cornéenne*). Roche d'apparence simple que l'on considère comme un mélange intime d'amphibole
et de leptynite ou d'eurite, à texture massive, terreuse, solide, assez tenace lorsqu'elle n'est pas altérée.

Variétés de couleurs. *Aphanite noirâtre. — grisâtre. —
verdâtre. — rougeâtre.*

GENRE DES ROCHES PYROXÉNIQUES.

Espèce *Lherzolithe* (syn. *Pyroxène en roche. — Pyroxène
Lherzolithe. — Hédenbergite*). Roche dure, à texture sublamellaire et d'une couleur verdâtre.

Espèce *Dolérite* (syn. *Graustein. — Flotzgrünstein*, all.), composée essentiellement de pyroxène et de feldspath lamellaires.

Variétés de mélange et de texture. *Dolérite porphyroïde* à
pyroxène dominant ; cristaux de feldspath enveloppés.

Dolérite granitoïde : le pyroxène et le feldspath en proportions à peu près égales.

Dolérite amygdalaire : présentant des soufflures remplies
ou tapissées de zéolithe, d'agate, de calcaire, etc.

Dolérite néphelinique : avec de nombreux cristaux de né-
phéline grisâtre.

Espèce *Trapp* (syn. *Trappite. — Cornéenne*). Roche d'apparence simple, qui, suivant M. d'Omalius d'Halloy, paraît être
un mélange intime de pyroxène et de leptinite ou d'eurite. Elle
est solide, dure et très tenace lorsqu'elle n'est pas altérée. Sa
couleur varie entre le vert foncé, le noir-verdâtre et le noir
bleuâtre.

Cette roche paraît avoir la même composition que le basalte; mais elle n'en offre ni les retraits prismatiques, ni la texture un peu bulleuse, ni le péridot si commun dans le basalte.

Espèce *Mélaphyre* (syn. *Porphyre noir.* — *Trapporphyr*, all.) Roche à pâte de trapp enveloppée de cristaux de feldspath ou d'albite.

Variétés de couleur. *Mélaphyre demi-deuil* : pâte d'un noir foncé avec cristaux de feldspath blanc.

Mélaphyre sanguin : pâte noirâtre avec cristaux d'albite rouge.

Mélaphyre tache verte : pâte d'un brun-rougeâtre avec cristaux verdâtres.

Espèce *Basalte* (syn. *Basanite*). Roche à base d'apparence simple, composée, suivant M. d'Omalius d'Halloy, de pyroxène et de leptynite ou d'eurite. Sa texture est compacte, celluleuse ou scoriacée ; sa structure est massive; sa ténacité considérable; sa couleur est le noir, le noirâtre, le grisâtre, le brunâtre, le rougeâtre ou le verdâtre. Le basalte présente au plus haut degré de régularité la division prismatique à 3, 4, 5, 6, 7, 8 et 9 pans : chaque prisme se compose d'une succession plus ou moins nombreuse de morceaux qui ressemblent à des fûts de colonnes et qui s'emboîtent d'autant plus facilement les uns dans les autres qu'ils présentent alternativement un côté concave et un côté convexe. D'autres fois, ainsi que nous l'avons dit précédemment, il se divise en tables peu épaisses ou en rognons sphéroïdaux d'un diamètre plus ou moins considérable.

Variétés de mélange et de texture. *Basalte compacte* : renfermant dans ses fissures des cristaux de fer oxidulé titané.

Basalte compacte, pyroxéneux : variété dans laquelle domine le pyroxène en cristaux très distincts.

Basalte compacte péridoteux : où domine le péridot olivine.

Basalte variolitique : offrant des cavités rondes remplies de calcaire, de mésotype, etc.

Espèce *Vake* (syn. *Vakite*. Quelques *Aphanites* de M. Al. Brong.). M. d'Omalius d'Halloy comprend sous la dénomination de vake, non-seulement la roche que M. Al. Brongniart désigne sous ce nom, mais encore toutes les aphanites de cet

auteur qui peuvent être considérées comme composées de pyroxène et non d'amphibole ; c'est-à-dire toutes les roches formées de pyroxène et de leptynite ou d'eurite, qui sont trop
tendres pour pouvoir être rapportées au trapp ou au basalte, et
qui n'ont pas la texture amygdaloïde des spilites ni la texture
conglomérée ou meuble des pépérines. Il est probable, ajoute-
t-il, que les vakes sont des basaltes et des trapps qui ont été modifiés, soit par les émanations ignées, soit par les eaux.

Considérée ainsi, la vake est une roche généralement tendre
et friable, ou du moins peu dure et fragile, se délayant quelquefois dans l'eau, mais sans jamais y faire pâte comme l'argile.

Variétés de couleurs. *Vake grisâtre. — brunâtre. —
rougeâtre. — jaunâtre. — verdâtre.*

Espèce *Pépérine* (syn. *Tuf volcanique. — Tuf basaltique. —
Tufa. — Tufaite. — Conglomérat ponceux. — Brecciole trappéenne. — Pouzzolane. — Trass*). Roche composée de vake à
texture bréchiforme, celluleuse, graveleuse, arénacée et terreuse, ordinairement friable, meuble et tendre. Elle renferme
presque toujours des fragmens de ponce, de téphrine, de leucostine, de basalte, de mica, d'aimant, d'amphigène, de
pyroxène, de feldspath, de calcaire saccharoïde, etc.

Variétés de mélanges. *Pépérine ponceuse* : renfermant des
grains de ponce grisâtre ou blanchâtre.

Pépérine pisolithique : pâte pulvérulente enveloppant des
grains arrondis, mais non roulés.

Espèce *Spilite* (syn. *Xérasite. — Variolite du Drac. — Mandelstein. — Blatterstein. — Perlstein. — Schaalstein*, all. *
toadstone*, angl.) Roche peu dure formée d'une pâte de vake,
renfermant des noyaux et même des veines de calcaire, ainsi
que divers minéraux.

Variétés de texture et de mélange. *Spilite commun* : pâte
compacte, avec noyaux de calcaire et quelquefois d'agate couleur vert sombre, brun-rouge ou violâtre.

Spilite zootique : pâte calcarifère ; des portions d'entroques
mêlées à des noyaux calcaires.

Spilite veiné : offrant des veines et des grains de calcaire
spathique.

Spilite porphyrique : des nodules calcaires avec des cristaux
de feldspath.

IIIe ORDRE.

ROCHES CARBONATÉES.

Ier GENRE. — ROCHES CALCAREUSES.

Espèce *Calcaire*. Roche composée essentiellement de carbonate de chaux.

Variétés de texture et de mélange. *Calcaire lamellaire* (comme le marbre de Paros).

Calcaire saccharoïde : (comme le marbre de Carrare).

Calcaire sublamellaire : (la plupart des marbres veinés).

Calcaire compacte : (comme la pierre lithographique).

Calcaire schistoïde (syn. *Schiste calcaire*).

Calcaire crayeux (syn. *Craie*). Texture terreuse grenue, plus ou moins friable. — Roche jouissant de la propriété traçante. Couleur blanche ou jaunâtre.

Calcaire crayeux gris (syn. *Craie tufeau* ou simplement *tufeau*). Roche dépourvue de la propriété traçante. Texture lâche, grossière, couleur grise ou jaunâtre, ou jaune verdâtre; ordinairement mélangé de paillettes de mica.

Calcaire crayeux chlorité (syn. *Craie chloritée. Glauconie crayeuse*). Roche à texture lâche, composée de craie, de grains verts et de sable (1).

Calcaire oolithique (syn. *Calcaire globuliforme.* — *Oolithe.* — *Rogenstein.* — *Hirsestein.* all.) Texture grenue, à grains arrondis, plus ou moins gros. Couleurs : blanche, jaunâtre, grisâtre, rougeâtre, brunâtre.

Sous-variétés de grosseur et de mélanges.—*Calcaire oolithique miliaire* : grains de la grosseur de la semence du millet.

Calcaire oolithique cannabin : grains de la grosseur de la semence du chanvre.

Calcaire oolithique noduleux : grains irréguliers depuis la grosseur d'un pois jusqu'à celle d'un œuf.

---

(1) Nous supprimons l'espèce *glauconie*, parce que, comme l'a fait observer M. d'Omalius d'Halloy, il est aussi facile de dire : *craie chloritée, calcaire grossier chlorité, calcaire compacte chlorité*, que *glauconie crayeuse, et glauconie grossière, et glauconie compacte*.

Calcaire oolithique ferrugineux : tellement chargé d'oxide de fer que la roche prend la couleur rouge ou brune.

Calcaire grossier. Roche très variable de texture en raison du nombre de variétés qu'elle présente ; à texture terreuse et lâche dans la variété appelée *pierre à moellons* ; à texture solide dans ce qu'on nomme *pierre de liais* ; à texture tendre dans ce qu'on désigne sous le nom de *lambourde* ; à texture solide et serrée dans ce qu'on appelle *pierre de roche*.

Calcaire grossier glauconieux (syn. *Glauconie grossière*). Roche à texture lâche, friable, mélangée de grains verts et de sable.

Calcaire lumachelle (syn. *Marbre lumachelle.* — Calcaire coquiller); roche presque entièrement composée de coquilles dont la plupart ont conservé leur éclat nacré.

Calcaire concrétionné (syn. *Tuf.* — *Travertin*). Texture variée : tantôt compacte, grenue ou celluleuse; d'autres fois lamellaire, terreuse ou arenacée, structure mamelonnée, fistuleuse, coralloïde ou globuleuse.

Calcaire bréchiforme (syn. *Brèche.* — *Marbre brocatelle*). Fragmens anguleux de calcaire compacte dans une pâte de calcaire.

Calcaire poudingiforme. Fragmens arrondis de calcaire compacte dans une pâte de calcaire.

Calcaire carbonifère (syn. *Calcaire bituminifère.* — *Calcaire fétide.* — *Calcaire lucullite.* — *Calcaire calp.* — *Stinkstein*, all.) Roche à texture compacte ou sublamellaire; couleur grisâtre ou noirâtre (due au carbone et non au bitume, comme on l'a cru long-tems). Répandant par le choc ou le frottement contre un corps dur, une odeur de gaz hydrogène sulfuré.

Calcaire bitumineux. Roche imprégnée de matières bitumineuses qui manifestent leur présence par l'odeur qu'elle répand par le frottement ou la chaleur.

Calcaire siliceux. Roche quelquefois mélangée de silex et d'autres fois tellement imprégnée de silice qu'elle y est invisible et que sa présence ne s'annonce que par la dureté du calcaire ou par le feu qu'il fait sous le briquet. Sa texture est compacte, et sa couleur varie du jaunâtre sale au grisâtre.

Calcaire feldspathique, pyroxénique, grenatique, amphibolique (syn. *Calciphyre*). Pâte calcaire, tantôt compacte et tantôt grenue, enveloppant, comme l'indiquent les noms ci-dessus, soit du feldspath ou du pyroxène, soit du grenat ou de l'amphibole.

Calcaire micacé (syn. *Cipolin.* — *Cipolino*, ital.) Roche à texture saccharoïde, et souvent à structure fissile ou bréchiforme, renfermant du mica.

Calcaire talqueux ou serpentineux : c'est-à-dire contenant des silicates de magnésie (syn. *Ophicalce*). Roche à texture empâtée, dont la base est tantôt un calcaire compacte et tantôt un calcaire saccharoïde. Quelquefois la matière talqueuse y forme des espèces de réseaux qui enveloppent des noyaux calcaires très rapprochés les uns des autres ; d'autres fois des taches irrégulières de calcaire sont traversées par des veines de talc, de serpentine et de calcaire spathique. D'autres fois encore le talc ou la serpentine y sont irrégulièrement disséminés.

Espèce Dolomie (syn. *Chaux carbonatée magnésifère.* — *Bitterkalk*, all.) Roche à texture, tantôt lamellaire cristalline, tantôt grenue, et d'autres fois compacte ; plus dure que le calcaire ; reconnaissable à l'effervescence lente qu'elle fait avec l'acide nitrique.

Variétés de texture. *Dolomie granulaire*. Texture grenue, couleur blanche, jaunâtre ou brunâtre.

Dolomie compacte (syn. *Conite*). Texture compacte, fine, cassure conchoïde.

IIe GENRE. — ROCHES GIOBERTIQUES.

Espèce unique *Giobertite* (syn. *Magnésie carbonatée.* — *Boudisserite.* — *Brennerite*). Roche à texture compacte, fine, d'une couleur blanchâtre, d'une opacité complète ; faisant peu d'effervescence dans les acides, et s'y dissolvant avec lenteur.

IVe ORDRE.

ROCHES SULFATÉES.

Ier GENRE. — ROCHES GYPSEUSES.

Espèce Gypse (syn. *Chaux sulfatée*). Roche tendre, fusible, non effervescente, donnant de l'eau par la chaleur.

Variétés de texture. *Gypse saccharoïde* : texture cristalline, lamellaire ou grenue.

Gypse fibreux : texture fibreuse ou lamellaire.

Gypse grossier : texture compacte ou sublamellaire.

Espèce *Karsténite* (syn. *Chaux sulfatée anhydre.* — *Chaux sulfatine.* — *Gypse anhydre.* — *Anhydrite*). Moins tendre que la précédente ; fusible, non effervescente.

Variétés de texture. *Karstenite lamellaire ; fibreuse ; compacte ; grenue.*

IIe GENRE. — ROCHES BARITINIQUES.

Espèce unique. *Barytine* (syn. *Baryte sulfatée.* — *Spath pesant.* — *Barytite.* — *Barosélénite*). Plus dure que le calcaire ; fusible ; ne faisant point effervescence.

Variétés de texture. *Barytine compacte. Barytine lamellaire.*

IIIe GENRE. — ROCHES CÉLESTINIQUES.

Espèce unique. *Célestine* (syn. *Strontiane sulfatée*). Plus dure que le calcaire ; texture grenue ou compacte, quelquefois fibreuse.

IVe GENRE. — ROCHES ALUNIQUES.

Espèce unique. *Alunite* (syn. *Aluminite.* — *Pierre d'alun.* — *Alaunstein*, all.). Roche à texture terreuse, d'un blanc rosâtre et jaunâtre pâle ; dureté plus grande que celle du calcaire.

Ve ORDRE.

ROCHES PHOSPHATÉES.

GENRE UNIQUE. — ROCHES APATITIQUES.

Espèce unique. *Apatite* (syn. *Phosphorite.* — *Chaux phosphatée*). Roche opaque ou faiblement translucide, à texture compacte ; plus dure que le calcaire.

VIe ORDRE.

ROCHES FLUORURÉES.

GENRE UNIQUE. — ROCHES FLUORINIQUES.

Espèce unique. *Fluorine* (syn. *Fluorite.* — *Chaux fluatée.* — *Spath fluor.* — *Phtorure de calcium*). Roche translucide, à texture compacte.

VIIe ORDRE.

ROCHES CHLORURÉES.

GENRE UNIQUE. — ROCHES CHLORURÉES SODIQUES.

Espèce unique. *Sel marin* (syn. *Sel gemme*. — *Salmare*. — *Soude muriatée*. — *Chlorure de sodium*). Roche tendre, soluble dans l'eau, à saveur particulière et agréable ; se présentant ordinairement en masses vitreuses homogènes qui se divisent en cubes avec facilité.

Variétés de texture. *Sel marin lamellaire*. — *granulaire* ou *fibreux*.

Variétés de couleur. *Le blanc, le rouge, le bleu, le gris et le noirâtre*.

DEUXIÈME CLASSE.

ROCHES MÉTALLIQUES.

Ier GENRE. — ROCHES FERRUGINEUSES.

Espèce *Sperkise* (syn. *Pyrite blanche*. — *Fer sulfuré blanc*. — *Speerkies*, all.). Roche à cassure vitreuse ; d'un éclat métallique et d'une couleur jaune pâle.

Espèce *Pyrite* (syn. *Marcassite*. — *Fer sulfuré jaune*. — *Eisenkies*, all.). Roche à cassure vitreuse, d'un éclat métallique et d'une couleur jaune.

Espèce *Aimant* (syn. *Fer oxidulé*. — *Fer oxidé magnétique*. — *Magneteisen*, all.). Roche à texture grenue, d'un éclat métallique ; d'une couleur gris noirâtre, à poussière noire.

Espèce *Oligiste* (syn. *Fer oligiste*. — *Ocre rouge*. — *Peroxide de fer*. — *Eisen glanz*, all.). Roche tantôt d'un éclat métalloïde et tantôt d'un aspect terreux.

Variétés de texture et de couleur. *Oligiste compacte*, texture grenue, éclat métalloïde.

Oligiste sanguin, texture grenue, aspect terreux, couleur rouge.

Espèce *Limonite* (syn. *Fer limoneux*. — *Fer hydroxidé*. —

Fer hydraté. — *Fer oxidé brun*. — *Hématite brune*). Roche présentant un aspect terreux ou lithoïde.

Variétés de texture. *Limonite compacte*.

Limonite pisolithique : en grains sphéroïdaux , à peu près de la grosseur d'un pois.

Limonite oolithique , en petits grains miliaires.

Limonite ocreuse , matière terreuse jaune ou d'un brun rougeâtre.

Espèce Sidérose (syn. *Fer carbonaté*. — *Fer spathique*). Roche d'un aspect lithoïde , à texture variée , rayant le calcaire.

Variétés de texture. *Sidérose laminaire*. — *Sidérose lamellaire*.

IIe GENRE. — ROCHES MANGANIQUES.

Espèce Acerdèse (syn. *Manganèse oxidé*. — *Manganèse oxidé-hydraté*. — *Manganèse hydroxidé*). Roche d'un aspect terreux , à texture lâche ou fibreuse ; à cassure inégale, d'une couleur brune tirant sur le violet.

Espèce Rhodonite (syn. *Manganèse rose*. — *Manganèse oxidé silicifère*). Roche à texture tantôt laminaire, tantôt lamellaire , et plus souvent grenue et compacte.

IIIe GENRE. — ROCHES CUIVREUSES.

Espèce unique. Chalkopyrite (syn. *Cuivre pyriteux*. — *Cuivre sulfuré*. — *Kupferkies*, all.). Roche d'un éclat métallique, d'une couleur jaune, d'une texture grenue et d'une cassure raboteuse.

IVe GENRE. — ROCHES ZINCIQUES.

Espèce Calamine (syn. *Zinc oxidé*. — *Zinc oxidé hydraté siliceux*. — *Pierre calaminaire*. — *Hopéite*. — *Galmei*). Roche d'un aspect lithoïde , à texture lâche , à cassure raboteuse.

Espèce Smithsonite (syn. *Zinc carbonaté*. — *Zinkspath*). Roche à texture compacte , quelquefois fibreuse et lamellaire.

TROISIÈME CLASSE.

ROCHES COMBUSTIBLES.

GENRE UNIQUE. — ROCHES CHARBONNEUSES.

Espèce *Anthracite* (syn. *Houille éclatante.* — *Kohlenblende*, all.). Roche d'un éclat métalloïde, d'une couleur noire ; en général facile à distinguer de la houille, en ce qu'elle brûle moins facilement, sans fumée ni odeur bitumineuse.

Variétés de texture. Anthracite compacte. — Anthracite schistoïde.

Espèce *Houille* (syn. *Charbon de terre.* — *Charbon de pierre.* — *Stipite.* — *Houille grasse.* — *Steinkohle*, all). Roche noire, solide, brûlant en répandant de la fumée et une odeur bitumineuse.

Variétés de texture. Houille compacte. — Houille schistoïde.

Espèce. *Lignite* (sin. *Houille sèche.* — *Jayet.* — *Bois bitumineux.* — *Cendres noires.* — *Cendres minérales.* — *Braunkohle.* — *Pechkohle*, all.). Substance noire ou brune, brûlant sans boursouflement, avec fumée, odeur piquante et résidu.

Espèce *Tourbe.* Matière brune plus ou moins foncée ; quelquefois d'un aspect homogène ; le plus souvent remplie de débris visibles d'herbes sèches.

Variétés de texture. Tourbe compacte. — Tourbe fibreuse.

Espèce *Terreau* (syn. *Humus*). Matière terreuse brune ou noire ; brûlant avec facilité lorsqu'elle est desséchée, en dégageant une odeur végétale ou animale.

CHAPITRE V.

DES CORPS ORGANISÉS FOSSILES.

22.— On entend par *fossile* un corps organisé qui a été enfoui dans la terre à une époque indéterminée et qui y a laissé des traces non équivoques de son existence (1).

23.—D'après cette définition, on comprend sous la dénomination générale de *fossiles*, les *pétrifications* ou les corps dans lesquels la matière organique a été remplacée par une substance minérale, telle que la silice, le carbonate de chaux, ou un oxide métallique quelconque; les *empreintes* ou les traces en creux d'un corps sur une roche; les *moules* ou le relief laissé par l'empreinte intérieure d'un corps qui s'est ensuite décomposé; enfin les *contre-empreintes* ou le relief laissé par l'empreinte extérieure du corps qui a été dissout.

24.— Les fossiles comparés aux corps organisés vivans présentent avec ceux-ci plusieurs degrés de ressemblance, ou une dissemblance complète.

Deux espèces, l'une fossile et l'autre vivante, sont *identiques* lorsqu'elles offrent une ressemblance parfaite.

Deux espèces, l'une fossile et l'autre vivante, sont *analogues*, lorsqu'elles ne présentent pas de différences assez grandes pour en faire des espèces distinctes.

On appelle *subanalogues* deux espèces qui n'ont entre elles qu'une analogie éloignée, mais hors des limites que l'on donne aux variétés d'une même espèce.

Enfin on considère comme espèces *perdues* ou *détruites* les fossiles qui paraissent n'avoir plus de représentans parmi les corps organisés vivans.

____

(1) *Deshayes* : Description des coquilles caractéristiques des terrains. Paris, 1831.

CHAPITRE VI.

—

DES CORPS ORGANISÉS FOSSILES NÉCESSAIRES A CONNAITRE.

25. — Les corps organisés fossiles ne se trouvent pas tous indifféremment dans les diverses parties de l'écorce terrestre. Ils diffèrent en général plus ou moins des corps organisés vivans, selon qu'ils appartiennent à une époque plus ou moins ancienne.

26. — On peut donc d'après ce principe, fondé sur les faits, reconnaître l'ancienneté d'un groupe de couches terrestres à l'inspection des corps organisés qu'il renferme.

27. — Parmi ces fossiles il y en a que l'on considère comme *caractéristiques* : ce sont, d'après les principes établis par M. Deshayes, ceux qui se montrent le plus constamment dans les différentes couches d'une formation et qui n'appartiennent qu'à ce groupe de couches.

28. — Bien que l'étude des *végétaux* fossiles présente des résultats importans pour celle des couches terrestres, et que l'on puisse en dire autant des *animaux vertébrés* ; comme ils sont beaucoup moins nombreux et en général moins faciles à reconnaître que les animaux à coquilles, la connaissance de quelques-uns de ceux-ci est nécessaire pour pouvoir, d'une manière certaine, apprécier l'ancienneté d'un groupe de couches terrestres. En y joignant quelques polypiers, et certains crustacés, on peut arriver facilement au résultat qu'on se propose dans l'étude de la géologie.

29. — Quant aux animaux vertébrés et aux végétaux fossiles, on peut apprendre à reconnaître les plus importans, à mesure que l'on se familiarise avec l'étude des couches terrestres.

Nous allons donc présenter dans le tableau suivant les caractères des animaux nécessaires à connaître.

TABLEAU descriptif des mollusques, des polypiers et des crustacés caractéristiques des formations.

MOLLUSQUES A COQUILLES BIVALVES.

Genre Lucina (Lucine).

Caractères. Coquille comprimée, régulière, orbiculaire, inéquilatérale (1), à crochets ou sommets petits, pointus, obliques. Deux dents cardinales divergentes, peu marquées; deux dents latérales; deux impressions musculaires.

Espèce *Lucina divaricata* (Lucine divergente). Lamarck. (Pl. 3, fig. 30.)

Cette coquille se trouve dans tous les étages du terrain supercrétacé : elle peut donc servir à le distinguer des terrains plus anciens.

Genre Cardium (Bucarde).

Caractères. Coquille équivalve (c'est-à-dire dont les valves sont égales); cordiforme (en forme de cœur); à sommets protubérans et opposés; à valves ordinairement cotelées du sommet à la circonférence; charnière ayant sur chaque valve quatre dents, dont *deux* cardinales obliques et coniques et *deux* latérales écartées (2).

Les espèces de ce genre vivent dans la vase, les sables et les graviers depuis la surface de l'eau jusqu'à 13 brasses de profondeur.

Espèce *Cardium porulosum* (Bucarde poruleuse). Lamarck. (Pl. 3, fig. 31.)

Cette espèce se trouve dans les couches inférieures du terrain supercrétacé du bassin de Paris (Bracheux près de Beauvais), ainsi que dans le bassin de Londres (Barton clif).

---

(1) Une coquille est *équilatérale* lorsque partagée par une ligne dirigée du sommet au milieu du bord inférieur, elle présente deux parties égales.

Une coquille *inéquilatérale* est celle dont les deux parties son différentes.

Une coquille est *subéquilatérale*, lorsque ses deux valves sont presque semblables.

(2) Les principales dents qui forment la charnière ont reçu le nom de *cardinales.*

Espèce *Cardium acardo* (Bucarde acarde) Deshayes. (Pl. 3, fig. 32.)

Cette espèce, qui diffère des autres du même genre en ce qu'elle n'a point de charnière, est très commune dans les couches du terrain supercrétacé supérieur de la Krimée et des bords de la mer d'Azof.

Genre CUCULLÆA (Cucullée).

Caractères. Coquille équivalve, inéquilatérale, trapéziforme, ventrue, à crochets écartés ; impression musculaire antérieure ; charnière droite, munie de petites dents transverses.

Les cucullées vivent dans les sables.

Espèce *Cucullœa crassatina* (Cucullée crassatine). Lam. (Pl. 3, fig. 33.)

On la trouve dans la partie inférieure du terrain supercrétacé parisien.

Genre TRIGONIA (Trigonie).

Caractères. Coquille équivalve, inéquilatérale trigone ; dents cardinales oblongues dont *deux* sur la valve droite, sillonnées de chaque côté, et *quatre* sillonnées d'un seul côté sur l'autre valve.

Les trigonies, que l'on ne connaît encore que sur les côtes de l'Australie, y vivent dans une vase sableuse, à 6 et à 14 brasses de profondeur.

Espèce *Trigonia scabra* (Trigonie scabre). Lam. (Pl. 3, fig. 21.)

On trouve cette espèce dans le sable vert qui constitue l'étage moyen du terrain crétacé.

Espèce *Trigonia nodulosa* (Trigonie noduleuse). (Pl. 2, fig. 20.)

Cette espèce se trouve dans les couches marneuses de l'étage moyen du calcaire oolithique, c'est-à-dire dans les marnes de Dives, qui représentent l'argile d'Oxford.

Genre PERNA (Perne).

Caractères. Coquille subéquivalve, (c'est-à-dire dont les deux valves sont presque égales), aplatie, à tissus lamelleux ; charnière droite, composée de dents longitudinales, parallèles ;

un sinus un peu bâillant, placé sous la charnière pour le passage d'un byssus.

Les pernes sont des coquilles littorales qui s'attachent ordinairement aux plantes et aux madrépores. La plus grande profondeur où elles se tiennent est de 10 brasses.

Espèce *Perna mytiloïdes* (Perne mytiloïde). Lam. (Pl. 2, fig. 8.)

Cette coquille est très commune dans les marnes de Dives, qui appartiennent à la formation oolithique.

Genre CATILLUS (Catille).

Caractères. Coquille peu bombée, quelquefois même assez plate, cordiforme, subéquivalve, inéquilatérale, à crochets ou sommets plus ou moins saillans et à test lamelleux; charnière droite, garnie de petites cavités graduellement croissantes.

Ce genre est inconnu à l'état vivant; mais comme il se rapproche des *pernes* et des *marteaux*, on doit présumer qu'il se tenait à 8 ou 10 brasses de profondeur.

Espèce *Catillus Lamarckii* (Catille de Lamarck). Brongniart. (Pl. 3, fig. 22.)

Cette coquille appartient à la craie blanche de l'Angleterre, de la Belgique et du bassin de Paris.

Genre INOCERAMUS (Inocérame).

Caractères. Coquille épaisse, inéquivalve, subéquilatérale, à test lamelleux; pointue au sommet, élargie à la base, crochets opposés, pointus, fortement recourbés; charnière latérale, formée par une série de fossettes oblongues.

Espèce *Inoceramus sulcatus* (Inocérame sillonné). Parkinson. (Pl. 3, fig. 23.)

Cette coquille abonde dans la craie glauconieuse et dans les argiles qui l'accompagnent.

Genre AVICULA (Avicule).

Caractères: coquille mince, subéquivalve, subrégulière; sommets antérieurs et un peu surbaissés; charnière droite sans dents ou avec *une* ou *deux* dents rudimentaires.

Ce genre s'attache aux rochers, aux polypiers et aux végétaux, à une petite profondeur jusqu'à environ 20 brasses.

Espèce *Avicula socialis* (Avicule sociale). Deshayes.

Mytilus socialis (Modiole sociale). Schlotheim. (Pl. 2, fig. 5.)

Cette coquille est très abondante dans le *muschelkalk* de la Lorraine et de la Saxe.

Genre PLAGIOSTOMA (Plagiostome).

Caractères. Coquille subéquivalve, subauriculée (1); les deux valves presque également bombées, l'une et l'autre pourvues d'un sommet distinct recourbé au milieu d'une surface plane; charnière sans dents.

A en juger par les limes qui en sont très voisines, les plagiostomes s'attachaient aux rochers par leur *byssus*, jusqu'à la profondeur de 30 brasses.

Espèce *Plagiostoma gigantea* (Plagiostome géant). Sowerby. *Lima gigantea.* Desh. (Pl. 2, fig. 9.)

Cette coquille est très répandue dans la formation du lias.

Espèce *Plagiostoma punctata* (Plagiostome pointé). (Pl. 2, fig. 10.)

Cette espèce caractérise l'oolithe ferrugineuse.

Genre PECTEN (Peigne).

Caractères. Coquille libre (2), régulière, inéquivalve, auriculée, à bord supérieur droit, à sommets contigus et à charnière sans dents.

Les peignes vivent dans les sables et la vase, depuis le bord de la mer jusqu'à la profondeur de 20 brasses.

---

(1) Une coquille est *auriculée* lorsque de chaque côté des crochets, ou d'un côté seulement elle offre des appendices saillans appelés oreilles, comme dans les *Peignes*; elle est *subauriculée*, lorsqu'elle ne présente que des faibles traces de ces appendices.

(2) On appelle *libres* les coquilles qui ne s'attachent point aux corps environnans, et qui peuvent changer de place à l'aide du pied de l'animal qu'elles renferment.

Espèce *Pecten lamellosus* (Peigne lamelleux). Sow. (Pl. 3, fig. 24.)

Cette espèce se trouve ordinairement dans la craie tufeau.

Espèce *Pecten papyraceus* (Peigne papyracé). Sow. (Pl. 2, fig. 4 bis.)

Cette espèce appartient à la formation houillère.

Genre GRYPHÆA (Gryphée).

Caractères. Coquille adhérente (1) inéquivalve ; la valve inférieure grande, concave, terminée par un crochet saillant ; courbé en spirale, soit perpendiculairement, soit latéralement ; la valve supérieure petite, plane et operculaire ; charnière sans dents.

Ce genre habite les bas-fonds sur les graviers et les sables, et se tient aussi à l'embouchure des fleuves.

Espèce *Gryphæa columba* (Gryphée colombe). Lam. ou *Exogyra columba* (Pl. 3, fig. 25.)

Cette espèce abonde dans la craie tufeau, en France, en Angleterre et en Allemagne.

Espèce *Gryphæa virgula* (Gryphée virgule). Defrance. ou *Exogyra virgula.* (Pl. 2, fig. 12.)

Cette espèce se trouve dans les couches les plus supérieures de la formation oolithique ; elle est caractéristique en France de l'argile de Kimmeridge.

Espèce *Gryphæa dilatata* (Gryphée dilatée). Sow. (Pl. 2, fig. 11.)

Cette espèce est caractéristique de l'argile d'Oxford.

Espèce *Gryphæa cymbium* (Gryphée gondole). Lam. (Pl. 2, fig. 13.)

Elle est très répandue dans les couches supérieures de la formation oolithique.

Espèce *Gryphæa arcuata* (Gryphée arquée). Lam. (Pl. 2, fig. 13.)

Elle est éminemment caractéristique de la formation liasique.

(1) On appelle *adhérentes* les coquilles qui se fixent aux corps sous-marins.

Genre OSTREA (Huître).

Caractères. Coquille éminemment adhérente, inéquivalve, irrégulière, à crochets écartés, devenant très inégaux avec l'âge; charnière sans dents.

Ce genre vit sur les graviers et les sables, près des rivages, et s'attache aux rochers. En général la plupart des huîtres ne sont pas à plus de 17 brasses de profondeur; mais plusieurs espèces vivent dans la haute mer.

Espèce Ostrea deltoidea (Huître deltoïde). Sow. (Pl. 2, fig. 15.)

Elle se trouve particulièrement dans les argiles de Kimmeridge et d'Oxford.

Espèce Ostrea carinata (Huître carénée). Lam. (Pl. 3, fig. 26.)

Cette espèce paraît se trouver exclusivement dans la craie glauconieuse.

Espèce Ostrea acuminata (Huître acuminée). Sow. (Pl. 3, fig. 19.)

Caractéristique de l'oolithe inférieure.

Genre TEREBRATULA (Térébratule).

Caractères. Coquille inéquivalve, subtrigone, c'est-à-dire presque triangulaire, ayant une valve plus grande et plus bombée que l'autre, et dont le sommet ou crochet souvent courbé est percé d'un trou.

Les térébratules se tiennent à 10 et jusqu'à 90 brasses de profondeur, ou elles s'attachent ordinairement aux rochers.

Espèce Terebratula octoplicata (Térébratule à huit plis). Sow. (Pl. 3, fig. 27.)

Elle se trouve exclusivement dans la craie blanche.

Genre PRODUCTUS (Producte).

Caractère. Coquille inéquivalve, équilatérale; crochet de la valve inférieure grand, recourbé, mais jamais perforé comme la térébratule; charnière linéaire droite.

Ce genre, qui est voisin des térébratules, et dont on ne connaît aucune espèce vivante, devait se tenir à la même profondeur que celles-ci.

Espèce *Productus lobatus* (Producte lobé) Sow. (Pl. 2, fig. 3.)

Cette coquille abonde dans le calcaire carbonifère.

MOLLUSQUES A COQUILLES UNIVALVES.

Genre BELLEROPHON (Bellérophe).

Caractères. Coquille ovale, oblongue, symétrique, fortement involvée; le dernier tour de spire entourant et cachant tous les autres; ouverture ovale, transverse, auriculée à son extrémité.

Ce genre qui n'existe plus, devait, comme l'argonaute dont il est voisin, habiter à de petites profondeurs.

Espèce *Bellerophon hiulcus* (Bellérophe fendu). Sow. (Pl. 2, fig. 4.)

Elle abonde dans le calcaire carbonifère de la France, de la Belgique et de l'Angleterre.

Genre PLANORBIS (Planorbe).

Caractères. Coquille discoïde, à spire aplatie ou surbaissée, et dont les tours sont apparens en dessus et en dessous. Ouverture oblongue, très écartée de l'axe.

Ce genre habite les eaux des lacs et des étangs.

Espèce *Planorbis rotundatus* (Planorbe arrondi) Brong. (Pl. 3, fig. 34.)

Cette espèce caractérise, dans le bassin de Paris, les dépôts lacustres inférieurs et supérieurs au gypse.

Genre LIMNÆA (Limnée).

Caractères. Coquille oblongue, quelquefois turriculée, à spire saillante; ouverture ovale; bord droit tranchant; bord gauche formant un pli très oblique sur la columelle (1).

Ce genre n'habite que les eaux douces.

---

(1) On nomme *columelle* la colonne intérieure autour de laquelle s'enroulent les tours de la spire.

Espèce *Limnœa longiscata* (Limnée alongée) Brong. (Pl. 3, fig. 35.)

Cette espèce, la plus grande parmi celles des environs de Paris, se trouve en grand nombre dans les marnes calcaires et dans les calcaires siliceux inférieurs et supérieurs au gypse.

Genre AMPULLARIA (Ampullaire).

Caractères. Coquille globuleuse, ventrue, ombiliquée (1) à spire très courte ; ouverture ovalaire, à bords réunis ; un opercule (2).

Ce genre habite les embouchures de rivières.

Espèce *Ampullaria spirata* (Ampullaire à rampes). Lam. (Pl. 3, fig. 36.)

Cette coquille caractérise le calcaire grossier parisien.

Genre NERITA (Nérite).

Caractères. Coquille operculée, épaisse, semi-globuleuse, à spire peu ou point saillante, non ombiliquée ; ouverture semi-lunaire, tantôt dentée, tantôt sans dents.

Les nérites sont littorales et rampent sur les rochers et les algues.

Espèce *Nerita conoida* (Nérite conoïde) Lam. (Pl. 3 fig. 37.)

Cette coquille se trouve en grande quantité dans les sables coquillers du Soissonnais qui appartiennent à l'étage inférieur du terrain supercrétacé.

Genre NATICA (Natice).

Caractères. Coquille subglobuleuse, ombiliquée, operculée ; ouverture demi-ronde, bord droit mince, bord gauche ou columellaire calleux.

Ce genre habite la vase sableuse et les embouchures des rivières où la marée monte.

Espèce *Natica epiglottina* (Natice épiglottine). Lam. (Pl. 3, fig. 38.)

Coquille très répandue dans le calcaire grossier parisien ;

____

(1) L'*ombilic* est une cavité que l'on remarque près de l'ouverture, et au-dessus de la columelle.

(2) L'*opercule* est une partie destinée à clore la coquille, et qui chez les mollusques vivans tient au pied de l'animal.

mais plutôt dans la partie supérieure ou moyenne que dans l'inférieure.

Genre PLEUROTOMARIA (Pleurotomaire).

Caractères. Coquille discoïde, ombiliquée, à ouverture oblique, avec une profonde entaille sur le bord droit.

Comme les *trochus*, ce genre habitait probablement la vase sableuse et le gravier jusqu'à la profondeur de 45 brasses.

Espèce *Pleurotomataria conoïdea* (Pleurotomaire conoïde). Desh. (Pl. 2, fig. 16.)

Cette espèce peut servir à caractériser l'oolithe ferrugineuse.

Genre TURRITELLA (Turritelle).

Caractères. Coquille turriculée, operculée, très pointue, à tours nombreux; ouverture arrondie; bord droit mince et tranchant.

Les turritelles habitent la vase sableuse depuis 5 jusqu'à 20 brasses.

Espèce *Turritella imbricataria* (Turritelle imbricataire). Lam. (Pl. 3, fig. 39.)

Elle peut caractériser le calcaire grossier moyen du bassin de Paris et l'argile de Londres.

Genre CERITHIUM (Cérithe).

Caractères. Coquille turriculée, operculée, ouverture oblongue, oblique; bord columellaire calleux; bord droit tranchant et se dilatant un peu avec l'âge.

Les Cérithes habitent les côtes et les embouchures de rivières jusqu'à 17 brasses de profondeur.

Les potamides vivent dans les embouchures des fleuves et même dans les eaux douces.

Espèce *Cerithium giganteum* (Cérithe géant). Lam. (Pl. 3, fig. 40.)

Cette espèce qui atteint quelquefois 1 pied et demi à 2 pieds de longueur, se trouve dans la partie inférieure du calcaire grossier parisien, et dans l'argile de Londres.

Espèce *Cerithium Lamarckii* (Cérithe de Lamarck). Desh.

Potamides Lamarckii (Potamide de Lamarck). Brong. (Pl. 3, fig. 41.)

Cette espèce présente plusieurs variétés : les plus grèles et les plus longues dépourvues de plis longitudinaux sur les premiers tours de spire, sont disséminées en grand nombre dans les meulières des environs de Paris ; les plus courtes et les plus larges à la base se trouvent dans les grès dits de Beauchamp, c'est-à-dire les grès du calcaire grossier.

Espèce *Cerithium lapidum* (Cérithe des pierres). Lam. Pl. 3, fig. 42.)

Cette coquille est en grand nombre dans le calcaire grossier parisien supérieur.

Genre NERINOEA (Nérinée).

Caractères. Coquille turriculée, alongée, ayant un canal à sa base.

Ouverture rétrécie, oblique ; columelle large, perforée dans toute sa longueur, épaisse et chargée de gros plis saillans diversement contournés.

Espèce *Nerinæa Mosæ* (Nérinée de la Meuse) Desh. (Pl. 2, fig. 17.)

Coquille abondante dans l'oolithe blanche des environs de Saint-Mihiel.

Genre ROSTELLARIA (Rostellaire).

Caractères. Coquille fusiforme, terminée du côté de son ouverture par un canal très étroit en bec pointu. Bord droit plus ou moins dilaté en aile, selon l'âge.

Les rostellaires paraissent vivre à de grandes profondeurs.

Espèce *Rostellaria pes pellicani* (Rostellaire pied de pélican). (Pl. 3, fig. 43.)

Espèce qui vit encore dans la Méditerranée, et qui se trouve fossile dans les couches supérieures du terrain supercrétacé de la Sicile, de l'Italie et de la Morée.

Genre BELEMNITES (Bélemnite).

Caractères. Coquille en cône alongé, plus ou moins déprimé, à structure fibreuse et rayonnante, terminée en pointe. L'extrémité la plus large, présentant une cavité conique plus ou moins profonde, contenant un cône cloisonné et siphonné latéralement.

Ce genre ne se trouve plus vivant.

Espèce *Belemnites mucronatus* (Bélemnite mucronée) Brong. (Pl. 3 , fig. 28.)

Cette espèce est très répandue dans la craie blanche.

Genre SCAPHITES (Scaphite).

Caractères. Coquille elliptique, cloisonnée, enroulée dans le plan horizontal, finement striée dans toute sa longueur ; cloison nombreuse ; ouverture très étroite.

Ce genre n'est plus vivant.

Espèce *Scaphites æqualis* (Scaphite égale) Sow. (Pl. 3 , fig. 29.)

Cette coquille est très commune dans la craie tufeau.

Genre AMMONITES (Ammonite).

Caractères. Coquille discoïde, cloisonnée, symétrique, enroulée sur le même plan ; tours contigus, enveloppant ou non.

Ce genre flottait peut-être librement comme les spirules, sa coquille était extrêmement mince.

Espèce *Ammonites Walcotii* (Ammonite de Walcot). Sow. *A. Bifrons* (Brug.) (Pl. 2 , fig. 18.)
Caractéristique du lias.

Espèce *Ammonites Buklandi* (Ammonite de Buckland) Sow. *A. Bisulcata*. (Brug.) (Pl. 2 , fig. 18 bis.)

Elle est aussi répandue dans le lias que la précédente.

Espèce *Ammonites nodosus* (Ammonite noueuse). Schlotheim. (Pl. 2, fig. 6.)

Caractéristique du calcaire appelé *Muschelkalk*.

Genre FUSUS (Fuseau).

Caractères. Coquille operculée, rugueuse, fusiforme ou renflée au milieu, prolongée en arrière par la spire, et surtout en avant par le canal ; ouverture ovale.

Les fuseaux habitent la vase sableuse et le sable jusqu'à la profondeur de 10 à 12 brasses.

Espèce *Fusus contrarius* (Fuseau contraire) (Pl. 3 , fig. 44.)

Cette coquille est l'une des plus nombreuses dans le *crag* de l'Angleterre, qui appartient à l'étage supérieur du terrain supercrétacé.

POLYPIERS

Genre ENCRINITES (Encrinite).

Caractères. Corps libre, alongé, ayant une tige cylindrique ou polyèdre, ramifiée en ombelle à son sommet. Axe intérieur articulé, osseux ou pierreux. Rameaux de l'ombelle chargés de polypes disposés par rangées.

Espèce *Encrinites liliiformis* (Encrinite en forme de lys). Lamarck. (Pl. 2 , fig. 7.)

Cette espèce est caractéristique du calcaire appelé *Muschelkalk*.

CRUSTACÉS.

TRILOBITES.

Genre ASAPHUS (Asaphe).

Caractères. Corps large et assez plat ; lobe moyen saillant et très distinct ; flancs ou lobes latéraux ayant chacun le double de la largeur du lobe moyen ; bouclier demi-circulaire portant deux tubercules oculiformes réticulés ; abdomen divisé en *huit* ou *douze* articles.

Espèce *Asaphus Buchii* (Asaphe de de Buch). (Pl. 2 , fig. 1.)

Caractéristique des schistes ardoisiers du terrain schisteux.

Genre CALYMENE (Calymène).

Caractères. Corps ellipsoïde, presque demi-cylindrique dans son épaisseur. Bouclier présentant en avant un chaperon ou lèvre supérieure plus ou moins relevée.

Espèce *Calymène Blumenbachii* (Calymène de Blumenbach). Brong. (Pl. 2 , fig. 2.)

Espèce caractéristique du calcaire de Dudley en Angleterre, calcaire qui appartient à la formation silurienne, dans le terrain schisteux.

CHAPITRE VII.

—

DE LA STRUCTURE DE L'ÉCORCE DU GLOBE OU DE LA STRA-
TIFICATION.

30. — L'écorce du globe est composée de différentes masses
de roches qui sont les unes *stratifiées* et les autres non *stratifiées*.

31. — Les roches *stratifiées* sont celles qui sont divisées en
couches plus ou moins épaisses, que l'on appelle quelquefois
strates (1). (Pl. 1, fig. 1.)

32. — On nomme *plans de joints* les surfaces d'une couche,
et *joints de stratification* les espaces vides qui les séparent
(Pl. 1, fig. 1.)

33. — On appelle *fissures* les fentes accidentelles qui
traversent une couche dans son épaisseur, et quelquefois
une masse composée de plusieurs couches.(Pl. 1, fig. 1 *fff*).

34. — Lorsqu'une fissure acquiert une largeur et une profondeur considérables sur une grande étendue, elle reçoit le
nom de *faille*.

Cette large fissure qui peut quelquefois traverser une montagne ou même une contrée, est souvent le résultat d'une dis-
location qui, en soulevant ou en abaissant l'un des côtés de la
faille, a dérangé les couches qu'elle traverse, de manière
qu'elles ne se correspondent plus ; c'est-à-dire que la même
couche se trouve d'un côté de la faille beaucoup plus haut que
de l'autre. (Pl. 1, fig. 2 *f* .)

35. — On nomme *puissance* l'épaisseur d'une couche, d'une
masse, d'un ensemble, ou, comme on dit, d'un *système* de
couches.

36. — La stratification est appelée *régulière* lorsque toutes

(1) Du mot latin *stratum* ou *strata*, employé même dans le langage géologique par les Anglais.

les couches sont parallèles entre elles et à la direction générale. (Pl. 1 , fig. 1 et 2.)

37.— Elle est *irrégulière* lorsque les couches sont contournées de différentes manières.(Pl. 1 , fig. 3.)

38.— Elle est *inclinée* quand toutes les couches, d'ailleurs parallèles, affectent une inclinaison plus ou moins considérable. (Pl. 1 , fig. 4.)

39.— Elle est *arquée* lorsqu'elle se compose de couches plus ou moins ondulées ou contournées. (Pl. 1 , fig. 5.)

40. — Elle est *brisée* lorsqu'elle forme une suite d'angles plus ou moins ouverts ou plus ou moins aigus. (Pl. 1 , fig. 6.)

41.— L'*inclinaison* d'une ou de plusieurs couches est l'angle qu'elles forment avec l'horizon. Cette inclinaison varie depuis la ligne horizontale jusqu'à la verticale.

Nous verrons plus tard que les roches de sédiment, c'est-à-dire celles qui ont été formées par la voie aqueuse, n'ayant pu se déposer en général que sur un plan horizontal ou incliné seulement de quelques degrés, une inclinaison plus grande ne peut être due qu'à une action plus ou moins violente qui aura produit des soulèvemens ou des affaissemens (1).

42.— La direction d'une couche s'étend toujours suivant une ligne située sur le plan de cette couche et perpendiculaire à son inclinaison. En d'autres termes, les lignes d'inclinaison et de direction se coupent toujours à angle droit : ainsi, dire que les couches plongent du nord au sud, c'est dire que leur direction est de l'est à l'ouest. (Pl. 1 , fig. 7.)

La direction des couches d'une chaîne de montagnes est ordinairement celle de la chaîne elle-même.

43.— Il est à remarquer que, pour avoir une idée exacte de la stratification, il faut avoir soin de tâcher de voir les couches dans les deux sens différens de la direction et de l'inclinaison ; car il arrive toujours que dans le sens de la direction les couches suivent une ligne horizontale, bien que leur inclinaison soit considérable.

(1) Le degré d'inclinaison d'un ensemble de couches étant toujours important à connaître, on a inventé plusieurs instrumens destinés à le mesurer : l'un des plus en usage est la *boussole ;* mais comme on ne peut s'en servir qu'en l'appuyant sur les couches même, son emploi est sujet à erreur, à cause des inégalités que présentent les couches. Un instrument beaucoup plus sûr et plus commode est le *clinomètre* , parce qu'il sert à mesurer de loin et avec la plus grande exactitude.

44. — Dans quelques cas, les couches plongent dans deux directions opposées à partir d'une ligne que l'on nomme *anticlinale* : le faîte d'un toit donne une idée exacte de cette ligne, les pentes du toit représentant de chaque côté la surface des couches. (Pl. 1 , fig. 8.)

45. Les fissures ou fentes qui coupent les couches dans leur épaisseur sont quelquefois tellement prononcées qu'on peut les confondre avec les joints de stratification : on est alors exposé à se tromper sur la direction des couches. Il en est de même lorsque la structure feuilletée de la roche peut faire prendre les feuillets pour des couches. Pour mieux nous faire comprendre nous allons emprunter à M. de la Bèche deux exemples qui s'appliquent à ces deux cas particuliers.

Certains calcaires noirs de la formation carbonifère, présentent des fissures qui croisent les joints de stratification (pl. 1 , (fig. 9) ; et comme ces fissures et ces joints se montrent souvent dans tout le massif et dans quelque sens qu'on l'examine, il faut une grande attention pour reconnaître les couches , surtout si celles-ci ne contiennent point de fossiles : car lorsqu'elles en renferment , comme ils diffèrent souvent d'une couche à l'autre , ils peuvent servir de guides. L'observateur doit donc chercher s'il n'existe pas dans la masse calcaire une couche d'une autre nature , de marne par exemple , parce que cette couche étant intercalée au milieu des autres , leur est parallèle et indique exactement le sens de la stratification : c'est ce qui arrive pour les couches M de marne dans la figure que nous venons d'indiquer.

Supposons maintenant un escarpement de schiste (Pl. 1 , fig. 10) dans lequel les couches figurées par les lignes *a*, *b*, *c*, *d*, *e*, *f*, *g*, *h*, *i*, *j*, *k*, *l*, inclinent dans un sens opposé à celui des feuillets (représentés par des lignes très rapprochées) ; l'observateur pourra être indécis sur la question de savoir quelles sont celles de ces lignes qui indiquent la stratification : il n'aura alors qu'à chercher si dans cette masse schisteuse il ne se trouve pas une couche de grès, de quarz ou de calcaire ; cette couche étant intercalée au milieu du schiste, doit être parallèle aux couches de celui-ci, elle indiquera précisément le sens de celle-ci. Dans l'exemple que nous venons de citer, les couches G et C servent donc à déterminer l'inclinaison des strates.

46. — On dit qu'une roche ou qu'une couche est *subordonnée* à un groupe de roches, lorsqu'elle y est intercalée. Ainsi dans les exemples cités ci-dessus, les couches G et C sont subordonnées au schiste, et les couches M au calcaire.

47 — Lorsque des couches de différentes formations sont inclinées dans le même sens, et suivant le même angle, on dit qu'elles sont en *stratification concordante* (1).

48. — Lorsqu'elles forment entr'elles des angles quelconques, on dit qu'elles sont en *stratification discordante* ou *transgressive*. (Pl. 1, fig. 11.)

49. — La concordance dans la stratification indique toujours que les couches doivent leur inclinaison à la même cause; tandis que, lorsqu'il y a discordance, il est évident qu'elle est due à un concours de circonstances différentes.

50. — Après la consolidation de certaines séries de couches, des causes que nous indiquerons plus tard y ont produit des fentes qui se sont remplies ensuite de diverses substances minérales qui forment alors ce que l'on appelle des *filons*. Ceux-ci se reconnaissent facilement en ce qu'ils coupent les couches transversalement ; s'ils étaient parallèles à la stratification, ils ne seraient plus des filons, mais des couches (*fff*, pl. 1, fig. 12).

Les filons sont toujours composés d'une substance différente de la roche qui constitue la montagne qu'ils traversent. C'est ordinairement le quarz, le calcaire, la fluorine, la barytine, etc., ou bien des agrégats de sable et d'argile.

51. On donne le nom de *gangue* à la substance minérale qui enveloppe le minerai.

52. — Les métaux se présentent dans les filons, tantôt en *rognons*, tantôt en *grains*, et le plus souvent en très petits filons auxquels on donne le nom de *veines*.

53. — Les Allemands appellent *stockwerk* une portion de roche traversée par une quantité innombrable de petits *filons* ou de *veines* rassemblées en un seul point.

54. — Quelquefois le filon renferme une cavité plus ou moins considérable à laquelle on donne le nom de *druse* ou de *poche*. (P, pl. 1, fig. 12.)

____

(1) Les figures 2 et 4 en offrent des exemples.

55. — Les géologistes français ont emprunté aux Anglais le nom de *dikes* que ceux-ci donnent à des filons composés de basaltes, de porphyres et roches d'origine ignée (D D. Pl. 1, fig. 12.)

56. — Lorsque ces dikes, qui ont ordinairement la forme de murs, se terminent en *cônes* ou en *dômes*, on les nomme *culots*. (C. Pl. 1, fig. 12.)

57. — On nomme *affleurement* l'extrémité d'une couche, d'un filon, d'un dike qui se montre à la surface du sol. (*aaaaaaa*, pl. 1, fig. 12.)

CHAPITRE VIII.

—

DES ROCHES MÉTAMORPHIQUES ET DES ROCHES NON STRATIFIÉES.

58. — Les roches stratifiées doivent évidemment leur origine à des sédimens qui se sont formés au fond d'un liquide où ces sédimens se sont déposés par couches.

59. — Toutefois il y a des roches de sédiment qui présentent peu de traces de stratification, comme on le remarque dans la plupart des craies blanches, ou qui n'en offrentpas du tout, comme le prouvent quelques calcaires très anciens. Cet effet paraît être dû, dans plusieurs cas, à une certaine action chimique que la roche a éprouvée pendant qu'elle se formait au fond d'un liquide soumis à une grande chaleur ; dans d'autres cas à la pression qu'elle a subie, et enfin très souvent à la haute température qu'elle a endurée par son voisinage avec certaines roches d'origine ignée.

60. — Les roches d'origine ignée sont aussi sans traces de stratification. Elles paraissent toutes avoir été projetées de bas en haut du sein de la terre. Elles sont souvent intercalées au milieu des roches stratifiées, et quelquefois même elles les traversent dans tous les sens.

61. — Les principales roches d'origine ignée, sont le *granite*, la *syénite*, la *protogyne*, le *diorite*, le *porphyre*, la *ser-*

pentine, l'*euphotide*, le *trachyte*, le *trapp* et le *basalte*. Lorsqu'on dit qu'elles sont d'origine ignée, on ne prétend pas qu'elles soient le produit des volcans, et qu'elles aient été rejetées par des cratères ; car il faut considérer que les volcans sont un effet particulier des phénomènes généraux produits par la chaleur souterraine.

62. — Ces roches offrent un bien plus grand nombre de substances minérales cristallisées que les roches de sédiment ; ce qui les distingue encore, c'est qu'elles ne renferment aucun débris organisés.

63. — Ce qui prouve qu'elles sont dues à l'action du feu plutôt qu'à celle de l'eau, c'est que certaines variétés prises parmi les roches que l'on attribue à l'incandescence primitive du globe, offrent la plus grande analogie avec les produits des volcans modernes : ainsi le granite, la syénite, le porphyre, le diorite et le basalte se rattachent par de nombreuses nuances aux trachytes et aux laves des volcans modernes.

64. — Les différences de texture et d'aspect que présentent les roches d'origine ignée se conçoivent aisément lorsque l'on considère que M. G. Watt a fait des expériences qui prouvent que des masses de substances minérales chimiquement les mêmes et fondues, mais soumises à un refroidissement plus ou moins lent et produit par des moyens différens, deviendront terreuses, compactes, vitreuses ou cristallines, suivant le mode de refroidissement auquel elles auront été soumises.

65. — Les roches qui ont subi des changemens de texture et de structure par le voisinage des roches d'origine ignée, ont reçu la dénomination générale de *roches métamorphiques*. Nous allons citer les principales de ces roches.

Les *talcschistes* ou *schistes talqueux* ne paraissent être que des schistes argileux modifiés par la chaleur.

Les roches *quarzo-talqueuses* ou *chloriteuses*, paraissent avoir été d'abord des grès et des agrégats quarzeux à pâte argileuse, qui ont changé d'aspect et de nature par l'action d'une haute température, et par les émanations ignées qui les ont consolidés.

Les *quarzites* sont des grès quarzeux à ciment siliceux, que des vapeurs chaudes et probablement alcalines ont rendus plus compactes.

Les *micaschistes* sont des grès quarzeux micacés que la chaleur, les gaz, une grande pression et l'action chimique ont complètement changés.

Les *gneiss* sont également des grès micacés ou psammites, qui ont éprouvé long-tems les effets d'une grande chaleur et d'une forte pression.

Les *eurites fragmentaires* des environs de Thann, de Massevaux, de Bitchweiller, dans les Vosges, ne sont évidemment que des grès feldspatiques à gros grains, qui ont perdu toute trace de stratification en prenant les caractères de l'eurite, et même ceux des roches feldspathiques d'éruption : en effet, on trouve dans ces roches des débris de grands végétaux à l'état charbonneux encore reconnaissables. Les mêmes roches prennent souvent la texture du jaspe rubané à cassure fine et vitreuse. D'autres fois elles deviennent compactes, dures et sonores comme les aphanites. A la côte d'Urbey, elles sont noires et prennent l'apparence des roches trappéennes, et on les voit devenir schistoïdes et se diviser en feuillets minces : elles semblent alors n'être que des schistes argileux modifiés. Près de Bussang, ces schistes contiennent aussi des empreintes végétales.

Les métamorphoses que ces roches, originairement des grès et des schistes, ont éprouvées, paraissent être dues à la chaleur que leur ont communiquée les porphyres qui les traversent et les granites sur lesquels elles reposent (1).

Les *leptynites* sont, suivant M. Boué, des schistes argileux quarzifères qui ont été modifiés par l'action ignée.

Les *calcaires* ont éprouvé aussi des modifications variées plus ou moins importantes, selon que l'action ignée et la pression ont plus ou moins agi sur eux : les principales de ces modifications ont eu pour résultats de transformer des calcaires de diverses textures en marbres saccharoïdes ou statuaires, en marbres cipolins renfermant de beaux minéraux cristallisés, et en dolomies contenant des corindons et du sulfure d'arsénic.

M. J. Hall a parfaitement prouvé que la chaleur pouvait modifier complètement le carbonate de chaux, puisqu'à l'aide

---

(1) Des métamorphoses et des modifications survenues dans certaines roches des Vosges ; par M. Ernest Puton.

d'un feu de porcelaine, il a converti de la craie tendre en un calcaire grenu, en un véritable marbre.

Les *gypses* sont le produit des émanations d'acide sulfureux qui ont pénétré les calcaires.

66. — Il est bon de faire remarquer que les roches modifiées dont nous venons de parler, ne se présentent pas toujours dans le voisinage des roches d'origine ignée ; mais rien dans ce fait ne doit étonner, car il est facile de concevoir que les roches ont pu être modifiées à distance par la chaleur intérieure.

Les *amphibolites*, roches composées essentiellement d'amphibole, ne paraissent pas être d'origine ignée, car elles sont stratifiées. Quelques géologistes, entre autres M. Boué, pensent qu'elles pourraient bien être le résultat de certaines couches sédimenteuses qui auraient éprouvé par l'action de la chaleur et de certains agens chimiques, des changemens qui auraient transformé en amphibole la silice, la chaux et la magnésie, partie essentielle à la composition de cette substance, et qui sont aussi des minéraux qui se trouvent dans les dépôts de sédiment.

CHAPITRE IX.

—

DES DISLOCATIONS DE L'ÉCORCE DU GLOBE.

67. — Ainsi que nous l'avons dit ailleurs, l'homme, dans ses travaux d'exploitation de mines, n'a encore traversé que l'épiderme de l'écorce terrestre : en effet, les plus grandes profondeurs où il est descendu n'excèdent pas 300 à 400 mètres au-dessous du niveau de l'Océan ; et cette profondeur comparée au demi-diamètre de l'équateur ou à la quantité de 6,376,800 mètres, équivaut sur un globe de 2 mètres de diamètre à 0,0625 de millimètres ou à l'épaisseur d'une feuille de papier.

68. — Comment, dira-t-on, une science comme la géologie, qui a pour but l'histoire physique de la Terre, peut-elle avoir

la prétention de fonder cette histoire sur une série suffisante de faits, lorsqu'elle se borne à peine à soulever quelques lambeaux de la feuille de papier qui recouvre le globe dont nous venons de parler ?

Cette objection peut paraître importante à ceux qui n'ont aucune idée de la structure de l'écorce de la terre. Elle le serait même en effet si, pour en revenir à la comparaison précédente, la terre était exactement représentée par le globe de carton de 2 mètres de diamètre, composé conséquemment d'un grand nombre de feuilles de papier collées les unes sur les autres, et parfaitement réunies.

Mais admettons que, par une cause quelconque, telle que l'alternation de la chaleur et de l'humidité, il se fasse plusieurs fentes sur ce globe, que certaines parties s'affaissent et que d'autres se relèvent, il en résultera que celui qui cherchera à connaître la composition de ce globe, n'aura pas seulement pour le conduire à cette connaissance la feuille de papier qui en couvre la surface, mais presque toutes celles qui se trouvent au-dessous, c'est-à-dire presque l'épaisseur totale du carton qui le compose.

Ce que nous venons de dire du globe de carton s'applique parfaitement à la terre, ainsi que nous allons le faire voir.

69.— Nous avons vu précédemment (58) que si toutes les roches avaient été formées par voie de sédimens, elle seraient toutes stratifiées.

70. — Si toutes les roches étaient stratifiées et horizontales, c'est-à-dire si elles étaient dans la position où elles ont été formées, il est évident que la surface du globe terrestre présenterait un tout autre aspect que celui qu'elle offre aujourd'hui. Les mers seraient moins profondes ; les continens moins étendus et moins élevés ; un grand nombre de Méditerranées, de Caspiennes et de lacs couvriraient une partie notable de la superficie des terres. Les seules aspérités de la surface du globe seraient des collines ou des montagnes peu élevées. Lorsque l'on traverserait l'épaisseur des couches terrestres jusqu'à la profondeur de 300 à 400 mètres au-dessous du niveau des mers, on n'en connaîtrait pas la 30e partie de l'épaisseur que forment tous les sédimens qui se sont

déposés au sein des eaux, puisque l'épaisseur moyenne de ceux-ci est d'environ 12000 *mètres.* ?

Il résulterait de cet état de choses que la science géologique n'aurait point pris naissance ou ne pourrait être qu'un assemblage incohérent de suppositions et d'hypothèses hasardées et sans résultats positifs. Enfin l'homme ne connaîtrait pas la moitié des substances minérales que recèlent les couches de la terre, et l'industrie dépourvue d'une grande partie des métaux et des combustibles qu'elle met en usage, serait dans toutes les régions du globe, à peu près ce qu'elle est chez les peuples sauvages.

71.— Mais comme les premières roches de sédiment se sont formées et déposées sur des roches non stratifiées d'origine ignée, qui ont constitué la première croûte solide du globe ; comme sous cette croûte se trouve encore un vaste foyer d'incandescence dont les volcans modernes sont les soupiraux ; comme cette croûte est assez mince, ainsi que le prouvent les tremblemens de terre ; il est tout naturel qu'elle ait éprouvé des dislocations dans tous les genres, dislocations qui nous frappent d'étonnement lorsque nous parcourons les régions montagneuses, puisque dans une foule de localités on voit encore les roches d'origine ignée qui, en surgissant du sein de la terre, ont soulevé les roches de sédiment et leur ont donné une inclinaison de 30, de 40 et même de 90 degrés.

Eh bien ! c'est par suite de ces dislocations que les deux séries de roches stratifiées et non stratifiées ont été mises à découvert, et que l'homme a pu étudier leur disposition, beaucoup mieux même que s'il était parvenu à traverser l'écorce du globe.

71 bis. — Il est bon de faire observer que les dislocations de l'écorce terrestre sont un effet naturel de son refroidissement graduel ; et que c'est par suite de ces dislocations que des roches d'origine ignée ont pu se faire jour en traversant tous les dépôts de sédiment. Il résulte de là que dans plusieurs circonstances, les soulèvemens que l'on attribue à l'éruption d'une roche ignée, ont été produits par des dislocations, à la suite desquelles la roche a pénétré jusqu'à la surface du globe.

CHAPITRE X.

—

DES SOULÈVEMENS DE L'ÉCORCE TERRESTRE.

72.— Ce n'est pas une idée nouvelle que celle de la formation des hautes montagnes par le soulèvement des couches terrestres : on la trouve exprimée par les auteurs anciens, mais seulement comme une hypothèse.

Sténon, qui étudia la structure de l'écorce terrestre, avait déjà reconnu en 1667 que toutes les couches de sédiment avaient dû se déposer horizontalement, et que celles que l'on voit plus ou moins inclinées ou redressées, devaient cette position à une cause violente quelconque qui avait agi après leur consolidation.

73. — Au commencement de ce siècle, Werner, que l'on peut regarder comme le fondateur de la géologie, était arrivé par l'observation à cette conclusion: que dans un même district de mines, tous les filons d'une même nature doivent leur origine à des fentes parallèles.

74.— Ce fait conduisit M. de Buch à reconnaître dans les chaînes de montagnes plusieurs lignes de direction, et à admettre que les chaînes parallèles appartiennent à des soulèvemens contemporains. Il reconnut, d'après ce principe, au moins quatre systèmes de soulèvement dans les montagnes de l'Allemagne.

75.— M. Élie de Beaumont alla encore plus loin : non-seulement il admit avec M. de Buch que les chaînes parallèles sont contemporaines, c'est-à-dire que par exemple on doit attribuer à des soulèvemens sucessifs 1° les Pyrénées et les Apennins ; 2° l'Erzgebirge en Saxe et le mont Pilas ainsi que la Côte-d'Or en France ; 3° les Alpes occidentales et le Jura ; 4° la chaîne principale des Alpes et les montagnes de l'Autriche, etc. Mais il reconnut que par un moyen très simple on pouvait déterminer les époques relatives de ces soulèvemens. En effet, l'observation le porta à penser que le soulèvement d'une chaîne de montagnes avait dû occasioner des ruptures dans les dépôts de sédiment qui s'étaient formés à ses pieds, et relever ces dépôts sous un angle absolument égal à celui que forment les couches dont la chaîne se compose : ce qui indique d'une manière précise que ces montagnes se sont soulevées postérieurement à la formation des dépôts de sédiment dont il s'agit, et que si les dépôts sédimenteux qui s'appuient sur les dernières pentes de la chaîne sont en couches horizontales, c'est qu'ils se sont formés depuis le soulèvement de cette chaîne.

76.— A l'aide de ce principe qui est de toute évidence, M. Élie de Beaumont a déterminé douze systèmes ou époques de soulèvemens qui présentent ce fait très remarquable que les plus récens ont été plus violens et ont fait surgir les montagnes les plus élevées.

77.—Il n'est cependant pas prouvé, nous devons le dire, que le parallélisme des chaînes soit un indice suffisant de leur contemporanéité : depuis que M. Élie de Beaumont a énoncé ce principe, plusieurs faits attestent qu'il est loin d'être général. En Angleterre et en Écosse on a signalé en effet plusieurs soulèvemens qui appartiennent à la même époque, et qui, cependant, affectent des directions différentes.

78. — On peut encore objecter, comme l'a fait M. Boué, que le soulèvement d'une portion de la croûte terrestre n'a pas toujours dû produire une chaîne de montagnes, et former une proéminence sur toute l'étendue soulevée : en effet, si le soulèvement s'est fait dans une des cavités les plus profondes du globe, il a pu la combler tout-à-fait ou presque entièrement ; et s'il est resté des vides, les alluvions postérieures ont pu les remplir : ainsi il peut y avoir sous les plaines des soulèvemens dont rien n'annonce extérieurement l'existence.

79. — Nous pensons aussi avec M. Boué, que la direction générale des systèmes de couches est un guide plus sûr pour distinguer les montagnes d'une même époque, que la direction de la ligne de faîte des chaînes qu'elles forment.

80. — On doit admettre encore, comme une cause de perturbation dans le relief que présentent les montagnes, les af-

faissemens qui ont dû se produire à la suite des soulèvemens, et qui sont attestés par les failles que l'on remarque dans un grand nombre de localités.

81. — M. Élie de Beaumont pense que les montagnes ont été soulevées d'un seul jet, parce que le redressement des couches s'arrête brusquement à tel ou tel terme de la série des conches ; mais on peut admettre, sans être en contradiction avec ce savant géologiste, que chaque phénomène de soulèvement se divisait en périodes de courte durée, pendant lesquelles il s'est fait un certain nombre de mouvemens semblables, de même que, pendant un tremblement de terre, on éprouve toujours un certain nombre de secousses.

82. — En Angleterre, MM. Yates, Lyell et de la Bèche ont appelé l'attention des géologistes sur des faits qui se passent aujourd'hui dans la mer et dans les lacs, et qui prouvent que des couches de sédiment peuvent se former avec une inclinaison assez considérable, analogue à celle qui provient de l'action du soulèvement.

Supposons, par exemple, que sur une masse stratifiée AB (Pl. 1, fig. 13) il se soit formé chimiquement des couches CE au-dessous de la surface DE de la mer : ces couches suivront les contours superficiels de la masse AB. Si, par un changement quelconque du niveau de la mer, une partie des couches CE vient à être visible, il sera assez difficile de décider si ces couches se sont formées dans leur position actuelle, ou si elles ont été redressées de C en E par le soulèvement de la masse AB.

Il faut donc beaucoup de circonspection avant de pouvoir dire dans quelques circonstances, si des couches inclinées l'ont été par l'effet du soulèvement de celles qui les supportent.

83. — Un dépôt mécanique ou de galets peut donner lieu aussi à de fausses apparences de soulèvement, en se formant sur un plan dont l'inclinaison peut aller jusqu'à 40 degrés.

Supposons qu'une masse d'eau ABCD (Pl. 1, fig. 14), qui se meut au-dessus d'une masse de roches FGH, forme un courant capable de transporter des cailloux d'un à deux pouces de diamètre dans la direction de CD ; arrivés en H, ces galets tombant dans une eau profonde et conséquemment assez tranquille, se disposeront, d'après leur pesanteur et l'appui qu'ils peuvent se donner les uns aux autres, en couches inclinées de 40 degrés J J, c'est-à-dire parallèles aux strates E F G de la masse de roches.

Si l'on admet ensuite que le niveau des eaux vienne à changer, et que les couches JJ ne se montrent qu'en partie, c'est-à-dire sans que leur base soit à découvert, on sera porté à les considérer comme ayant été soulevées par les couches E F G H; et ce ne sera que lorsque leur base sera mise à nu, que l'on pourra reconnaître la fausseté de cette opinion.

Si le courant que nous avons supposé transportant des cailloux roulés entrainait aussi du gravier et du sable; une fois sortis de la direction de ce courant, les détritus dont il s'agit, seront déposés d'autant plus loin dans l'eau tranquille que le grain sera plus petit : ainsi, le gravier formera des couches moins inclinées que les galets, et le sable des couches presque horizontales.

Ce second exemple prouve qu'il faut, dans certaines circonstances, se livrer à un examen scrupuleux, avant de décider si des couches mécaniquement formées ont réellement été soulevées (1).

CHAPITRE XI.

DES GRANDES DIVISIONS QUI SERVENT A GROUPER LES COUCHES DU GLOBE, OU DES TERRAINS ET DES FORMATIONS.

82. — Nous divisons l'écorce du globe en groupes auxquels nous donnons le nom de *formation*, et dont plusieurs réunis constituent un *terrain*.

83. — Ces groupes, qui présentent des caractères plus ou moins reconnaissables, se présentent dans un ordre tel, que

(1) Recherches sur la partie théorique de la Géologie ; par M. H. De la Bèche.

l'on peut, à l'inspection de l'un d'eux, dire quel est celui qui le supporte et celui qui le recouvre.

84. — En Angleterre, en Allemagne et en France, on divise généralement toute l'écorce du globe en cinq grands groupes appelés *terrains*, qui dans l'ordre de superposition se succèdent de la manière suivante :

Terrain *diluvien* ou *de transport*.
  — *tertiaire*.
  — *secondaire*.
  — *intermédiaire* ou *de transition*.
  — *primaire* ou *primitif*.

85. — Cependant cette division qui est celle de l'ingénieur saxon Werner, avec les modifications que les travaux faits en Angleterre et en France depuis le commencement de ce siècle, ont dû nécessairement y apporter, n'est plus aujourd'hui l'expression exacte de l'état de la science.

Le terrain primaire, qui jusque dans ces dernières années comprenait les *granites*, les *gneiss*, les *micaschites*, *etc.*, en un mot toutes les roches que l'on regardait comme antérieures aux êtres organisés, parce qu'elles n'en offrent aucune trace, est considéré par les uns comme n'existant pas, et par les autres comme n'existant qu'en partie. Ainsi, en Angleterre, en Allemagne et en France, on s'accorde à regarder le granite comme une roche d'origine ignée qui s'est montrée à différentes époques ; mais tandis que les uns placent dans le terrain primaire les gneiss et les micaschistes, d'autres qui considèrent ces roches comme ayant été modifiées par l'action ignée, les classent avec le terrain intermédiaire auquel ils donnent le nom de *primaire*.

86. — Malgré ces modifications nécessitées par les faits, le nombre des grands groupes mentionnés ci-dessus ne se trouve point changé, puisque si le granite et d'autres roches contemporaines ne forment plus le terrain primaire, ils appartiennent aux roches d'origine ignée qui constituent alors le *terrain plutonique*.

On doit considérer encore que les différens dépôts qui se

forment à la surface de la terre, étant d'une grande importance pour l'étude des dépôts plus anciens, ne doivent pas être négligés et doivent conséquemment prendre place dans les grands groupes géognostiques, sous la dénomination de *terrain moderne*.

Il résulte donc de là, que la division précédente se trouve modifiée de la manière suivante :

Terrain *récent* ou *qui se forme encore*.
— *diluvien* ou *de transport*.
— *tertiaire*.
— *secondaire*.
— *primaire* ou *primitif*.
— *plutonique* ou *d'origine ignée*.

87. — Toutefois il nous a semblé utile d'adopter une division qui partageât l'écorce du globe en un plus grand nombre de groupes, lesquels correspondent cependant à la division précédente.

Ainsi nous divisons tous les terrains en deux grandes *classes ou séries :* la *série plutonique* et la *série neptunienne*.

La première comprend les terrains d'origine ignée, savoir : le *terrain granitique*, le *terrain pyroïde* et le *terrain volcanique*.

La seconde série ne se compose que de terrains formés par la voie aqueuse, parmi lesquels il se trouve des roches qui ont été plus ou moins modifiées par le feu.

Ces terrains ou grands groupes sont au nombre de *neuf*, qui dans l'ordre de leur superposition correspondent avec la division wernérienne que nous venons d'indiquer, et se succèdent comme dans le tableau suivant, qui présente les principaux caractères de chaque formation.

TABLEAU de la classification des Terrains, avec leur[s]
plutoniques qui ...

CLASSIFICATION Wernerienne modifiée.	CLASSIFICATION que nous avons proposée.		NATURE DES DÉPOTS.
	SÉRIE NEPTUNIENNE.		*Différens détritus produits par des causes qui agissent encore.*
ALLUVION	TERRAIN RÉCENT.	Dépôt tritonien.	Rochers de madrépores. Bancs de sable, de galet, de coquilles. Dunes, etc.
		Dépôt nymphéen.	Alluvions fluviatiles. Dépôts de cailloux, de gravier, de limon. Tuf calcaire, etc.
		Dépôt terrestre.	Tourbe. Humus ou terre végétale. Eboulis. Dépôts salins, etc.
DILUVIUM et anciennes ALLUVIONS.	TERRAIN CLYSMIEN.	Dépôt moderne.	*Dépôts qui paraissent en général avoir été formés par des causes plus puissantes que celles qui agissent aujourd'hui.* Tourbières anciennes. Calcaire du Val di Noto. Dépôts coquillers d'Uddevalla, du Spitzberg, des environs de Nice, etc. Brèches ferrugineuses de la Morée. Plages soulevées en Amérique, en Océanie, etc. Brèches osseuses marines et d'eau douce. Dépôts des cavernes à ossemens. *Lehm* et *Loess* des bords du Rhin et des vallées de l'Allemagne.
		Dépôt ancien.	Dépôts limoneux et caillouteux d'eau douce et d'eau marine. Dépôts ferrifères et brèches ferrugineuses. Dépôts limoneux métallifères et gemmifères. Cailloux roulés et blocs erratiques.

puissance, les fossiles qui les caractérisent et les roches en font partie.

ROCHES PLUTONIQUES.	PUISSANCE.	FOSSILES CARACTÉRISTIQUES.
Cendres. Pépérine. Téphrine. Trachyte.	Très variable.	Ossemens de chevaux, de bœufs, de cerfs, de chiens, etc. Coquilles vivantes.
Tuffus. Pépérine. Vake. Téphrine. Basalte.	Depuis 1 jusqu'à 20 et 30 mètres.	Ossemens d'animaux qui ne vivent plus dans les contrées où l'on trouve leurs dépouilles. Débris d'éléphans, de mastodontes, de rhinocéros, etc, et quelquefois des ossemens humains. Coquilles identiques avec celles qui vivent encore.

CLASSIF. Wernérienne modifiée.	CLASSIFICAT. que nous avons proposée.		NATURE DES DÉPOTS.
TERRAIN QUATERNAIRE	**TERRAIN SUPERCRÉTACÉ.** — ÉTAGE SUPÉRIEUR.		*Un petit nombre de fossiles identiques avec les espèces existantes.*
			Dépôts d'eau marine et d'eau douce
		Groupe nymphéen.	Galets et lignites de la Bresse et de l'Auvergne, Grès à hélices d'Aix. Galets et sables du val d'Arno supérieur.
		Groupe tritonien.	Marnes subapennines de l'Italie et de la Morée. *Crag* de l'Angleterre (contenant 40 pour cent de coquilles identiques avec des espèces vivantes). Marnes subatlantiques. Grès et calcaire de la Galicie. Calcaire d'Odessa.
	ÉTAGE MOYEN.	Groupe supérieur.	Calcaire des environs de Nantes. Calcaire de Doué. Bassins de Dax et de Bordeaux (environ 20 pour cent d'espèces qui vivent encore). Faluns de la Touraine. Calcaire moellon de Montpellier. Marnes bleues et mollasses du bassin de Vienne (environ 26 pour cent d'espèces vivantes).
		Groupe moyen.	Calcaire d'eau douce du midi de la France. Mollasse d'eau douce du midi de la France. Marnes et gypse d'Aix et de Narbonne. Mollasse et nagelflue de la Suisse. Mollasse et poudingues de la Morée. Marnes du plateau de Trappes. Meulières des hauteurs de Versailles.
		Groupe inférieur	Lignites du midi de la France. Grès à lignites de la Galicie. Argile à lignites des bords de la Baltique. Sables et grès de Fontainebleau.
TERRAIN TERTIAIRE.	ÉTAGE INFÉRIEUR.	Groupe supérieur.	Dépôts marins et lacustres : Marnes, sables et grès. Calcaire siliceux. Marnes vertes. Gypse de Montmartre. Calcaire siliceux et meulières de la Brie.
		Groupe moyen.	Calcaire grossier parisien (environ 5 pour cent d'espèces vivantes) : se subdivisant en trois assises. Calcaire grossier du midi de la France. Argile de Londres (environ 5 pour cent d'espèces vivantes). Calcaire à nummulites de la Krimée.
		Groupe inférieur	Argile à lignites. Argile plastique de de Paris et de Londres. Poudingues et cailloux roulés de Paris, du Soissonnais, de la Touraine et de l'Angleterre. Sables glauconieux.
		G. infra-inférieur.	Calcaire pisolithique de Meudon. Sables micacés. Calcaire lacustre inférieur.

ROCHES PLUTONIQUES.	PUISSANCE.	FOSSILES CARACTÉRISTIQUES.
Pépérine.	18 à 20 mètres.	Mastodonte, Hippopotame, Éléphant, Rhinocéros.
Basalte.	10, 20, 30, 40 et 60 mètres.	
	6, 15, 30, 40, 60, 100, 200 et 500.	Dans le *Crag*, le *Fusus contrarius*, la *Voluta Lamberti*, le *Buccinum Dalei*, etc.
Basalte.	2, 4, 15, 20.	Dans les *Faluns* : *Arca diluvii*, *Pectunculus pulvinatus*, etc. Dans le calcaire-moellon : *Ostrea undata*.
Trachyte. Basalte.	10, 20, 30 et 40.	Dans les marnes et les meulières : *Potamides Lamarkii*, *Planorbis rotundatus*, *Limnæa cornea*, etc.
	20, 30 et 50.	Dans le *Grès* : *Ostrea flabellula*, *Cerithium mutabile*, etc. — Dans les lignites, un grand nombre d'insectes.
	40 à 50	Dans le *Gypse*, plusieurs espèces de *Palæotherium*, d'*Anoplotherium*, etc.
	30 à 60.	*Cyclostoma mumia*, *Cerithium lapidum*, *Lucina Saxorum*. *Turritella imbricataria*, *Cardita avicularis*, *Cerithium giganteum*, *Nummulites complanata*.
	10 à 100 mètres sur le continent ; plus de 300 en Angleterre.	*Planorbis rotundatus*, *Limnæa longiscata*. *Cytherea nitidula*. *Neritina conoidea*. *Nummulites planulata*. *Crassatella tumida*. *Cucullæa crassatina*.
	8 à 70 mètres.	

CLASS. Werner modifiée.	CLASSIFICATION que nous avons proposée.	NATURE DES DÉPOTS.
TERRAIN SECONDAIRE.		Tous les fossiles appartiennent à des espèces éteintes et r…

TERRAIN CRÉTACÉ.

ÉTAGE SUP.
- Groupe supérieur. — Craie blanche. Craie sublamellaire.
- Groupe inférieur. — Craie marneuse; craie glauconieuse. Craie tufacée (Tufau).

ÉTAGE MOY.
- Groupe supérieur. — Grès vert supérieur (sable vert rempli de fossiles).
- Gr. moy. — Gault (Marne bleue ou argile).
- Groupe inférieur. — Grès vert inférieur (sable vert ou ferrugineux). — Grès Viennois (alternance de grès, de marne et de calcaire)

ÉTAGE INF.
- Gr. supér. — Argile wealdienne.
- Groupe moyen. — Sable de Hastings (sable et grès ferrugineux. — Format. néocomienne (calcaire, marnes et sables).
- Groupe inférieur. — Calcaire de Purbeck (argile et calcaire).

TERRAIN JURASSIQUE. — FORMATION OOLITHIQUE.

Étage supérieur.
- Groupe supérieur : Oolithe de Portland (calcaire et sable).
- Groupe moyen : Argile de Kimmeridge (argile avec rognons calcaires).
- Groupe inférieur : Couches de Weymouth (calcaire et marne).

Étage moy. ou corallien.
- Groupe supéri. : } Coralrag } calcaire compacte.
- Groupe moyen : } calcaire oolithique.
- Gr. sous-moyen : } calcaire siliceux.
- Groupe inférieur : (Calcareous grit) (sables et grès calcarifères).

Étage sous-moyen ou marneux.
- Groupe supérieur (Oxford clay) (marnes argileuses et calcaires marneux).
- Groupe inférieur : (Kelloway rocks) (calcaire marneux et argile).

Étage inférieur.
- Groupe supérieur :
  - Assise supérieure (Cornbrash) (calcaire oolithique et marne).
  - Assise moyenne (Forest marble) (calcaire à polypiers et marnes).
  - Assise inférieure (Bradford clay) (marne argileuse bleue; calcaire sableux).
- Groupe moyen :
  - Assise supérieure (Grande Oolithe) (calcaire oolithique).
  - Assise inférieure (Terre à foulon) (marnes argileuses bleues).
- Groupe inférieur :
  - Assise sup. } Oolithe ferrugineuse (calcaire oolithique
  - Assise inf. } chargé d'ox. de fer)

ROCHES PLUTONIQUES.	PUISSANCE.	FOSSILES CARACTÉRISTIQUES.
différent de ceux des terrains supercrétacé et clysmien.		
Basalte.	180 à 200 mètres.	Reptiles, poissons, végétaux.
		Inoceramus sulcatus.
Porphyre.	25 à 85	Gryphæa columba.
Ophiolithes ou Ophite		Ostrea vesicularis.
		Catillus Cuvieri.
Pépérine.	70 à 260	Catillus Lamarkii.
		Pecten lamellosus.
Trachyte.		Terebratula carnea.
		Terebratula octoplicata.
Syénite.	90	Pecten quinquecostatus.
		Ammonites rhotomagensis.
Serpentine.		Belemnites mucronatus.
		Turrilites costatus. Bacu-
Diorite.	75	lites anceps. Scaphites æ-
		qualis. Ananchites ovatus.
	30 à 40.	Polypiers.
		Ammonites Lamberti.
	150.	Trigonia gibbosa.
		Gryphæa virgula.
		Ostrea deltoidea.
		Nerinæa Goodhallii.
	20 à 30.	
		Astrea.
	100 à 180.	
		Turbinolia.
Porphyre.		
		Meandrina.
Ophiolithe.		
		Sarcinula.
Basalte.		
		Nerinæa elegans.
Trapp.		
		Gryphæa dilatata.
Syénite.	30 à 40.	
		Trigonia costata.
Dolerite.	30,50 à 200.	Terebratula media.
Granite.	100 à 200.	Ostrea acuminata.
		Belemnites giganteus.
		Ammonites Bucklandi.

CLASS. Werner.	CLASSIFICATION que nous avons proposée.	NATURE DES DÉPOTS.
TERRAIN SECONDAIRE. — TERR. JURASS.	FORM. LIASIQUE. — Ét. sup. / Ét. moy. / Ét. inf.	Lias { (calcaire coquiller et marne) / (calcaire coquiller). / (calcaire bleu et marnes colorées). }
T. PSAMMÉRYTHRIQUE OU TRIASIQUE.	FORMATION KEUPRIQUE. — Étage supér. / Étage moyen / Étage infér.	(*Keuper*) Marnes irisées; Gypse. Grès. Sel gemme.
	FORMATION CONCHYLIENNE. — Étage super. / Étage moyen / Étage infer.	(*Muschelkalk*) Calcaires compactes. Marnes. Gypse.
	FORMATION POECILIENNE.	Grès bigarré. Grès. Psammites et Marnes de différentes couleurs. Grès Vosgien. Conglomérats. Grès à gros grains.
	FORMATION MAGNÉSIFÈRE.	(*Zechstein.*) Calcaire magnésien. Calcaire bitumineux. Schiste cuivreux. Schiste bitumineux.
	FORM. PSAMMÉRYTHRIQUE.	Grès rouge. Sables à grès. Poudingue.
T. INTERMÉD. — TERRAIN CARBONIFÈRE.	FORMATION HOUILLÈRE.	Etage supérieur. — Arkoses. Grès, Psammites. Schistes. Houille. / Etage inférieur. — Schistes. Ampélites. Arkoses.
	FORMATION CARBONIFÈRE.	Etage supérieur. — Calcaires et Anthracites. / Etage inférieur. — Calcaires. Schistes bitumino-calcaires.
	FORMATION PALÉO-PSAMMÉRYTHRAIQUE.	Etage supérieur. — Psammites. Quarzite. Schistes. / Etage inférieur. — Grès en conglomérats.
TERRAIN SCHISTEUX.	FORM. CARADOCIENNE, (système silurien).	Etage supérieur. — Argile schisteuse. Calcaires. / Etage inférieur. — Schistes , grès et calcaires.
	FORM. SNOWDONIENNE (système cambrien.)	Etage supérieur.—Schiste siliceux. Schiste ardoisier. Psammites. Calcaires. / Etage inférieur.—Schiste argileux Schiste chloriteux.
	FORMATION MICASCHISTEUSE.	Groupe supérieur ou micaschisteux. / Groupe inférieur ou gneissique.
T. PRIMITIF.	**SÉRIE PLUTONIQUE.**	
T. VOLCANIQ.	FORMATION LAVIQUE.	
	FORMATION TRACHYTIQUE.	
	FORMATION CONGLOMÉRATIQUE.	
T. PYROÏDE.	FORMATION TRACHYTIQUE.	
	FORMATION BASALTIQUE.	
	FORMATION CONGLOMÉRATIQUE.	
T. GRANITIQUE	FORMATION PORPHYRIQUE.	
	FORMATION GRANITIQUE.	

ROCHES PLUTONIQUES.	PUISSANCE.	FOSSILES CARACTÉRISTIQUES.
Porphyre.	40 à 300. mètres.	Plagiostoma giganteum.
Basalte.		Gryphæa arcuata.
Eurite.		Gryphæa cymbium.
Granite.	30 à 350.	Ichthyosaurus.
		Plesiosaurus.
		Ammonites nodosus.
		Eucrinites liliiformis.
		Plagiostoma lineatum.
		Avicula socialis.
		Mytulites recens.
		Pectinites fragilis.
Trapp.		
Porphyre.	20 à 360.	Végétaux.
Basalte.		Terebratula intermedia.
Dolérite.	15 à 500.	Ammonites gibbosus.
	30 à 100.	Poissons.
		Reptiles.
	30 à 1000.	
Porphyre.	50 à 700.	Végétaux.
Trapp.		Poissons.
Basalte.	100 à 800.	
Diorite.		
Trapp.		Spirifer l isulcatus.
Dolérite.		Productus antiquitatus.
Diorite.		
Porphyre.	200 à 3000.	Nautulus bilobatus.
Dolérite.		Asaphus Brongnartii.
Phonolite		
Trapp.		Calymene Blumenbachii.
		Ogygia Desmaresti.
Porphyre.		
Granite.	300 à 800.	Ogygia Guettardi.
Syénite.		Asaphus Buchii.
Porphyre.		
Serpentine.	50, 100, 500, 1400.	Végétaux.
Eurite.		Polypiers.
Diorite.		
Porphyre.		
Euphotide.		
Syénite.	700 à 1400.	
Pegmatite.		
Granite.		
Protogyne.		
	1600 à 2400	

CHAPITRE XII.

—

SÉRIE PLUTONIQUE.

TERRAIN GRANITIQUE.

Synonymie : *Terrain primitif.*

88. — Nous avons vu précédemment (61, 62, 63, 64) que les granites, les porphyres, les basaltes et les laves, sont des roches qui doivent leur origine à l'action du feu : elles constituent plusieurs terrains et formations, appartenant à une série particulière que nous appelons *série plutonique.*

Si nous commençons dans l'ordre chronologique la description de l'écorce du globe par les terrains de cette série, il ne faut point en conclure qu'ils ne se montrent qu'à la base de la série neptunienne ; au contraire, après avoir servi de support aux terrains de cette seconde série, ils reparaissent de nouveau à diverses époques, comme l'indique le tableau général que nous venons de donner de tout l'ensemble de la croûte terrestre et comme nous le ferons encore remarquer plus tard. Aussi a-t-on eu quelque raison d'appeler le terrain granitique et le terrain pyroïde *terrains hors de série.*

Nous divisons le terrain granitique en deux formations : celle dans laquelle domine le *granite* proprement dit et celle dans laquelle domine le *porphyre.*

Formation granitique.

89. — Cette formation se compose en général de *granites*, de *syénites*, de *protogynes*, de *diorites* et de *pegmatites.*

90. — Les *granites* ne présentent aucune stratification réelle; mais quelquefois ils semblent être stratifiés, parce que les

masses qu'ils forment offrent des fissures assez régulières qui, bien que se croisant dans deux sens opposés, paraissent plus visibles dans un sens que dans l'autre.

C'est surtout lorsque les masses granitiques alternent avec des micaschistes et des gneiss, qu'elles présentent des fissures parallèles aux strates de ces deux espèces de roches ; et qu'alors les granites paraissent stratifiés. Mais ces granites sont moins anciens que ceux qui sont sans aucun indice de stratification.

91. — Le granite offre quelquefois une division prismatique imparfaite qui rappelle celle des phonolithes et des basaltes.

92. — Si l'on peut admettre des dépôts d'âges différens dans une même formation d'origine ignée, nous dirons que les autres roches de la formation granitique se sont montrées postérieurement au granite. Nous ajouterons même que les parties constituantes de cette roche se montrent dans les autres, tantôt en nombre moins considérable, tantôt avec des modifications chimiques qui font qu'une substance est en partie ou complètement remplacée par une autre : de telle sorte que l'on conçoit parfaitement que toutes les roches de la formation granitique ne sont que les mêmes principes plus ou moins modifiés par l'action ignée.

93. — La *Protogyne*, dans beaucoup de circonstances, n'est qu'une variété de granite dans laquelle le mica est remplacé par le talc, et qui quelquefois même présente avec le talc quelques paillettes de mica.

94. — La *Syénite* est une roche dans laquelle le mica du granite est en partie ou complètement remplacé par l'amphibole.

95. — Le *Diorite* est dans la même cathégorie que la syénite : c'est une roche dans laquelle le quarz et le mica du granite sont remplacés par l'amphibole : aussi le diorite et la syénite passent-ils fréquemment de l'un à l'autre.

96. — La *Pegmatite* n'est plus qu'un composé de quarz et de feldspath : ainsi cette roche est un granite sans mica.

97. — La composition minéralogique des roches de la formation granitique présente donc une analogie bien visible, puisque toutes ont pour base le feldspath plus ou moins mé-

langé d'autres substances. On ne peut donc refuser d'admettre leur commune origine.

98. — *Minéraux* et *métaux*. Le granite et quelques-unes des roches de la formation granitique, contiennent plusieurs pierres précieuses telles que l'*émeraude*, l'*aigue-marine*, le *corindon*, la *topaze* et le *grenat*.

Les métaux y sont peu abondans, bien qu'on y trouve des filons et des veines de différentes variétés de *fer*, d'*argent*, de *cuivre*, d'*étain*, ainsi que d'*or natif*.

99. — *Emploi des roches granitiques*. Les granites sont utilisés dans les constructions : ils sont recherchés pour celles qui exigent une grande solidité ; mais comme l'abondance du mica les empêche de prendre un beau poli, ils ne sont point employés comme pierres d'ornement.

Les syénites au contraire sont recherchées pour les monumens et les objets de luxe : l'obélisque de Louqsor, à Paris, et son piédestal sont en syénite.

Les autres roches de la formation granitique sont employées aussi dans les constructions et dans les arts.

Quant à la pegmatite, sa principale utilité résulte de ce qu'elle constitue la matière première de la porcelaine : ainsi le feldspath qui forme sa base se décompose par l'action des agens atmosphériques et se transforme en une argile blanche et onctueuse appelée *kaolin* qui sert à faire la pâte de la porcelaine ; tandis que la roche elle-même non décomposée forme par la trituration sous les noms de *caillou* et de *petunzé*, ce que l'on appelle *couverte* ou *vernis* de la porcelaine.

100. — *Formes des montagnes*. — Dans les hautes montagnes de granite, la diversité des formes étonne le voyageur ; leurs cimes sont escarpées et se terminent en pointes ; leurs flancs privés de végétation sont quelquefois surmontés de piliers massifs ou d'aiguilles élancées. Ces montagnes sont séparées par de profondes vallées parsemées de roches brisées de toutes les dimensions. Ces vallées commencent ordinairement par un cirque plus ou moins évasé, dont les parois sont souvent verticales.

Lorsque les montagnes granitiques sont d'une médiocre hauteur, elles offrent des contours arrondis et des formes plus ou moins alongées.

101. — *Agriculture.* Selon la décomposition plus ou moins complète que les roches de la formation granitique ont éprouvée, elles forment un sol plus ou moins susceptible d'être fertilisé. Le sol est aride lorsqu'il est jonché de blocs de granite ; mais lorsque le feldspath en se décomposant a formé une couche superficielle argileuse, cette couche se convertit facilement en une assez bonne terre végétale, à la vérité peu propre à la culture des céréales et de la pomme de terre, mais favorable aux prairies naturelles.

Les arbres verts et le châtaignier acquièrent assez de vigueur sur le sol granitique, et la vigne même y prospère dans quelques cantons de la Bourgogne.

Formation porphyrique.

102. — Ainsi que l'indique son nom, les *porphyres* dominent dans cette formation. Après ces roches viennent les *ophites*, les *euphotides*, les *ophiolithes*, les *spilites*, les *eurites*, les *diorites*, les *trapps*, etc.

103. — Le *Porphyre quarzifère* se lie d'une manière tellement intime avec le granite et les autres roches de la formation granitique, que dans beaucoup de localités il est difficile de distinguer la ligne de démarcation qui indique leur point de contact.

104. — Le *Porphyre noir* ou *pyroxénique*, c'est-à-dire le *Mélaphyre*, se lie aussi avec le porphyre quarzifère rouge.

105. — L'*Ophite* ou le *porphyre vert*, dont l'une des principales variétés est le porphyre vert antique, qui forme plusieurs montagnes dans la Morée, et que M. Boblaye a nommé *prasophyre* ; les diverses *ophiolithes* ou *serpentines* et les *euphotides* ; toutes ces roches, disons-nous, constituent l'un des groupes les plus importans de la formation porphyrique.

106. — Les différentes variétés de porphyres passent des unes aux autres par des nuances presque insensibles et même passent aussi à d'autres roches.

Lorsque la pâte du porphyre ne renferme pas ou renferme peu de cristaux de feldspath, la roche devient une *eurite*; lorsque celle-ci se charge d'amphibole elle forme une *diorite* ou une *aphanite;* lorsque l'eurite se mélange de pyroxène, elle devient *un trapp* ou une *vacke;* quand cette dernière roche renferme des noyaux de calcaire ou d'autres minéraux, elle devient une *spilite;* enfin, lorsque les élémens qui composent le trapp s'isolent, ou lorsqu'ils renferment des cristaux de feldspath, il se forme de la *dolérite* ou du *mélaphyre*.

107. — Le spilite a une grande tendance à se désagréger, et les globules de calcaire ou de calcédoine qui y sont dispersés venant à se détacher, les cellules qui les renfermaient se trouvant vides, donnent à cette roche l'apparence d'une lave poreuse.

108. — Le trapp, roche d'un grain serré, d'une couleur ordinairement noire, et quelquefois bleuâtre, verdâtre et rougeâtre, se présente en masses qui forment souvent des bancs considérables, divisés perpendiculairement par de nombreuses fissures que l'on pourrait prendre pour des traces de stratification. C'est ce que prouve son nom suédois, qui signifie *escalier*.

109. — *Minéraux* et *métaux*. — Les substances minérales disséminées dans les différentes roches de la formation porphyrique sont assez nombreuses, bien qu'elles le soient moins que dans la formation granitique. On y trouve le grenat, le disthène, l'agate, le quarz, l'asbeste, le feldspath, le talc, la diallage et l'amphibole. Les métaux sont le mercure, le manganèse, l'aimant, les sulfures de fer et divers oxides de ce métal, ainsi que l'or et l'argent qui abondent surtout dans les porphyres. On sait que la formation porphyrique présente au Mexique, en Hongrie et en Transylvanie, d'importans dépôts aurifères et argentifères.

110.— *Emploi des roches porphyriques.* — La plupart de ces roches fournissent de bons matériaux pour l'entretien des routes et pour les constructions. Quelques espèces sont recherchées pour les objets d'ornement et de luxe. Tout le monde sait le fréquent emploi que les Anciens ont fait du *porphyre rouge antique* dont tant de vases, de statues et de colonnes ornent nos musées. En Suède le porphyre rouge et violet de Elfdalen sert à faire une foule d'objets de luxe. Les Euphotides et les Mimophyres sont employées fréquemment aussi au même usage.

111. — *Agriculture*. — Les roches porphyriques étant traversés dans tous les sens par un grand nombre de fissures, retiennent difficilement les eaux et conséquemment il en résulte que le sol qui les recouvre est aride et peu fertile. Cependant lorsque la superficie de ces roches se décompose, il se forme une couche assez épaisse d'une terre argileuse qui se couvre de belles forêts et dont l'agriculteur peut tirer un parti avantageux.

112. — *Formes des montagnes*. — Presque toutes les montagnes porphyriques ont la forme de cônes. Dans les Vosges elles ont 1,000 à 1,300 mètres de hauteur. Elles présentent sur leurs flancs des dépressions plus ou moins profondes. Leurs vallées commencent par des cirques qui vont en se rétrécissant jusqu'à une certaine distance pour s'élargir ensuite. Plusieurs de ces cirques sont très profonds, et les eaux qui s'y réunissent forment des lacs, dont le trop-plein coule par une coupure étroite.

CHAPITRE XIII.

—

DE L'ÉTAT DE LA TERRE A L'ÉPOQUE OU SE FORMA LE TERRAIN GRANITIQUE.

113. — La forme sphérique de la terre et l'aplatissement de ses pôles, sont d'après les calculs des plus célèbres géomètres, exactement dans la proportion prescrite par le rapport de sa masse supposée fluide avec la vitesse de son mouvement de rotation. Il est donc évident que la terre a été originairement fluide ainsi que tous les corps planétaires.

114. — Cette fluidité a-t-elle été aqueuse ou ignée? Les physiciens armés du pendule, les géomètres et le savant Laplace appliquant le calcul aux expériences de la physique, s'accordent pour répondre aussi à cette question, et en considération de la régularité des couches terrestres et de leur densité croissante à mesure qu'elles sont plus inférieures, ils reconnaissent qu'en vertu d'une chaleur excessive, toutes les parties de la terre ont été primitivement fluides.

115. — Voilà donc la fluidité ignée de la terre prouvée par la physique et la géométrie : c'est-à-dire par des faits, puisque ces deux sciences s'appuient à la fois et sur les expériences et sur les calculs.

Mais la géologie qui se fonde aussi sur des faits, en a de particuliers concernant cette question : ils sont relatifs à la nature minéralogique des roches qui ont formé la première croûte solide du globe, et à leur défaut de stratification ; et ces deux ordres de faits sont tels, ainsi que nous l'avons vu précédemment (60—61—63—64—), que sans le secours des physiciens et des géomètres, le géologiste est en droit d'affirmer que la fluidité de la terre a été ignée.

116. — Il n'est donc pas permis de douter, selon nous, que par l'action d'une chaleur intense notre globe a été originairement dans un état fluide. On peut conséquemment admettre comme très probable qu'il a d'abord commencé par être à l'état de *nébuleuse*, c'est-à-dire semblable à ces corps planétaires tellement fluides qu'ils ne paraissent former qu'une masse de vapeur. Cette hypothèse, qui est due à M. Whewel, offre la théorie la plus simple et conséquemment la plus probable de la condition première des élémens matériels qui constituent notre système solaire.

117. L'immense atmosphère de cette nébuleuse se composait, non-seulement des fluides élastiques de l'atmosphère actuelle de la terre, mais de tous les corps simples et de tous les oxides métalliques, de telle sorte que les plus légères de ces vapeurs, telles que les élémens de l'eau et de l'air, se trouvaient dans les régions les plus éloignées du point central, occupé principalement par les oxides métalliques.

118. — La première consolidation de cette nébuleuse a dû

être produite, comme l'a dit M. Buckland, par le rayonnement du calorique de la surface à travers l'espace. Cette diminution graduelle de la chaleur aura permis aux différentes molécules minérales de se rapprocher et de cristalliser ; et cette cristallisation, si visible dans les granites, les syénites, les protogynes, les porphyres, les ophiolithes, etc., a dû donner naissance à toutes les roches du terrain granitique, qui formèrent la première enveloppe solide, entourant un noyau de matière en fusion plus dense que le granite, et analogue à celle qui constitue la substance spécifiquement plus pesante, du basalte et de la lave compacte, que nous verrons paraître plus tard.

CHAPITRE XIV.

—

SÉRIE NEPTUNIENNE.

TERRAIN SCHISTEUX.

119. — Nous comprenons sous le nom de *terrain schisteux* toute cette série nombreuse de gneiss, de micaschistes, de schistes et de calcaires qui présentent de nombreux passages des uns aux autres. Si nous réunissons en une formation distincte les gneiss et les micaschistes : c'est que ce sont des roches de sédiment qui ont été modifiées par les éruptions de granites (1).

Formation micaschisteuse.

Synonymie : *terrain primitif.*

120. Sur le terrain granitique repose un ensemble considérable de couches que nous désignons sous la dénomination de

___

(1) Dans notre ouvrage intitulé *Nouveau Cours de Géologie*, faisant partie des *Suites à Buffon*, que publie le libraire *Roret*, nous avons réuni les gneiss et les micaschistes en une sous-formation dépendante du terrain schisteux ; mais comme il ne résulte aucun changement dans la classification en donnant à ce groupe la dénomination de *formation*, nous croyons devoir faire une modification qui a peut-être l'avantage de rendre plus simple la division du terrain schisteux : il se trouve ainsi divisé en trois formations.

terrain schisteux, parce que des schistes ou des roches schisteuses s'y présentent dans tous les étages.

La base de ce terrain se compose de micaschistes, de gneiss, et d'autres roches que l'on a proposé d'appeler *métamorphiques* pour des motifs que nous avons exposés précédemment (65).

On ne connaît encore aucune trace d'animaux dans cette formation.

121.—On peut partager cette formation en deux groupes : le groupe *inférieur* ou *gneissique*, c'est-à-dire dans lequel domine le *gneiss* ; le groupe *supérieur* ou *micaschisteux*, c'est-à-dire dans lequel domine le *micaschiste*.

Groupe inférieur ou gneissique.

122.— Dans sa partie inférieure, ce groupe présente souvent le gneiss passant insensiblement au leptynite, tandis que dans sa partie supérieure il passe au micaschiste ou alterne avec cette roche.

123.— Sa stratification est ordinairement très tourmentée : c'est-à-dire qu'on y remarque beaucoup de plis et de contournemens, ainsi que des masses énormes traversées par des fissures qui se croisent dans tous les sens. Ce n'est que sur une grande étendue que l'on remarque une structure stratiforme assez bien déterminée.

124.— Les roches subordonnées au gneiss sont plutôt en amas stratiformes que par couches. Les principales sont des calcaires blancs lamellaires ou saccharoïdes, le *cipolin* ou le calcaire saccharoïde micacé, l'*ophicalce* ou le calcaire talqueux, soit compacte, soit saccharoïde, le *quarzite compacte* ordinairement bleuâtre et l'*amphibolite* schistoïde.

M. Gras, ingénieur des mines, a signalé en 1839, dans le département de l'Isère, l'existence de grauwackes ou psammites contenant de l'anthracite, et subordonnées aux gneiss et aux talcschistes du même terrain. Ce fait tend à prouver que le gneiss, et conséquemment le micaschiste, ne peuvent pas être considérés comme constituant le terrain primitif, en ce sens que cette dénomination indique le défaut absolu de débris organiques, puisque l'origine de l'anthracite est végétale.

Groupe supérieur ou micaschisteux.

125.— Les gneiss passant graduellement au micaschiste, finissent par constituer ce groupe. Mais le micaschiste lui-même passe insensiblement de bas en haut au schiste argileux ou *phyllade* et au schiste talqueux ou *talcschiste*.

126.— Les strates de ce groupe présentent, comme celles du groupe inférieur, une disposition fort irrégulière et souvent même très ondulée.

127.— Les roches subordonnées au micaschiste sont les mêmes que celles que l'on trouve dans le gneiss. On y remarque en outre, le *quarzite micacé* ou l'hyalomicte, le *quarzite topazosème* ou renfermant des topazes, la *dolomie*, le *gypse* et des *leptynites*.

128.— *Minéraux et métaux.*— Dans les groupes du gneiss et du micaschiste, on trouve principalement des oxides de cuivre et d'étain, la galène, la sidérose, l'oligiste et l'aimant; l'épidote, le grenat, le talc, etc. Le gneiss, surtout en Europe, est traversé par une prodigieuse quantité de filons métallifères. Le groupe du micaschiste est riche principalement en graphite, qui y forme des veines, des filons et même de petites couches.

129.— *Emploi des roches de la formation micaschisteuse.* Le gneiss et le micaschiste fournissent dans certains pays des morceaux plus ou moins épais pour construire les maisons et des dalles pour les couvrir. Mais les principales roches de cette formation sont des calcaires saccharoïdes ou marbres statuaires, et des cipolins.

130.— *Agriculture.* Le sol qui recouvre les gneiss et les micaschistes est ordinairement sec et aride : ce n'est que dans quelques parties des Alpes et des Vosges que ce sol formé d'une couche d'alluvions assez épaisse, se couvre d'arbres, de prairies et de champs en culture.

Dépôts plutoniques.

131.— Les groupes du gneiss et du micaschiste sont intimement unis avec les roches ignées du terrain granitique, sur lesquelles ils reposent et par lesquelles ils sont souvent traversés, de manière à donner lieu, dans plusieurs contrées, à des apparences d'alternances plus ou moins nombreuses.

Les principales roches qui ont pénétré ainsi dans le gneiss et le micaschiste sont des *eurites*, des *diorites*, des *porphyres*, des *euphotides*, des *syénites*, des *pegmatites*, des *granites* et des *protogynes*. Ces roches y forment des dépôts, souvent très puissans, non stratifiés, des couches, des filons et des veines.

132. — *Formes des montagnes.* Le gneiss et le micaschiste constituent des montagnes qui n'offrent en général ni cimes escarpées, ni profondes vallées. Leurs contours sont arrondis, et elles se terminent souvent par des plateaux. Quelquefois elles forment des groupes dont quelques sommets s'élèvent au-dessus des autres. Leurs pentes sont fréquemment disposées en forme de terrasses et silonnées par de nombreux ravins.

Dans quelques contrées comme en Ecosse, les montagnes de micaschistes ont une forme pyramidale irrégulière. Leurs vallées sont presque toutes transversales et très rarement longi-tudinales.

Les vallées des montagnes de gneiss sont ordinairement étroites.

Dans les Vosges ces montagnes forment des massifs ayant chacun une partie centrale dont toutes les autres divergent.

FORMATION SNOWDONIENNE OU CAMBRIENNE.

(*Système cambrien de* M. Sedgwick).

Synonymie : *Terrain de transition inférieur.*

133. — Cette formation, dont le type existe en Angle-terre, parce qu'elle y est très développée, s'y divise en deux étages.

Étage inférieur.

134. — L'étage inférieur que M. Sedgwick en Angleterre a nommé *système du Skiddaw*, du nom d'une montagne du Cumberland, est composé principalement de schistes chloriteux et de schistes argileux reposant sur les micaschistes et les gneiss; et se confondant même avec eux, puisque l'on voit çà et là ces

roches passer au schiste chloriteux et à d'autres schistes , tels que le schiste maclifère et le schiste amphibolique.

135. — Les schistes argileux de cet étage sont noirs et d'un brillant lustré. Des filons et des veines de quarz les traversent , mais on n'y voit aucune trace de calcaire.

136. — C'est dans la partie inférieure de cet étage que l'on remarque des micaschistes et quelquefois des gneiss , ainsi que les schistes chloriteux ou stéachistes , les schistes maclifères ou *chiastolitiques* , parce que les macles qu'ils contiennent sont quelquefois appelés *chiastolites* , et les schistes amphiboliques ou actinoteux , parce que la variété d'amphibole que l'on y remarque est l'actinote.

137. — Les roches subordonnées aux roches de cet étage sont des masses , et des couches de quarzite , d'amphibolite et de calcaire blanc grenu ou saccharoïde.

138. — En Angleterre , on ne trouve aucune trace de corps organisés dans l'étage inférieur de la formation qui nous occupe.

Étage supérieur.

139. — Cet étage se compose de schistes argileux, de schistes ardoisiers, de schistes siliceux, de psammites et de calcaires.

140. — Les schistes argileux et ardoisiers, se divisent en feuillets minces dont les joints coupent transversalement les plans de stratification. Quelquefois ils sont calcarifères , mais ils ne renferment point de couches de calcaire.

141. — Les psammites sont fissiles, et se divisent en dalles ou en plaques, mais ce clivage est toujours parallèle à la stratification.

142. Les calcaires forment des masses moins puissantes que les schistes et les psammites. Ils alternent presque toujours avec des couches ou des lits d'argile.

143. — *Débris organiques*. Nous venons de dire que l'étage inférieur ne présente point de débris organiques ; il n'en est pas de même de l'étage supérieur. C'est dans cet étage que paraissent les premiers corps organisés ; ils appartiennent au règne végétal et au règne animal.

144. — Les végétaux y sont peu nombreux, probablement parce qu'ils n'ont pu se conserver aussi facilement que les animaux : toutefois il est certain qu'il en existe, puisque l'on connait dans des dépôts de la formation snowdonienne, de petits amas d'anthracite ; or, il est bien difficile de ne pas attribuer à cette substance une origine végétale. Enfin, si l'on rapporte à la même formation ces roches des Vosges que l'on a nommées *Eurites fragmentaires* (65), qui se trouvent au milieu de schistes et de psammites, et que l'on a regardées comme étant d'origine ignée, parce que leur composition et leur défaut de stratification les rapprochent des porphyres, jusqu'à l'époque toute récente où l'on y a reconnu des empreintes et des débris de grands végétaux qui appartiennent aux genres *calamites*, *stigmaria*, etc., on admettra comme certain que la formation snowdonienne, n'est pas dépourvue de traces de végétaux.

145. — Les débris d'animaux y sont nombreux : en Angleterre, ils appartiennent à des zoophites, à des orbicules, à des leptœna et d'autres brachiopodes. C'est dans l'étage supérieur de la formation snowdonienne que commence à se montrer l'*Asaphus Buchii*.

146. — En France, dans les calschistes du département de l'Aude et dans le marbre de Campan dans les Pyrénées, on trouve des *orthocératites*, des *térébratules*, des *encrines* et d'autres *polypiers;* et les noyaux rouges qui rendent le marbre rouge ou la *griotte* de Campan si reconnaissable, ne sont pas autre chose que des *nautiles*.

147. — *Minéraux et métaux*. Nous avons vu que la macle se trouve dans les schistes de la formation qui nous occupe ; nous pourrions y citer le quarz et quelques autres minéraux peu intéressans. Quant aux métaux qu'on y exploite, ils sont peu nombreux : ce sont principalement la limonite et d'autres oxides de fer, ainsi que la galène.

Cependant, l'ensemble de schiste argileux, de psammite, de calcaire et d'amphibolite, que l'on nomme *Killas* en Angleterre, et que nous regardons comme appartenant à l'étage inférieur de la formation snowdonienne, est riche en filons de cuivre et d'étain. Les importantes mines d'étain du Cornouailles dépendent du killas.

148. — *Emploi des roches de la formation snowdonienne.* Les roches les plus utiles de cette formation, sont les schistes argileux qu'on emploie dans certaines constructions, et les schistes ardoisiers qui servent à couvrir les édifices, et dont une variété qui présente des veines jaunâtres et bleuâtres, est exploitée en pierres à rasoirs dans plusieurs contrées, et notamment en Belgique.

Les mêmes schistes renferment aussi l'*ampélite graphique*, qui fournit des crayons à dessiner, et ce qu'on appelle la pierre noire des charpentiers.

Les psammites fournissent encore de bonnes meules à aiguiser et ce que l'on nomme la pierre à faux.

149. — *Agriculture.* A quelques exceptions près, le sol qui recouvre les schistes ardoisiers est peu favorable à la culture, parce que la structure feuilletée de ces roches favorise l'écoulement des eaux pluviales et contribue à rendre la superficie du sol généralement aride.

150. — *Formes des montagnes.* La formation snowdonienne constitue en Angleterre des montagnes assez élevées : le mont Snowdon a plus de 1000 mètres de hauteur. En général, ces montagnes se terminent par des plateaux fort étendus, comme dans la Belgique et la Bretagne.

Dépôts plutoniques.

151. — Au mont Snowdon, dans le pays de Galles, les schistes ardoisiers sont associés à des *porphyres* ; les schistes chloriteux et les micaschistes à de la *serpentine*.

Dans le Cumberland, les schistes ardoisiers verts alternent avec des *porphyres feldspathiques*.

Les schistes argileux inférieurs sont traversés par des dikes de porphyre.

FORMATION CARADOCIENNE OU SILURIENNE.

(Système silurien de M. Murchison.)

Synonymie : *Terrain de transition supérieur.*

152. — Cette formation dont le type est encore en Angleterre, se divise en deux étages, qui se subdivisent en plusiéurs groupes, que l'on partage en différentes assises.

Étage inférieur.

153. — Le *groupe inférieur* de cet étage se compose de schistes bruns, souvent calcarifères, alternant avec des grès et des schistes noirs.

154. — Le *groupe supérieur* est formé, à sa base, de gravier quarzeux, de grès plus ou moins grossier, vert ou rouge, de quarzite, de calcaire blanc quarzeux et graveleux, dur et cristallin; de grès carbonifères, de psammites quelquefois légèrement micacés et carbonifères, enfin de calcaire ordinairement d'un gris bleuâtre.

155. — *Débris organiques.* Les corps organisés de cet étage sont principalement des *trilobites*, des *agnostes*, des *crinoïdes*, des *bellerophes* et de petites *pentamères*. On y reconnaît l'*Asaphus Buchii*, l'*Asaphus caudatus*.

Étage supérieur.

156. — Le *groupe inférieur* de cet étage se compose d'abord d'argile schisteuse d'un rouge foncé ou brun, rarement micacée, passant au schiste; puis d'un calcaire plus ou moins argileux, d'un gris tantôt clair, tantôt bleuâtre ou noirâtre, d'une texture ordinairement compacte et d'une structure fissile et quelquefois feuilletée. Ses couches épaisses de 4 à 5 pouces, sont séparées par des lits argileux. Ce calcaire, très riche en fossiles, est connu en Angleterre sous le nom de *Calcaire de Dudley*, parce qu'il est exploité près de cette ville.

157. — Le *groupe supérieur* que M. Murchison divise en trois assises, est formé à sa partie inférieure d'argiles schisteuses et sableuses noirâtres, et de schistes d'un rouge foncé et brun avec des concrétions de calcaire argileux.

Au-dessus se présente un calcaire dur argileux, gris ou bleuâtre, renfermant des nodules d'un calcaire plus compacte, dont la texture est souvent semi-cristalline.

Enfin, ce calcaire est recouvert par des psammites très argileux, fréquemment calcarifères.

En admettant avec **M. Dufrénoy** que les schistes d'Angers appartiennent à la formation caradocienne, il nous semble qu'ils doivent se rapporter à l'étage supérieur, puisqu'ils sont supérieurs à des grès qui paraissent être analogues à ceux qui, en Angleterre sont appelés *grès de Caradoc*, et qui font partie de l'étage supérieur (1).

158.—*Débris organiques.* Le calcaire de Dudley abonde en *polypiers*, en *térébratules*, et surtout en *trilobites*, en *calimènes* et en *asaphes*.

L'étage supérieur renferme aussi des *pentamères*, espèce de térébratules (*Pentamera Knigtii*), des *lingules*, des *ortocères*, des *productus*, etc.

Dans le schiste ardoisier d'Angers on trouve trois espèces d'*ogygies* appelées *Ogygia Demaresti*, *Guettardii* et *Wahlhenbergii*.

Enfin il existe aussi dans cet étage quelques débris de poissons : ce sont conséquemment les plus anciens vertébrés connus.

L'un des fossiles caractéristique de cette formation est le *Calimène Blumenbachii*.

149.— *Minéraux et métaux de la formation caradocienne.* Cette formation contient de l'anthracite et de la houille en assez grande quantité pour être exploitée, de la fluorine, de la pyrite, de la barytine, des macles, de riches mines de plomb, comme au Huelgoet et à Poullaouen en Bretagne.

160.— *Emploi des roches.* En Angleterre, le calcaire de Dudley qui fournit une excellente pierre à chaux ; en France, les schistes d'Angers, qui donnent lieu à une immense exploi-

---

(1) Dans notre traité intitulé *Nouveau Cours élémentaire de Géologie*, nous avons placé les schistes ardoisiers de la Belgique dans la formation caradocienne ; et nous n'avons pas vu de motif pour ne pas y comprendre aussi les schistes ardoisiers d'Angers : les terrains que nous avons examinés depuis les environs de Nantes jusqu'à Angers, ne nous avaient rien offert qui s'opposât à cette assimilation ; mais M. Dufrénoy ayant eu l'occasion qui nous a manqué de rattacher l'étude des terrains du Cotentin et du Bocage normand à celle des terrains de la Bretagne et des environs de Rennes, de Nantes et d'Angers, a reconnu l'existence d'un grès souvent micacé qu'il assimile au grès de Caradoc, et au-dessus duquel reposent des schistes noirs auxquels il rapporte les ardoises d'Angers. Nous croyons donc devoir adopter aujourd'hui l'opinion que cet habile observateur a communiqué récemment au sein de la Société géologique de France.

tation d'ardoises, enfin l'ampélite graphique et les pierres à repasser que l'on exploite en Normandie prouvent l'utilité des roches de cette formation.

161. — *Agriculture.* Le sol qui recouvre les schistes de la formation caradocienne, ne produit que des pâturages d'une médiocre qualité ; mais les arbres qui y croissent acquièrent souvent une grande vigueur. Les terres argileuses et froides formées par la décomposition de ces schistes, deviennent très fertiles par l'action du marnage.

162. — *Forme des montagnes.* En Angleterre la formation caradocienne constitue des lignes de collines dont les pentes sont douces et qui circonscrivent des vallées peu profondes. La même disposition se fait remarquer aussi dans la Normandie.

Dépôts plutoniques.

163. — Dans une foule de localités, des éruptions de *porphyres*, de *granites* et de *syénites* ont traversé les schistes et les calcaires de la formation caradocienne, et ont donné lieu à la modification de certaines roches : ainsi en Bretagne, les grès qui correspondent au grès de Caradoc de l'Angleterre ont été, par le voisinage du granite, changés en véritables quarzites, qui n'offrent plus aucune trace de fossiles ; et les schistes maclifères qui couvrent ces grès, ne sont, comme l'a reconnu M. Boblaye, que des dépôts de vases marines, contenant encore des fossiles, et qui doivent leur texture et leur structure à l'influence du granite.

SOULÈVEMENS DU SOL.

164. — L'éruption des granites, des porphyres et des syénites avait jusqu'alors produit des dislocations dans l'écorce du globe ; mais vers l'époque et peut-être même un peu avant l'époque de la consolidation du calcaire de Dudley, des éruptions semblables venant à soulever le sol sur des espaces d'une grande étendue, formèrent des montagnes à la vérité peu élevées, mais importantes à signaler parce qu'elles sont l'effet des plus anciens soulèvemens dont on ait reconnu la trace.

Ces montagnes sont, dans la Grande-Bretagne, suivant

M. Sedgwick, celles du Westelmoreland, du Cornouailles et de la partie méridionale de l'Écosse ; et sur le continent, selon M. Élie de Beaumont, celles de la Finlande, de la péninsule scandinave, de l'Eifel, du Hundsruck, du Harz, de l'Erzgebirge, d'une partie des Pyrénées, etc.

CHAPITRE XV.

DE L'ÉTAT DE LA TERRE A L'ÉPOQUE OU SE FORMA LE TERRAIN SCHISTEUX.

165. — L'examen des différens dépôts qui constituent le terrain schisteux, nous démontre qu'après la consolidation de la pellicule terrestre qui produisit les diverses roches dont se compose le terrain granitique, il se déposa sur cette pellicule une couche de liquide qui fut le résultat de la condensation d'une partie de l'immense atmosphère qui environnait alors notre planète.

166.—Au sein de cette eau, il se forma, comme il s'en forme encore au fond de toutes les eaux, des sédimens ; mais ces sédimens devaient nécessairement être composés de silicates, puisqu'il n'existait principalement que des silicates au fond de ces eaux en ébullition, dans lesquelles il se précipita aussi, mais en petite quantité, du carbonate de chaux.

167.—Ces premiers sédimens furent d'abord des grès micacés, puis des grès quarzeux que les effets d'une grande chaleur, le poids d'une immense atmosphère et les phénomènes chimiques transformèrent en gneiss, puis en micaschistes.

168.— Avant que ces roches se consolidassent, l'acide silicique ou l'oxide de silicium y forma des amas de quarzite ; l'oxide de calcium combiné avec des silicates à l'acide carbonique, des amas de cipolin et d'ophicalce ; le même oxide combiné à l'acide sulfurique, des amas de gypse ; les oxides de calcium et de magnesium unis à l'acide carbonique des couches de dolomies ; enfin il s'y forma plusieurs autres combinaisons moins importantes.

169.— La pellicule terrestre, encore si peu épaisse , éprouvait des fractures qui , par l'effet de l'incandescence intérieure du globe, offrirent une issue aux diverses substances métalliques vaporisées, qui se sublimèrent dans ces fentes, et y formèrent les filons d'oxide de cuivre, d'étain , de fer ; les filons de galène ; les filons et les veines de carbone ou de graphite que nous avons indiqués dans le groupe du micaschiste (115).

170.— Puisque la croûte terrestre ne formait encore qu'une pellicule, on ne doit pas être étonné que les roches granitiques consolidées, ainsi que les gneiss et les micaschistes qui les recouvraient, aient été traversées par des éruptions de roches qui devaient être feldspathiques comme les premiers granites consolidés, puisqu'elles partaient du même foyer d'incandescence, ou pour mieux dire, à peu près de la même profondeur. De là les dépôts plutoniques que nous avons signalés dans ce que nous appelons la formation micaschisteuse , et qui s'y présentent, non-seulement en masses puissantes , mais en filons et en veines.

171.— Les eaux qui s'étaient formées par la condensation et dans lesquelles s'étaient déposés les grès qui se transformèrent en gneiss et en micaschistes, étaient à une très haute température. Pour pouvoir se rendre compte de ce phénomène, il suffit de faire remarquer que l'eau bouillante passe de 100 degrés à 172 par la compression de 8 atmosphères et à 265°,89 par la compression de 50 atmosphérés. Si l'on suppose maintenant que le tiers ou même le quart des eaux qui constituent aujourd'hui l'Océan étaient à l'état de vapeur lorsque les premiers sédimens se formèrent au-dessus des granites , ce sera au fond d'une masse d'eau soumise à une chaleur de plus de 265 degrés, et comprimée par le poids de 50 atmosphères, que se sera opéré le remaniement des détritus granitiques et leur agglutination par le ciment siliceux et feldspathique qu'abandonnèrent les eaux en devenant moins chaudes. Mais lorsque de nouvelles masses de roches granitiques se firent jour à travers ces premières roches de sédiment, elles communiquèrent à celles-ci une plus grande chaleur et les transformèrent en gneiss et en micaschistes.

172. — Tant que la température fut peu différente de celle dont nous venons de donner une idée, il ne parut ni animaux ni végétaux sur la terre : aussi la formation micaschisteuse ne présente-t--elle que de faibles traces végétales.

173. — Tout porte à croire qu'il existait quelques végétaux à l'époque des gneiss ; mais ce n'est que dans l'étage supérieur de la formation snowdonienne ou cambrienne, qu'on les voit paraitre en nombre un peu notable, et que se montrent les premiers mollusques, les premiers polypiers, les premiers crustacés et même quelques poissons. Ils comprennent environ 600 espèces dont près des trois quarts appartiennent à des genres qui ne vivent plus sur la terre.

174. — Les genres et les espèces sont d'abord très peu nombreux ; mais on les voit augmenter considérablement à l'époque de la formation caradocienne ou silurienne.

175. — Vers la fin de cette formation, la température du globe était sensiblement diminuée, à en juger seulement par les roches calcaires qui commencèrent à devenir abondantes : car l'acide carbonique ne pouvait se fixer sous la température de 265 degrés et la pression de 50 atmosphères dont nous venons de parler.

176. — Déjà la condensation des vapeurs de l'atmosphère avait couvert d'eau une grande partie du globe : et l'on retrouve en effet les divers étages du terrain schisteux dans un grand nombre de localités de l'ancien et du nouveau continent.

177. — Cette eau devait être à la température de 80 à 90 degrés centigrades sous une pression atmosphérique peu différente de celle qui existe aujourd'hui.

178. — C'est au milieu de sables, de depôts de vases argileuses et de calcaires, qui se consolidèrent plus tard, que les premiers animaux marins se multiplièrent ; quant aux végétaux ils se développèrent sur les parties du globe qui n'étaient point couvertes par les eaux.

179. — La consolidation des argiles et leur transformation en schistes argileux souvent maclifères, celles même des grès et des calcaires eurent lieu sous l'influence des éruptions de granites, de syénites et de porphyres, et des soulèvemens qu'elles produisirent et qui formèrent les plus anciennes montagnes.

CHAPITRE XVI.

—

TERRAIN CARBONIFÈRE.

Synonymie: *terrain anthraxifère et terrain houiller*.

180. — Ce terrain se divise naturellement en trois formations : dans la plus ancienne on voit dominer des grès rouges, dans celle qui se présente ensuite, des calcaires à anthracites, et dans la dernière, des grès, des schistes et de la houille.

Formation paléo-psamméry thrique.

Synonymie : *Vieux grès rouge*.

181. — Cette formation , ainsi que l'indique son nom (1), est caractérisée par des grès rouges qui, à cause de leur ancienneté , ont reçu la dénomination de *vieux grès rouge*, traduite de l'anglais (*old-red-sandstone*). On peut la diviser en *deux* ou en *trois* étages , selon le développement qu'elle présente dans certaines contrées.

Nous allons donner la division la plus simple.

Étage inférieur.

182. — Cet étage consiste en un grès à gros grains d'un rouge pourpre, quelquefois même en une arkose, qui passe à un conglomérat quarzeux, à texture schisteuse, ou bien au quarzite, au psammite et au schiste du terrain précédent. Les grès alternent avec des couches marneuses ou argileuses. Les plus inférieurs sont souvent gris ou grisâtres.

183. — Dans les différentes couches de cet étage on trouve fréquemment des concrétions calcaires.

(1) *Palaios* ancien , *psammos* sable , *erythros* rouge.

Étage supérieur.

184. — La composition de cet étage diffère un peu de celle du précédent : c'est un ensemble de psammites, de schistes et de quarzites.

185. — En Angleterre cette formation présente trois étages distincts :

Le *supérieur* se compose de conglomérats et de grès quarzeux.

Le *moyen*, de marnes argileuses rouges et bariolées de diverses couleurs, renfermant des lits de calcaire concrétionné.

L'*inférieur*, de grès rouges et verts, de schistes et de marnes colorées.

186. — *Débris organiques*. On trouve dans cette formation des *orthocératites*, des *nautiles*, des *productus*, des *modioles*, des *avicules*, des *asaphes*, quelques polypiers et des végétaux.

En Angleterre on y a trouvé des poissons et particulièrement le genre *cephalaspis*, ainsi que des débris de sauriens et surtout des tortues, reptiles qui sont jusqu'à présent les plus anciens que l'on connaisse.

187. — *Minéraux* et *métaux*. Les substances minérales sont peu nombreuses et peu abondantes dans la formation du *vieux grès rouge*. On y trouve du quarz cristallisé, de la célestine, du calcaire ; et parmi les métaux on ne peut citer que l'oxide de fer, qui s'y présente quelquefois sous la forme oolithique, et le fer carbonaté ou la sidérose, qui y forme quelquefois des couches comme en Écosse.

188. — *Emploi des roches de la formation paléo-psammé- rythrique*. Le vieux grès rouge sert aux mêmes usages que les autres grès : on en tire des matériaux propres aux constructions et au pavage.

189. — *Agriculture*. Sous le point de vue agricole, la formation paléo-psammérythrique est en général sèche et conséquemment peu fertile. En Normandie elle est, des trois formations du terrain carbonifère, celle qui renferme le plus de terres incultes.

190. — *Formes des montagnes*. Le vieux grès rouge constitue des montagnes dont les plus élevées ont 300 à 400 mètres de hauteur, à contours arrondis, à sommets en dos d'âne, et quelquefois des collines et des buttes terminées en pointe. Il résulte de la décomposition lente des grès et des poudingues de la formation paléo-psammérythrique, que les vallées qui séparent ces montagnes sont ordinairement fort évasées.

Dépôts plutoniques.

191. — Différentes roches d'origine ignée telles que des *porphyres*, des *diorites*, des *dolérites*, des *phonolithes* et des *trapps*, traversent en Écosse et dans d'autres contrées, la formation du vieux grès rouge. Quelquefois elles s'y enchevêtrent ou s'y entre-croisent dans différens sens, ou bien elles alternent avec le grès. Il en résulte alors que les couches de celui-ci présentent des contournemens remarquables.

Formation carbonifère.

Synonymie : Calcaire carbonifère (*Carboniferous limestone*), — Calcaire de montagne (*Mountain limestone*).

192. — Cette formation se compose principalement de calcaire plus ou moins imprégné de carbone, auquel il doit sa couleur noire. On peut la diviser en deux étages, bien qu'en Angleterre on en compte jusqu'à quatre.

Étage inférieur.

193. — Le calcaire, qui est la roche dominante de cet étage, est compacte ou sublamellaire, à cassure plus ou moins conchoïdale ; sa couleur est d'un noir plus ou moins foncé. Il répand, lorsqu'on le frotte, une odeur plus ou moins fétide.

194. — Ses couleurs alternent avec des schistes bitumino-calcaires, des psammites schisteux, des argiles schisteuses et des calschistes. On y remarque souvent des rognons et des lits minces de *phtanite*. Souvent le calcaire est traversé par des veines de spath calcaire blanc, et souvent par des veines d'anthracite. On y voit des masses subordonnées de dolomie grisâtre ou blanchâtre, dure ou friable, intimement liées au calcaire et renfermant les mêmes fossiles, et quelquefois des

rognons de silex qui s'étendent en bandes parallèles aux couches.

Étage supérieur.

195. — La roche la plus abondante de cet étage est un calcaire compacte ou sublamellaire, d'un gris de fumée plus ou moins foncé, quelquefois bleuâtre, dont les couches inférieures sont épaisses, et dont les supérieures sont minces et fissiles.

196. — Ce calcaire répand par le choc une odeur plus ou moins fétide, attribuée à la présence du gaz hydrogène sulfuré ou de l'acide sulfhydrique. Souvent ce calcaire se charge de carbonate de magnésie et passe à une véritable dolomie. D'autres fois, devenant ferrugineux et bitumineux, il change sa couleur grise en rougeâtre et en brunâtre.

197. — Les principales roches qui y sont subordonnées sont des couches et des masses de dolomie grise, et des couches minces d'anthracite.

198. — *Formation carbonifère en Angleterre.* Cette formation étant très développée dans le Northumberland et la partie nord-ouest du comté d'York, nous allons donner une idée de l'ensemble qu'elle offre, par une coupe générale. D'abord les quatre groupes de roches qu'elle présente peuvent se partager en deux étages qui feront mieux ressortir les différences qui existent pour cette même formation entre le continent et la Grande-Bretagne.

Étage supérieur.
1° Grès à meules (*Millstone grit*).
2° Argile schisteuse (*Shale*). Grès (*Gritstone*). Houille (*Coal*), et Calcaire (*Limestone*).

Étage inférieur.
3° Couches de la grande masse calcaire appelée *Scarlimestone* avec argile schisteuse, grès et houille.
4° Alternances de calcaire, de grès, d'argile schisteuse, souvent colorée en rouge.

198. bis. — *Débris organiques de la formation carbonifère.* On trouve dans cette formation des végétaux monocotylédons, des polypiers, des radiaires, des mollusques, à coquilles univalves et bivalves, des crustacés et des poissons. Les plus

caractéristiques de ces corps organisés, sont le *Productus lobatus* et le *Bellerophon hiulcus;* on peut même y ajouter le *Productus aculeatus.*

199. — *Mineraux* et *métaux.* Les principales substances minérales que l'on trouve en petits amas dans cette formation, sont le calcaire spathique, le bitume ordinaire, une sorte de bitume élastique que l'on nomme *caoutchouc fissile*, la fluorine, le gypse, l'aragonite, la barytine, la witthérite ou la baryte carbonatée, la célestine ou la strontiane sulfatée, le quarz et le soufre.

On y exploite la sidérose ou le fer carbonaté, l'anthracite, la houille, la galène, le zinc, le cuivre, des oxides et des sulfures de fer.

En Angleterre le calcaire carbonifère est tellement riche en galène, que les Anglais le nomment aussi pour cette raison *calcaire métallifère.*

200. — *Emploi des roches de la formation carbonifère.* Les calcaires de cette formation fournissent des marbres d'un usage très répandu et quelques-uns même qui sont estimés. En Belgique, le marbre des Écaussines, plus connu sous le nom de *petit granite*, parce qu'il est rempli de fragmens de polypiers qui se détachent en blanc sur un fond noir, est l'objet d'exploitations considérables. On connaît aussi les marbres noirs de Namur et de Dinant, ainsi que le marbre veiné de gris et de blanc que l'on exploite aux environs de Theux dans le Hainaut, sous le nom de *marbre de Sainte-Anne.*

Les psammites fournissent des moellons et des meules à aiguiser; les poudingues servent à faire des pavés et des meules de moulins.

201. — *Agriculture.* Les sources étant fort rares dans la formation carbonifère, parce que les nombreuses fissures qui traversent les roches qui la composent, empêchent les eaux pluviales de s'y rassembler, il en résulte que le sol qui les recouvre est peu fertile, excepté dans quelques vallées qui présentent une épaisse couche de dépôts d'alluvions.

Dépôts plutoniques.

202. — Plusieurs roches d'origine ignée, telles que la syénite et le porphyre, mais principalement la trapp et la dolérite,

traversent la formation carbonifère, et s'y présentent fréquemment intercalées. Souvent ces roches offrent des masses prismatiques. C'est à l'altération qu'elles ont fait éprouver au calcaire carbonifère qu'est due dans beaucoup de localités la transformation de cette roche en dolomie. En Écosse on cite des localités ou l'anthracite, par l'action des éruptions plutoniques, a pris la structure prismée.

SOULÈVEMENS DU SOL.

203. — C'est après l'époque de la formation carbonifère, que l'éruption des roches plutoniques souleva plusieurs groupes de montagnes. Les syénites et les porphyres qui forment les cimes de plusieurs ballons des Vosges y ont redressé les couches de la formation anthraxifère. Les collines du Bocage, dans le département du Calvados, qui appartiennent à la même formation, ont été soulevées par des granites. La partie méridionale du groupe central de la Forêt-Noire, a été soulevée aussi à la même époque par une cause analogue.

204. — *Forme du sol*. En Angleterre, le calcaire carbonifère constitue de montagnes assez élevées, ce qui lui a fait donner le nom de calcaire de montagnes (*mountain-limestone*).

Dans la Belgique, la formation carbonifère occupe une région montueuse qui présente une grande quantité de collines détachées, et des plateaux fort étendus découpés par des vallées de fractures, très étroites, qui offrent des escarpemens verticaux.

Formation houillère.

Synonymie : Terrain houiller (*Coal formation* des Anglais).

205. — Cette formation, qui doit son nom à l'abondance du charbon minéral appelé houille, peut être généralement divisée en deux étages.

Étage inférieur.

206. — Les roches de cet étage consistent principalement en schistes, en ampélites alunifères, en argiles schisteuses, en grès feldspathiques ou arkoses, en un grès siliceux que les Anglais nomment *Millstone grit*, en calcaire subordonné à ces roches ; enfin, en lits de houille d'une faible épaisseur.

207. — Les schistes diffèrent de ceux du terrain schisteux, par la facilité avec laquelle ils se délitent et se décomposent à l'air ; les argiles schisteuses sont souvent micacées ; les grès ordinairement chargés de mica, sont composés de grains plus ou moins gros ; souvent ils sont formés des mêmes élémens que l'arkose, si ce n'est que le quarz y est en galets assez volumineux, ils deviennent alors de véritables poudingues; les calcaires sont souvent bitumineux ; enfin la sidérose ou le fer carbonaté s'y présente en nodules qui forment quelquefois des bancs épais.

Étage supérieur.

208. — Cet étage se compose en général d'arkose, de grès, de psammites et de conglomérats alternant avec des schistes et des couches de houille. La sidérose où le fer carbonaté est souvent subordonnée aux schistes et aux psammites.

209. — Les conglomérats se présentent à différentes hauteurs, depuis la base jusqu'à la superficie de cet étage. Ils consistent ordinairement en gros galets de quarz et de diverses autres roches réunies par un ciment argileux.

210. — Les grès houillers sont composés de grains plus ou moins gros de sable et de parcelles de mica agglutinés par un ciment siliceux.

Le ciment devient souvent argileux et le mica abondant ; ils passent alors à de véritables psammites. Ceux-ci sont souvent bitumineux, carbonifères, et conséquemment noirâtres.

Quelquefois les grès et les psammites passent à des phtanites, presque toujours d'une structure schisteuse et qui sont ou noirs, ou gris, ou rougeâtres, ou jaunâtres, ou blanchâtres.

211. — Les schistes de cet étage constituent deux variétés : l'une appelée *phyllade pailleté*, l'autre nommée *schiste argilleux*. Celle-ci passe souvent à une argile schisteuse (en allemand *schieferthon*). La couleur de ces roches est le gris bleuâtre, le verdâtre ou le noirâtre, ou même le noir foncé lorsqu'elles sont en contact avec les couches de houille.

212. — *Débris organiques de la formation houillère*. La houille n'étant qu'un composé de matières végétales altérées, il en résulte que les couches de schiste et de grès qui l'accom-

pagnent renferment un grand nombre de végétaux parmi lesquels se trouvent quelques *algues* et quelque *conferves*. Les
autres espèces sont réparties de la manière suiv[s]ante :

Équisétacées.	Equisetum,	2 espèces.	
	Equisetites,	1	19
	Calamites,	16	
Fougères.	Sphénopteris,	29	
	Cyclopteris,	9	
	Odonpteris,	6	
	Glossopteris,	1	
	Schizopteris,	1	
	Lonchopteris,	2	
	Névropteris,	19	
	Pecopteris,	75	
	Sigillaria,	47	
	Filicites,	15	209
	Aspidites,	1	
	Karstenia,	2	
	Cottæa,	1	
	Bockschia,	1	
	Glockeria,	1	
	Danæites,	1	
	Asterocarpus,	1	
	Balantites,	1	
Marsiliacées.	Sphenophyllum,	8	10
	Rotularia,	2	
Lycopodiacées.	Lycopodites,	10	
	Sélagenites,	2	
	Lépidodendron,	48	
	Lepidophyllum	5	
	Lépidostrobus,	4	91
	Cardiocarpon,	5	
	Stigmaria,	9	
	Syringodendron,	4	
	Favularia,	4	
Palmiers.	Flabellaria,	1	
	Næggerathia,	1	3
	Zeugophyllites,	1	

A reporter......... 336

			Report d'autre part......	336
Cannées.	Cannophyllites,	1		1
Conifère.	Pinites,	3		3
Monocotylédones de familles incertaines.	Sternbergia,	4		
	Poacites,	3		
	Trigonocarpum,	5		15
	Musocarpum,	3		
Végétaux de classes incertaines.	Annularia,	7		
	Astérophyllites,	10		
	Volkmannia,	7		
	Phyllotheca,	1		
	Bornia,	2		
	Bruckmannia,	2		
	Bechera,	5		41
	Artisia,	1		
	Knorria,	2		
	Halonia,	1		
	Meyaphyton,	2		
	Galium,	1		

Total .... 53 genres,   396 espèces.

On connait donc environ 400 espèces de végétaux dans la
formation houillère.

Parmi les animaux nous citerons l'*Ammonites listeri*, le *Pecten papyraceus*, des *Unio*, des orthocératites et des poissons.

C'est dans la formation houillère que l'on signale les plus
anciens insectes : ce sont des coléoptères et des arachnides.

213. — *Métaux et minéraux.* Les substances minérales de
la formation houillère diffèrent peu de celles qui se trouvent
dans la formation carbonifère. Les schistes sont souvent
alunifères ; des couches de rognons de sidérose ou de fer carbonaté, sont subordonnées aux schistes, aux grès et aux argiles ; quelquefois on trouve de la blende dans les schistes ou
dans la sidérose, qui se présente ici en dépôts assez considérables pour mériter la dénomination de roche. Les sulfures
de fer appelés *sperkise* et *marcassite* se trouvent quelquefois
dans la houille, soit en rognons épars, soit en petites veines,
soit en dendrites répandues à la surface de ce combustible. La
présence de ce minéral nuit même à la qualité de la houille.

Très rarement on trouve des couches de calcaire au milieu des roches de la formation houillère ; mais souvent la houille elle-même est traversée par des veines de calcaire cristallisé.

La houille, la plus importante substance minérale de cette formation, se distingue en trois ou quatre principales variétés.

La *houille sèche* ou *maigre* qui est schisteuse, terreuse et impure, d'un noir brunâtre ou grisâtre, s'allume difficilement et brûle avec une flamme bleuâtre et courte, sans se boursoufler. Elle donne un coke pulvérulent et fournit très peu de bitume par la distillation.

La *houille grasse* ou *maréchale*, éminemment collante au feu, formant un coke boursouflé, donnant beaucoup de bitume et d'ammoniaque par la distillation, est particulièrement employée par les maréchaux et les forgerons.

La *houille commune*, à cassure brillante et souvent irisée, donne un coke brillant et grenu que l'on nomme coke fritté.

La *houille compacte*, d'un noir un peu terne, quelquefois grisâtre, à cassure tantôt unie et tantôt conchoïdale et d'un éclat résineux, brûle en répandant peu de fumée. C'est cette variété, assez rare en France et en Belgique, qui est connue en Angleterre sous le nom de *Cannel-coal*, et qui est exclusivement employée dans ce pays à la fabrication du gaz d'éclairage ou du gaz hydrogène bicarboné.

214. — *Emploi des roches de la formation houillère.* Tout le monde connaît l'utilité de la houille : cette substance minérale est devenue le principal véhicule d'une foule d'industries importantes, et le moyen de communication le plus rapide entre les peuples. Elle devient une source de richesse immense lorsqu'elle est accompagnée d'une grande quantité de fer carbonaté, car l'industrie utilise l'un par l'autre le fer et la houille.

Les autres substances qui accompagnent ce combustible sont d'une importance secondaire : les schistes alumineux fournissent au commerce une grande quantité d'alun ; les argiles pyriteuses, du sulfate de fer et du sulfate d'alumine ; les grès, les calcaires et les schistes, des matériaux pour les constructions.

215. — *Agriculture.* Les roches de la formation houillère conservent assez de fraîcheur pour que le sol qui les recouvre soit ordinairement favorable à la végétation.

Dépôts plutoniques.

216. — Plusieurs roches d'origine ignée, telles que le *porphyre*, le *trapp*, le *basalte* et quelquefois le *diorite*, sont intercalées au milieu de la formation houillère. C'est à leur influence que sont dus les contournemens, les plissemens, les renflemens et les failles dont cette formation, offre de si nombreux exemples. Ces roches en se faisant jour de bas en haut, ont formé des filons ou des dikes plus ou moins puissans, qui non-seulement s'intercalent dans les couches, mais quelquefois les traversent et les recouvrent. Les failles de la formation houillère présentent souvent dans les mêmes couches des différences de niveau de 160 à 200 mètres et quelquefois plus. Au point de contact des roches ignées et de la houille, celle-ci est souvent devenue grossièrement prismatique, et a été sur plusieurs points aussi convertie en coke.

SOULÈVEMENT DU SOL.

217. — Les aspérités du sol appartenant à la formation houillère sont dues à un système de soulèvement qui, dans le nord de l'Angleterre, a produit de nombreuses ruptures et de grandes failles. M. Sedgwick a prouvé que toutes ces fractures ont été produites immédiatement avant la formation du nouveau grès rouge : et en effet les dépôts de cette roche n'en ont point été affectés, tandis que les dépôts houillers sont disloqués. L'une des principales roches d'origine ignée qui ont produit ces soulevemens est le *diorite*.

218. — *Formes du sol.* — La formation houillère occupe en général des bassins circonscrits par des montagnes. Il est rare que ces bassins soient isolés ; on en voit fréquemment un certain nombre qui se rattachent les uns aux autres, dans une direction à peu près constante : ils forment ce qu'on appelle une *zone houillère*. Cette suite de bassins n'est probablement que le résultat de plusieurs dépôts partiels de matières végétales qui se sont formés çà et là, à la même époque et à

l'aide de cours d'eau, dans de longues et larges vallées comprises entre des chaines longitudinales, ainsi que dans les petites vallées transversales qui y aboutissaient, comme dans le centre de la France; ou bien dans de longs détroits, comme entre Edinbourg et Glasgow, ou sur les bords du Rhin.

CHAPITRE XVII.

—

DE L'ÉTAT DE LA TERRE A L'ÉPOQUE OU SE FORMA LE TERRAIN CARBONIFÈRE.

219. — Pendant l'époque précédente, plusieurs chaines de montagnes avaient été soulevées par les éruptions des granites, des syenites et des porphyres, ainsi que nous l'avons déjà dit (167). Cependant il n'existait point encore de continens, et les plus anciennes montagnes n'étaient pas d'une grande élévation.

220. — L'aspect de toute la surface du globe était semblable à celui que présente cette partie du monde que l'on nomme Océanie : ce n'était qu'une immense suite de groupes d'îles, donc aucune n'égalait en étendue les plus grandes de celles de notre *monde maritime*.

221. — Ces îles se couvrirent de végétaux gigantesques ; et comme tout porte à croire ainsi que l'a fait remarquer M. Ad. Brongniart, que l'atmosphère était saturée d'acide carbonique, c'est probablement en grande partie à cette cause jointe à la température, qu'il faut attribuer l'activité de la végétation, le grand accroissement des plantes, la formation de l'anthracite et de la houille, la grande abondance de calcaires qui alternent avec les roches schisteuses et surtout avec les couches de la formation houillère, le bitume qui a pénétré les végétaux accumulés, enfin le petit nombre d'animaux organisés pour respirer l'air en nature.

Si l'air atmosphérique avait été chargé d'oxigène autant qu'il l'est aujourd'hui, les végétaux se seraient rapidement décomposés.

Le bitume paraît être dû à des substances végétales.

Les principaux êtres organisés pour respirer l'air en nature, furent d'abord quelques sauriens et quelques tortues ; puis des insectes, ainsi que nous l'avons dit.

222. — Les poissons, d'abord peu nombreux, aux époques où se déposèrent le vieux grès rouge et le calcaire carbonifère, le devinrent pendant celle qui vit se former les couches houillères, ce qui semble indiquer un changement dans la température, et peut-être aussi dans la nature chimique des eaux marines. Tous appartiennent à des genres inconnus.

223. — Parmi les molusques, il est facile de remarquer une gradation qui n'est pas sans importance. Les premiers que l'on voit paraître en nombre considérable sont conchifères ou à coquilles bivalves : le nombre de leurs espèces est d'environ 120 à 130, tandis que les mollusques proprement dits ou à coquilles univalves, ne présentent qu'un nombre d'espèces moitié moins considérable. Et lorsque l'on considère que ces derniers, qui ont une tête, des yeux et même des moyens de locomotion, sont évidemment d'un ordre plus élevé que les conchifères, qui sont acéphales, on reconnaît dans le grand nombre de ceux-ci, une partie du plan tracé par le Créateur, qui semble avoir eu en vue de couvrir d'êtres organisés, la surface de la terre, à toutes les époques, et qui pour accomplir ce dessein a d'abord multiplié ceux dont les organes sont les plus simples, parce qu'ils étaient plus appropriés à la nature chimique du milieu dans lequel ils devaient vivre, tandis que les animaux pourvus d'un plus grand nombre d'organes ne trouvaient point encore l'élément qui convenait à toutes les conditions d'existence et de reproduction.

En résumé, on connaît dans le terrain carbonifère 800 espèces de fossiles, parmi lesquels les végétaux et les poissons appartiennent tous à des genres éteints.

224. — Pendant la période carbonifère, les parties terrestres étaient arrosées par des cours d'eau et renfermaient quelques lacs d'eau douce, puisque l'on trouve à *Burdihouse* près

Edinbourg, dans le *Mountain limestone* qui appartient à la formation carbonifère, des animaux d'eau douce appartenant aux genres *Cypris* et *Cytherina*, et puisque dans la formation houillère, on connaît quatre espèces du genre *Unio*, genre qui vit dans les rivières.

225. — Puisqu'il existait des cours d'eau dans les îles que formait le terrain carbonifère ; puisque ces îles devaient leur origine aux montagnes qui hérissaient une partie de la surface du globe, en un mot aux dislocations qu'avait éprouvées la formation carbonifère ; on conçoit facilement que les côtes de ces îles pouvaient être entaillées par des golfes profonds, dans lesquels se jetaient les cours d'eau et les torrens. Ces cours d'eau chariaient dans les golfes, les végétaux qu'ils déracinaient, ou que les éboulemens y accumulaient ; c'est ce qui se passe encore à l'embouchure de certains fleuves de l'Amérique.

226. — Quelques localités de la formation houillère nous montrent de grands végétaux encore placés dans leur position verticale : La même disposition se fait aussi remarquer dans les éboulemens qui ont lieu au bord de la mer, lorsque des portions de terre y sont entraînées, par suite de dégradations opérées par les flots à la base des falaises.

227. — Les plis nombreux que présente la stratification de la formation houillère s'expliquent par les affaissemens et les soulèvemens produits à l'époque de cette formation par l'action des différentes roches plutoniques qui s'est fait sentir à la même époque. (Pl. 1, fig. 6.)

228. — Ce qui confirme ce que nous venons de dire de l'origine des amas houillers, c'est la disposition la plus ordinaire qu'ils présentent. Ils occupent, nous le répétons, des bassins circonscrits par des montagnes, c'est-à-dire des détroits ou de longs golfes : ainsi le bassin houiller du nord de la France, est long de plus de 50 lieues et large de deux ; celui de Newcastle en Angleterre, a 21 à 22 lieues de longueur sur environ 6 de largeur ; celui de Saint-Etienne a 11 à 12 lieues de longueur sur 3 lieues dans sa plus grande largeur, et une demie dans sa partie la plus étroite.

229. — Les végétaux de la formation houillère sont tous analogues à ceux qui croissent dans les régions équatoriales ; cependant il existe des dépôts de houille à des latitudes très différentes : par exemple dans l'Océanie, à la Nouvelle Hollande, sur l'ancien continent, dans l'Hindoustan, dans le bassin de l'Euphrate, dans celui du Don, en Allemagne, en France, en Belgique, dans la Grande-Bretagne et en Suède ; sur le Nouveau continent, au Pérou, au Mexique, aux États-Unis et au Groenland.

230. Comment toutes ces régions, aujourd'hui si différentes par leurs températures, pouvaient-elles être, à la même époque, soumises à une chaleur presque semblable ? On répondra sans doute que l'uniformité de cette température était due au peu d'épaisseur de l'écorce terrestre, qui permettait à la chaleur centrale d'exercer une grande influence sur la superficie de la terre ; que par suite de cette faible épaisseur, comme l'a fait remarquer M. Elie de Beaumont ; les glaces polaires ne devaient point exister ; que les sources thermales et les jets de vapeur chaude étaient beaucoup plus fréquens qu'aujourd'hui ; que chaque fois que le soleil s'éloignait de l'horizon des pôles, le sol devait se couvrir de brouillards qui détruisaient le rayonnement nocturne et le rayonnement hivernal ; que ces brouillards tempéraient le froid des nuits et des hivers sans rien changer à la chaleur des étés ; que ces brouillards enfin contribuaient à élever la température moyenne, et se joignaient à l'influence d'une mer plus chaude et plus difficile à refroidir à sa surface, pour rendre le climat plus doux, plus uniforme, plus équatorial.

231. Mais une température généralement plus égale suffit-elle pour expliquer la présence des mêmes végétaux à la Nouvelle-Hollande, au Pérou et au Groenland ? Un savant botaniste, M. de Candolle, nous répond qu'elle est insuffisante et qu'il fallait encore à ces végétaux, l'action d'une lumière plus également répartie qu'elle ne l'est aujourd'hui dans ces contrées si éloignées les unes des autres ; qu'il fallait en un mot dans les régions polaires, une lumière plus prolongée que celle que produit aujourd'hui le soleil ; et que cette lumière dont nous ignorons la nature et qui pouvait tenir à des phénomènes phy-

siques dont les aurores boréales ne nous donnent qu'une faible idée, est attestée par la présence de ces végétaux fossiles que l'on retrouve intacts, sur les lieux même où ils ont existé, et qui n'y pourraient vivre aujourd'hui, quand même la chaleur du sol y compenserait la différence des latitudes.

CHAPITRE XVIII.

—

TERRAIN PSAMMERYTHRIQUE OU TRIASIQUE.

Synonymie : Terrain du grès rouge. — Terrain triasique ou du Trias de M. Alberti (1). — Système salifère de M. J. Phillips.

232. — Ce terrain, dans lequel nous comprenons le grès rouge proprement dit, le calcaire magnésifère appelé *zechstein* en Allemagne, le grès vosgien et le grès bigarré, le calcaire conchylien ou *muschel kalk* des Allemands, enfin les marnes irisés ou le *keuper* comme on le nomme en Allemagne, se compose de cinq formations distinctes que nous allons passer successivement en revue. (2)

(1) M. Alberti a désigné sous le nom de TRIAS les *trois* formations du *Keuper* (Marnes irisées), du *Muschelkalk* (Calcaire conchilien), et du *Bunter Sandstein* (grès bigarré), comme constituant un terrain. En y comprenant le grès vosgien, la formation du *Zechstein* et celle du grès rouge, ce terrain ne justifie plus le nom que lui a donné ce géologiste : C'est ce qui nous engage à désigner aussi ce terrain sous la dénomination de *psammérithrique*, parce que les grès qui y jouent un grand rôle, ont tous plus ou moins les diverses nuances du rouge.

(2) Dans notre *Nouveau Cours élémentaire de Géologie*, faisant partie des suites à Buffon, publiées par Roret, libraire, nous avons exposé (tome 2, pages 345 et suivantes) les motifs qui nous portaient à considérer le grès rouge et le zechstein comme pouvant sans inconvénient être réuni au terrain triasique de M. Alberti. Cette réunion a été admise par plusieurs géologistes depuis la publication du tome relaté ci-dessus.

Formation psammérythrique.

Synonymie : *Red conglomerate* des Anglais. — *Rothe-todte-liegende* des Allemands.

233. — La partie inférieure du terrain de grès rouge, se compose généralement de sables et de grès rouge, ou pourpré et même jaune.

234. — Ces sables et ces grès quelquefois associés à des schistes, forment un ensemble de roches d'autant plus variées que leur texture et leur structure passent par un grand nombre de nuances à des espèces très différentes.

Ainsi les grès sont ordinairement composés de fragmens anguleux ou arrondis de différentes roches préexistantes, cimentés par une pâte argilo-ferrugineuse rougeâtre.

236. — Les fragmens qui composent ce grès, le font passer en diminuant de grosseur à l'arkose ou au psammite schistoïde.

237. — Souvent aussi les fragmens augmentant de grosseur, et se trouvant disséminés au milieu d'un grès à grains fins, lui donnent l'aspect d'un poudingue.

238. — D'autres fois la pâte qui enveloppe ces fragmens, devient argileuse, et la roche se transforme en un véritable conglomérat.

239. — Dans plusieurs localités, les grains quarzeux et les fragmens de différentes roches disparaissent, et il ne reste plus qu'un mélange de sable et d'argile qui forme une roche à texture schistoïde, ou qui passe même à l'argile schisteuse.

240. — Les roches subordonnées au grès rouge sont peu nombreuses : ce sont principalement quelques *brèches* composées de fragmens de porphyres, quelques variétés d'un *calcaire* rougeâtre ordinairement compacte, des masses de *fer oligiste* rouge et des *schistes* analogues aux schistes houillers. Des couches même de *houille* qui s'y présentent quelquefois, annoncent que ce grès repose sur le *terrain carbonifère.*

Nous mentionnerons plus loin les roches d'origine ignée qui sont intercalées dans le grès rouge.

241. — *Débris organiques de la formation psammérythrique.* — Les corps organisés que l'on trouve dans le grès rouge sont principalement des palmiers, des conifères et d'autres végétaux. Il présente aussi des traces de tortues; mais ce qu'il y a de remarquable, c'est que la présence de ces animaux est attestée seulement par des empreintes de leurs pas, qui après être restées en creux sur les couches de grès, d'abord mou, puis séché et durci, ont été moulées en relief par le sable qui s'est déposé sur le grès et qui s'est lui-même consolidé en formant une autre couche de grès.

242. — *Métaux et minéraux.* Le grès rouge est très pauvre en métaux : c'est pour cette raison que les mineurs allemands l'ont appelé *todt liegende* c'est-à-dire *mur mort*. Il ne renferme ordinairement que des veines d'oxide de fer à l'état d'oligiste. Quelquefois on y trouve de l'oxide de manganèse, du cuivre oxidé et carbonaté. Les autres substances minérales sont la fluorine, la chaux carbonatée, la barytine et du quarz en filons.

243. — *Emploi des roches de la formation psammérythrique.* Le grès rouge fournit des pierres de construction et des dalles que les paysans emploient à clore leurs propriétés.

En Angleterre on utilise sous les noms de *marbre de Babba-combe* et de *marbre du Devonshire* les blocs de calcaire lamellaire qui se trouvent dans le conglomérat de la baie de *Babba-combe*, et l'on emploie à bâtir ou à faire de la chaux le calcaire de certains conglomérats qui appartiennent à la même formation.

244. — *Agriculture.* On trouve peu de sources dans la formation du grès rouge, et ces sources fournissent une eau d'assez mauvaise qualité. La végétation du sol est languissante : il est couvert de friches, de mauvais prés et de champs dans lesquels les céréales et même les pommes de terre réussissent mal.

245. — *Formes du sol.* Le grès rouge forme des plateaux et des collines à sommets tantôt aplatis tantôt arrondis. Les pentes de ces collines sont ordinairement assez douces, mais quelquefois elles offrent des escarpemens et des rochers coupés d'une manière bizarre , ou groupés comme des monceaux de ruines.

Formation magnésifère.

Synonymie : Calcaire alpin (*Alpen Kalkstein*) des Allemands ; Calcaire magnésien (*Magnésian limestome*) des Anglais ; *Zechstein* des Allemands.

246. — Cette formation , qui ne se montre pas partout au-dessus du grès rouge, a acquis en Angleterre et en Allemagne une puissance assez grande pour y être divisée en plusieurs assises : ainsi elles sont au nombre de *quatre* dans la première de ces contrées, et au nombre de *six* dans la seconde. En Angleterre et en Allemagne elle acquiert une puissance de 100 à 150 mètres.

247. — En Angleterre elle se compose de marnes bigarrées et schisteuses, contenant des veines et des amas de gypse ; de schistes marneux ; de calcaire magnésien , tantôt compacte ou grenu , quelquefois coquiller, d'autres fois cellulaire, ou bien en couches minces et schistoïdes.

248. — En Allemagne , la partie inférieure de cette formation se compose de schiste cuivreux (*Kupferschiefer*), de cal-schiste et de marne schisteuse (*Mergelschiefer*).

249. — La partie supérieure comprend des calcaires et des marnes , dont l'assise inférieure appelée *Zechstein* est un calcaire magnésifère , compacte, cellulaire , schistoïde ou marneux; que recouvrent un calcaire magnésifère gris (*Rauchwake*) un calcaire marneux (*Rauchstein*), un calcaire bitumineux, friable (*Asche*), un calcaire fétide , bitumineux et compacte , (*Stinkstein*) mélangé et accompagné d'argile, de gypse, et quelquefois de sel gemme , enfin une marne bleuâtre ou grisâtre (*Letten*) passant à l'argile.

250. — Ainsi qu'on peut le voir par ce que nous venons de dire, les roches subordonnées à la formation qui nous occupe sont la limonite, qui s'y présente en masses importantes , et le gypse qui y forme des amas tellement considérables qu'il est souvent creusé par des cavernes très spacieuses.

251. — *Débris organiques de la formation magnésifère.* La

partie inférieure de cette formation, c'est-à-dire celle qui comprend le schiste cuivreux, est riche en restes de corps organisés : c'est même probablement l'abondance de ces débris qui a contribué à donner à la masse schisteuse qui les renferme des caractères tout différens de ceux du schiste cuivreux. En effet, c'est au milieu de schistes marno-bitumineux, qu'abondent de nombreuses espèces de poissons, appartenant principalement aux genres *Palæothrissum*, *Palæoniscus*, *Pygopterus* et *Platysomus*, plusieurs conchifères tels que des *Productus*, des *Spirifers* et des *Térébratules*. Quelques zoophytes et radiaires et des sauriens, tels que le *Monitor* et le *Protosaurus*; enfin des *Crustacés* appartenant aux genres *Trilobites* et *Idotea*. Les végétaux sont principalement des *Fucoïdes*.

252.— *Métaux et minéraux.* Parmi les métaux nous avons déjà nommé la Limonite, qui forme des roches dans le calcaire de cette formation, et le cuivre pyriteux qui abonde dans le schiste. On trouve aussi dans les diverses couches, le cuivre carbonaté, la galène et l'argent uni souvent à ces deux métaux. Les principales substances minérales sont le gypse, qui constitue des amas considérables, le quarz, le mica, l'aragonite et la barytine.

253. — *Emploi des roches de la formation magnésifère.* L'exploitation des métaux et des minéraux que nous venons de citer donne de l'importance à cette formation ; nous ajouterons que le calcaire magnésien est employé en moellons pour la bâtisse et souvent à faire de la chaux.

254. — *Agriculture.* La formation magnésifère contenant des couches marneuses, c'est-à-dire imperméables, renferme des sources : aussi le sol qui la recouvre est-il doué d'un certain degré de fertilité.

Dépôts plutoniques.

255.— Des trapps, des basaltes, des diorites, des porphyres, des eurites et d'autres roches d'origine ignée, ont traversé le grès rouge et y ont formé des dikes et des filons. Ces roches ont pénétré aussi dans les couches de la formation magnésifère ; en un mot elles ont produit différens dérangemens dans la stratification de tous les dépôts qui composent ces deux formations.

SOULÈVEMENS DU SOL.

256. — Immédiatement après le dépôt du *Zechstein*, des dislocations ont affecté certaines contrées du globe, telles que celle que traverse le canal de Bristol en Angleterre, la partie méridionale du pays de Galles où les chaînes de collines appelées Mendip-Hills qui appartiennent à la formation magnésifère, présentent des couches contournées d'une manière extraordinaire ; plusieurs points des environs de Valenciennes, de Mons et de Liège ; le pays de Manstfeld, etc., jusque sur le bord de l'Elbe, où les couches de la même formation sont plissées en zig-zags.

257. — Ces dislocations s'arrêtant au couches qui, dans les pays que nous venons de citer, recouvrent le zechstein, on en conclut avec raison qu'elles ont dû avoir lieu avant que les grès des formations qui se sont faites ensuite, ne se fussent déposés.

258. — *Formes du sol.* L'union de la formation magnésifère avec celle du grès rouge l'a fait participer aux dislocations et aux mouvemens d'abaissement qu'elles ont éprouvés et qu'attestent les failles nombreuses que l'on y remarque.

259. — Les calcaires de la formation magnésifère constituent des montagnes dans certaines contrées, comme en Allemagne et dans le Tyrol méridional. L'aspect de ces montagnes se distingue par des formes très variées. Elles sont escarpées et rocailleuses ; la raideur de leur masse, leurs pentes arides et nues, les rochers inaccessibles qui, semblables à des remparts en ruines et à des tours gigantesques, s'élèvent sur leurs sommets ou paraissent prêts à rouler sur l'explorateur qui les gravit, les font facilement reconnaître.

Formation pœcilienne.

Synonymie : grès bigarré (*Bunter-Sandstein* des Allemands. — *New red Sandstone* des Anglais). Grès vosgien ou des Vosges.

260. — C'est à la variété des couleurs et des nuances que l'on

remarque dans les diverses assises de cette formation, qu'elle doit la dénomination de *Pœcilienne* (1).

261.— Elle se compose de grès à gros grains pétri de galets plus ou moins gros de quarz ; de conglomérats de diverses natures ; de marnes et de psammites bariolés de différentes couleurs.

262.— Les deux étages qu'elle présente en France et en Allemagne sont connus sous les noms de *grès vosgien* et de *grès bigaré*.

263.— Il est toutefois bon de remarquer que le grès vosgien et le grès bigarré sont presque contemporains ; c'est-à-dire qu'il s'est écoulé un tems fort court entre le dépôt de l'un et le dépôt de l'autre, puisque dans beaucoup de localités, il y a passage de l'un à l'autre.

Grès vosgien.

264.— Le *grès vosgien* est une roche arénacée, quarzeuse, rougeâtre, essentiellement composée de fragmens arrondis de quarz, qui varient de grosseur depuis celle du millet jusqu'à celle du poing et souvent au-delà. Ces fragmens sont cimentés quelquefois par une argile d'un rouge violet, d'un rouge pâle ou d'un jaune ocreux et d'autres fois par un ciment siliceux. Cette roche est plus ou moins chargée d'oxide de fer. Tantôt on y remarque des grains de feldspath, soit intact, soit décomposé et tantôt des paillettes de mica.

265.— Ce grès est en général nettement stratifié, et ses couches qui varient d'épaisseur sont presque toujours horizontales (2).

266.— On y remarque deux assises assez bien prononcées

267.— L'*assise inférieure* se compose de couches dans lesquelles la roche présente d'abord un conglomérat formé de cailloux roulés, en général assez gros, lequel en s'éloignant de

(1) Du mot grec *Poikilos*, bigarré.
(2) C'est ce passage qui nous a engagé, dans notre *Nouveau Cours élémentaire de Géologie*, faisant partie des *Suites à Buffon*, publiées par le libraire Roret, à faire du grès vosgien une *sous-formation* de la formation pœcilienne, au lieu d'en faire une formation distincte.

la base, devient un poudingue à gros galets. Entre les couches de conglomérat et de poudingue se trouvent des lits de marne et d'argile micacées, ordinairement rouges, ou bien d'un gris bleuâtre avec des parties jaunes.

268.— L'*assise supérieure* est composée de grès à gros grains ou de couches arénacées. On remarque dans le grès de gros nodules argileux d'un brun-jaunâtre ou rougeâtre qui, en se décomposant, forment des cavités dans la roche.

269. — *Débris organiques du grès vosgien.* Ce grès renferme si peu de débris organiques, qu'on le regarde généralement comme en étant privé totalement. Cependant il paraît qu'on y a trouvé quelques moules de coquilles bivalves et quelques débris de bois silicifié.

270. — *Métaux* et *minéraux.* Le grès vosgien est souvent traversé par des filons d'oxide de fer qui, dans les Vosges, sont même assez abondans pour être exploités. Ils y sont accompagnés de carbonate, de phosphate et d'arséniate de plomb. La galène, la calamine et le cuivre s'y trouvent aussi, mais en petites quantités.

Nous avons cité plusieurs substances minérales qui se trouvent dans ce grès ; nous ajouterons que le feldspath, soit intact, soit décomposé, y accompagne souvent le mica.

Grès bigarré.

271. — L'ensemble de roches que l'on comprend sous le nom de *grès bigarré* (en allemand *buntersandstein*), se compose d'une nombreuse série de couches de marnes bigarrées et de psammites brunâtres, ou rougeâtres, ou bariolés, en strates qui diminuent d'épaisseur depuis sa base jusqu'à son sommet.

272. — Les principales roches qui s'y montrent subordonnées sont des grès quarzeux, des agglomérats ou poudingues également quarzeux, des calcaires tantôt magnésiens, tantôt globulaires (*Horn mergel*), ou compactes (*Wellen kalk*), des marnes calcaires bitumineuses, des argiles calcarifères contenant du sel gemme et du gypse.

273. — Le grès bigarré peut, comme le grès vosgien, être

divisé en deux étages ou assises, qui présentent des caractères assez différens.

274. — L'*assise inférieure* se reconnaît à l'épaisseur des couches du grès et du psammite, à la finesse de leur grain et à leur dureté. Les couches de ces roches ont généralement une puissance de 2 à 4 mètres. Dans les Vosges elles renferment souvent des gallets de quarz qui leur donnent assez de ressemblance avec le grès vosgien, mais celui-ci ne contient pas d'empreintes végétales, tandis que le grès bigarré en offre ordinairement beaucoup. On trouve aussi dans cette assise des rognons de calcaire dolomitique qui alternent avec les couches de psammites, et quelquefois des rognons aplatis d'argile bleuâtre.

Dans les environs de Rhodez, le grès bigarré inférieur comprend des couches *d'arkose*, c'est-à-dire d'une roche composée de quarz hyalin bleu et violacé et de grains de feldspath.

275. — L'*assise supérieure* en général est un ensemble de grès et de marnes qui alternent ensemble.

Les grès étant à ciment argileux, sont alors de véritables psammites très chargés de paillettes de mica jaune ou blanchâtre qui sont surtout fort abondantes sur les faces de stratification. Leurs couches n'ont souvent que 1 à 2 centimètres d'épaisseur. Leur couleur est ou le rouge amaranthe foncé ou le gris jaunâtre, et d'autres fois le bleuâtre.

276. — Souvent les couches supérieures du premier étage contiennent une dolomie schistoïde à feuillets épais, d'une couleur gris bleuâtre ou jaunâtre qui se confondent quelquefois avec les premières assises du calcaire conchylien.

277. — *Débris organiques*. Les deux assises de l'étage du grès bigarré renferment des corps organisés.

278. Dans l'étage inférieur on trouve des empreintes végétales et des végétaux à l'état charbonneux ou convertis souvent en une sorte de terre d'ombre ou en fer hydraté ; quelques-unes présentent des cellules remplies d'une substance noire luisante ayant les caractères de la houille. On y trouve aussi des coquilles univalves et bivalves.

279. — L'étage supérieur contient beaucoup de végétaux

et très peu de débris d'animaux. En Europe les végétaux du grès bigarré appartiennent en général aux genres *Calamites*, *Sphenopteris*, *Nevropteris* et *Voltzia*; les principaux mollusques aux genres *Turritella*, *Rostellaria*, *Natica*, et les conchifères aux genres *Plagiostoma*, *Avicula*, *Mytilus*, *Trigonia*, *Griphæa*, *Mya*, *Pecten*, etc. Ainsi l'on voit que les premiers sont beaucoup moins nombreux que les seconds. On y a signalé aussi six ou sept espèces de poissons et quelques sauriens parmi lesquels on remarque le *Plesiosaurus*, sorte de monstre amphybie qui avait la tète d'un lézard, les pattes d'un cétacé et le cou d'un serpent. Enfin, on y a trouvé des polypiers et des crustacés.

En Angleterre, M. Buckland a reconnu dans le grès bigarré des empreintes de pieds d'animaux, qu'il attribue à des tortues.

280. — En Amérique, aux États-Unis, M. Hitchcock a signalé dans un grès qu'il rapporte au grès bigarré, des empreintes de pas d'oiseaux qu'il a appelées *ornithichnites* et dont il a fait 8 espèces distinctes.

281. — *Métaux* et *minéraux*. L'une des principales roches subordonnées au grès bigarré est le gypse. Quelquefois, comme dans le Wurtemberg, la Souabe et d'autres pays de l'Allemagne, le sel gemme y est en amas assez considérable pour être exploité.

En Allemagne le grès bigarré contient, il est vrai, assez rarement des veines, des noyaux ou des cristaux de barytine, de feldspath, de quarz, de cornaline, de calcaire, etc. Du fer sulfuré oligiste, du fer hydraté, du manganèse et du chrome oxidé.

En Russie, dans le bassin du Don, on y trouve en petite quantité une sorte de houille grasse appelée *stipite*.

En Angleterre et en Écosse le grès bigarré que les Anglais nomment *nouveau grès rouge*, présente outre les substances minérales que nous venons d'indiquer, des oxides de cuivre et du sulfate de strontiane.

282. — *Emploi des roches de la formation pœcilienne*. Le grès bigarré fournit des dalles et de bonnes pierres de taille. Plusieurs bancs sont assez durs pour être employés en meules

à aiguiser, Le fer hydraté y est souvent assez abondant pour être exploité. Nous n'avons pas besoin de rappeler l'utilité du sel gemme que l'on y exploite.

283. — *Agriculture*. Comme les sources sont rares dans le grès vosgien ainsi que dans le grès bigarré, excepté dans les groupes de couches qui contiennent des lits de marne, il en résulte que le sol qui les couvre est rarement doué de fertilité. C'est principalement sur les plateaux formés de ces deux assises de grès, que l'agriculteur trouve un sol rebelle à certaines cultures : cependant les céréales y croissent en général assez bien, et la pomme de terre réussit parfaitement, surtout sur le grès vosgien. Le fond des vallées creusées dans le grès vosgien et même dans le grès bigarré, présente des couches marneuses qui retenant les eaux, se couvrent ordinairement d'assez belles prairies. Quelques plateaux de l'un et de l'autre grès portent d'assez belles forêts dont les principales essences sont le chêne, le hêtre et souvent le sapin.

Dépots plutoniques.

284. — La formation pœcilienne repose fréquemment sur des dépôts d'origine ignée ; elle est souvent traversée et même recouverte par des roches plutoniques dont nous citerons les principales.

Près d'Épinal nous avons vu dans un grand nombre de localités le grès vosgien reposer sur le granite. Dans le grand duché de Bade nous avons vu aussi le même grès se transformer en arkose à son point de contact avec le granite, principalement aux environs de Kandern.

Quant au grès bigarré, comme il est beaucoup plus répandu que le grès vosgien, non-seulement il repose aussi sur des roches anciennes d'origine ignée, mais il renferme souvent des dikes et des filons de roches plutoniques. Ainsi à Saanen, en Suisse, le grès bigarré est traversé par des filons de trapp, à Budingen, dans la Hesse, le basalte qui s'est fait jour au travers de ce grès, l'a altéré au point de lui donner la structure prismatique ; dans le même pays, ainsi que dans le Tyrol et le Vicentin, le basalte, après avoir traversé le grès, s'est répandu en formant des dômes à sa surface.

SOULÈVEMENT DU SOL.

285. — Nous avons fait remarquer (263) qu'il y a un passage insensible du grès vosgien au grès bigarré, lorsque celui-ci le recouvre, et que conséquemment les deux dépôts se sont faits immédiatement l'un après l'autre ; cependant il s'est effectué sur les bords du Rhin un soulèvement qui a affecté le grès vosgien, et qui n'a pas atteint le grès bigarré. Il faut donc, comme l'a fait observer M. Élie de Beaumont, que le mouvement qui a élevé le grès vosgien en plateaux dont le grès bigarré est venu ceindre la base ait été brusque et de peu de durée. Ce soulèvement est indiqué des deux côtés du Rhin, dans les montagnes des Vosges et de la Hart, et dans celles de la Forêt Noire et de l'Odenwald, par de longues falaises de grès vosgien qui en France s'élèvent beaucoup plus haut qu'en Allemagne, et par les failles parallèles que ce soulèvement a produites.

286. — *Formes du sol*. Le grès bigarré occupe ordinairement des plateaux en forme de collines isolées dont les flancs sont arrondis et en pentes douces. Lorsqu'il constitue des montagnes, elles offrent aussi généralement des pentes peu escarpées. Si ces montagnes forment des chaînes, celles-ci sont étroites et peu élevées, mais raides et rapides, et leurs flancs sont couverts de rochers. Ces collines et ces chaînes sont ordinairement séparées par des vallées étroites et rocailleuses.

Le grès vosgien présente à peu près les mêmes profils que le grès bigarré. Il constitue souvent de grands plateaux découpés par des vallées très profondes.

Formation conchylienne.

Synonymie : *Muschelkalk* (Calcaire coquiller) des Allemands.

287. — Au-dessus du grès bigarré, il s'est déposé dans un grand nombre de lieux de l'Europe, excepté dans les îles britanniques, un groupe de couches calcaires et marneuses qui, à cause de l'abondance des coquilles qu'il renferme, a reçu depuis long-tems en Allemagne la dénomination de *Muschelkalk*, c'est-à-dire de *calcaire coquiller*, mais que M. Al. Brongniart a traduite par *calcaire conchylien*, pour le distinguer des cal-

caires plus récens qui méritent aussi le nom de *calcaires co-quillers*.

288.— Les calcaires qui dominent dans cette formation sont ordinairement compactes et d'une couleur gris de fumée, alternant avec des marnes qui présentent en général la même couleur.

289.— Les principales couches qui y sont subordonnées se composent de calcaires noirâtres, de lumachelles composées de peignes ou de térébratules, de calcaires à Encrines et de Dolomies ou calcaires magnésiens. Quelquefois on y trouve des amas de gypse et des lits de houille argileuse ou stipite.

290.— Dans les contrées où elle est très développée, la formation conchylienne peut se diviser en trois étages.

Étage inférieur.

291.—Cet étage est assez facile à reconnaître en Allemagne où il a reçu le nom de *Wellenkalk* (calcaire ondulé) à cause des ondulations que présente sa stratification.

292. Il se compose d'un calcaire compacte, gris bleuâtre, gris de fumée ou gris noirâtre, alternant avec des marnes grises, feuilletées et se délayant facilement dans l'eau.

293.— Quelquefois le calcaire est remplacé par de la dolomie, et les marnes contiennent aussi de la magnésie.

294.— Comme il y a passage entre la formation pœcilienne et la formation conchylienne, l'étage inférieur renferme souvent en Allemagne, du gypse et du sel gemme.

Étage moyen.

295.— En Allemagne on reconnaît cet étage à l'abondance du sulfate de chaux dépourvu d'eau : aussi l'a-t-on nommé *groupe de l'anhydrite*. On y trouve aussi le gypse proprement dit ou hydraté, du sel gemme, des argiles salifères, de la marne, de la dolomie, du silex en rognons et du calcaire compacte, d'un gris cendré passant au bleuâtre et au noirâtre.

296.— Cet ensemble de roches diverses ne présente point une stratification régulière : l'anhydrite ou la karsténite, le gypse, l'argile et le sel gemme y forment des amas couchés ou des blocs, autour desquels les autres substances constituent des espèces de couches contournées dans tous les sens.

Étage supérieur.

297. — C'est encore l'Allemagne qui nous offre le type de cet étage. Il se compose d'un calcaire gris bleuâtre, gris noirâtre et gris de fumée, à texture compacte, à cassure faiblement conchoïdale, passant à la cassure droite et doué d'une grande solidité.

298. — Dans quelques localités il prend la texture oolithique, et presque toujours il est mélangé de carbonate de magnésie et souvent d'un peu d'argile, de sable, et de matière charbonneuse.

299. — Sa stratification est toujours régulière. Les couches supérieures sont ordinairement assez épaisses et traversées par des fissures verticales remplies de calcaire spathique; les inférieures sont minces et séparées par de petits lits d'argile schisteuse qui passe quelquefois au calschiste.

Cet étage est très facile à reconnaître en France dans les environs de Lunéville et dans d'autres localités de la Lorraine, près de Niederbronn et autres lieux de l'Alsace.

300. — *Débris organiques.* L'étage inférieur et l'étage supérieur de la formation conchylienne sont assez riches en fossiles; l'étage moyen n'en renferme point ou du moins ils y sont fort rares.

301. — Les corps organisés de cette formation sont très variés et très nombreux. Ce sont des végétaux appartenant aux genres *Nevropteris* et *Mantellia*; une douzaine de *radiaires* dont l'un des plus caractéristiques est l'*Encrinites liliiformis;* quelques annelides, des corps dont on ne connaît pas encore bien l'origine et que l'on a nommés *Rhyncholithes:* quelques auteurs les ont rangés parmi les crustacés; d'autres les considèrent comme des becs d'une espèce de sèche.

Un grand nombre de *conchifères* et de *mollusques* se trouvent aussi dans la formation conchylienne : les plus nombreux sont des *Térébratules,* des *Huîtres,* des *Peignes,* des *Plagiosto-*

mes, des *Mytilus*, des *Trigonies*, des *Myes*, des *Turitelles* et des *Ammonites*. Mais les espèces les plus caractéristiques sont la *Terebratula vulgaris*, le *Mytilus socialis*, la *Trigonia vulgaris* ou *Pes anseris* et l'*Ammonites nodosus*.

On y trouve encore une quinzaine d'espèces de poissons et autant de grands reptiles parmi lesquels se trouvent pour la première fois, deux espèces du genre *Ickthyosaurus*, genre que nous verrons se perpétuer ainsi que le *Plesiosaurus* jusqu'à la fin du terrain oolithique, et dont les caractères tiennent à la fois des poissons et des sauriens.

302. — *Minéraux et métaux.* Nous avons déjà cité les principales roches subordonnées à la formation conchylienne; nous ajouterons que dans l'étage supérieur, le calcaire renferme des rognons et des cristaux de silex, de calcédoine, de quarz, de barytine, (sulfate de baryte), de célestine (sulfate de strontiane), de blende, de galène, de pyrite (fer sulfuré jaune), de sperkise (fer sulfuré blanc), etc. Enfin de la calamine (silicate de zinc) et de la limonite (fer oxidé hydraté).

Les oxides métalliques que nous venons de nommer donnent lieu dans certaines localités à des exploitations assez importantes.

303. — *Emploi des roches de la formation conchylienne.* Le calcaire compacte appelée *muschelkalk* fournit de la chaux grasse et de bonnes pierres de construction; la dolomie, une assez bonne chaux hydraulique; d'autres variétés de calcaire sont exploitées comme marbre, ainsi que la karsthénite ou l'anhydrite. Les couches d'argile, qui alternent avec le calcaire de l'étage supérieur, sont employées avec succès dans quelques pays à la fabrication de la poterie. L'utilité du gypse et du sel gemme est suffisamment connue.

304. — *Agriculture.* Lorsque le calcaire est en strates peu inclinées, sa surface marneuse est assez fertile; il y croît des céréales et de fort beaux bois, comme dans le Wurtemberg; mais lorsque l'inclinaison est un peu forte, les eaux filtrant à travers les joints de stratification, laissent à sec la surface du sol, qui devient aride et se couvre d'une végétation languissante.

Dépôts plutoniques.

305. — Le calcaire conchylien de la Hesse, du Vicentin et d'autres pays encore, est traversé par des filons et des dikes de *porphyre pyroxénique* et de *basalte*.

306. — Au contact de ces roches ignées il acquiert une densité plus grande, une texture plus serrée. Au pied des montagnes, près de Grumoriondo dans le Vicentin, un filon de porphyre a transformé le muschelkalk en un marbre blanc à grains fins et à veinules noirâtres. Le porphyre pyroxénique se présente en dépôts horizontaux sur ce calcaire, particulièrement à la base du mont Ena dans le même pays.

307. — *Formes du sol*. Les montagnes de *muschelkalk* sont ordinairement arrondies. Lorsqu'elles offrent une pente douce et un escarpement, la pente douce est toujours occupée par le calcaire, et l'escarpement par les grès de la formation pœcilienne sur lesquels elle repose. Quelquefois leur dos est long et étroit ; d'autres fois elles sont hérissées de collines aplaties ou légèrement bombées. En France, dans le pays de Bade, dans le Wurtemberg et dans la Bavière, les montagnes et les collines de muschelkalk se terminent par des plateaux.

Formation keuprique.

Synonymie : Marnes irisées. — *Red marle* des Anglais. — *Keuper* des Allemands.

308. — Nous comprenons sous le nom de *formation keuprique*, l'ensemble ou le système de couches que les Allemands nomment *keuper* et les Français, *marnes irisées*.

309. — Les caractères généraux de cette formation sont d'être composée de marnes argileuses, jaunes, rouges, verdâtres, bleuâtres, grisâtres, alternant avec des grès, composés de grains de quarz réunis par un ciment argileux ou marneux, rougeâtre ou grisâtre. Le degré de solidité des grès est très variable : souvent ils se réduisent en sable fin. Ils renferment de petites paillettes de mica. Quelquefois ils sont difficiles à distinguer du grès pœcilien, tant ils sont bigarrés.

310. — Les roches subordonnées à ces marnes sont, dans

les couches inférieures, quelques calcaires marneux, des grès
grossiers feldspathiques, et des calcaires magnésiens, et dans
les couches moyennes et supérieures des grès tantôt à ciment
siliceux, et tantôt à ciment calcaire.

311. —On peut diviser les marnes keupriques en trois étages, pour en faciliter l'étude.

Étage inférieur.

312. — L'étage inférieur se compose de marnes bigarrées
de diverses couleurs, de grès argileux, et de gypse accompagné
d'anhydrite et de sel gemme.

313. — On y trouve quelquefois des amas de combustible
analogues au stipite.

314. — Souvent le grès de cet étage se compose de grains
de quarz et de feldspath : c'est alors une arkose comme aux
environs de Chessy, près de Lyon.

Étage moyen.

315. — Cet étage se compose aussi de marnes et de grès.
Les marnes ont souvent la texture compacte ou granuleuse, et
leur structure est fissile. Elles sont bigarrées de diverses couleurs : ainsi il y en a de blanchâtres, de grises, de vertes, de
bleues, de violettes, de rouges et de lie de vin. On y trouve
souvent de petites couches de calcaire argileux ou des rognons
du même calcaire. Souvent aussi le calcaire devient magnésien, et se change en une véritable dolomie.

316. — Ces marnes renferment des amas couchés, des
noyaux et des veines de gypse ordinairement grenu, et passant
aux textures fibreuses et laminaires.

317. — La présence de la dolomie dans la partie inférieure
de cet étage est un caractère qui peut généralement servir à le
reconnaître.

Étage supérieur.

318. — En général des grès et des marnes composent cet
étage.

319. — Les Allemands ont donné au grès de cet étage;

le nom de *grès supérieur du Keuper. (Oberer Keuper-sandstein).* Dans les environs de Stuttgard, c'est une roche à gros grains qui passe à un véritable poudingue ou à une espèce de conglomérat. Il renferme des fragmens de quarz, de jaspe, de feldspath, de calcaire et de marne. Sa pâte est argileuse ou marneuse, et rarement siliceuse. Il est riche en fossiles et surtout en végétaux.

320. La marne qui supporte ordinairement ce grès, est une roche rouge ou grise, à cassure plane ou conchoïde et parfois terreuse. Elle renferme tantôt du calcaire, et tantôt des couches de grès.

321. — *Débris organiques.* Les trois étages de la formation keuprique sont plus ou moins riches en fossiles.

322. Nous comprenons dans l'étage inférieur le grès d'Hild-bourghausen dans le duché de Saxe-Meiningen. Ce grès que l'on a considéré, suivant M. Engelhard, comme appartenant à la formation pœcilienne, parce qu'une faille le fait paraître plus bas qu'il n'est réellement, est remarquable par les empreintes qu'il présente des pas d'un grand animal que l'on suppose être un saurien que l'on a appelé *Chirotherium Barthi,* et qui avait les pattes de devant beaucoup plus courtes et plus petites que celles de derrière. Un autre animal plus petit et peut-être du même genre, a laissé aussi l'empreinte de ses pas dans ce grès.

323. — On trouve aussi dans la formation keuprique des ossemens d'*Ichthyosaurus,* de *Plesiosaurus,* de plusieurs autres sauriens, ainsi que des coprolithes ou excrémens de quelques-uns de ces animaux. Les débris de poissons ne sont pas rares non plus dans les marnes et les grès, surtout aux environs de Stuttgard.

324. — Les principales coquilles appartiennent aux genres *Plagiostome, Bucarde, Trigonie, Avicule, Mye, Lingule, Posidonie, Ammonite,* etc.

325. Mais c'est surtout en végétaux que cette formation abonde : ils appartiennent à une trentaine de genres. Leur abondance explique la présence des amas de combustible qui se trouvent dans le grès keuprique de plusieurs contrées

comme les environs de Stuttgard où ce combustible est exploité sous le nom de *letten-kohle* c'est-à-dire de *houille argileuse*, qui n'est qu'une sorte de *stipite* brûlant assez difficilement , mais qui lorsqu'il ne peut servir au chauffage, est exploité pour la couperose et l'alun qu'il contient.

326. — *Minéraux et métaux.* Parmi les substances minérales qui se trouvent dans la formation keuprique, nous citerons comme devant être ajoutées à celles que nous avons nommées, la Barytine, la célestine (strontiane sulfatée), la galène (plomb sulfuré), la malachite (cuivre carbonaté vert), l'azurite (cuivre carbonaté bleu), la pyrite, et le fer hydroxide.

327. — *Emploi des roches de la formation keuprique.* L'argile rouge subordonnée aux marnes irisées est employée dans certains pays à fabriquer des briques, des tuiles et des poteries grossières, qui prennent à la cuisson l'apparence du grès : telles sont les cruches, les jares, les terrines, etc. L'argile jaune sert à faire des plats, des assiettes et des pots. Mais on trouve aussi dans les marnes, une argile grisâtre fine qui est employée à Lunéville, à fabriquer une faïence estimée.

328. — Les grès fournissent de bons matériaux de construction; et les calcaires magnésiens, une bonne chaux hydraulique.

329 — Nous n'avons pas besoin de rappeler ici l'utilité du gypse, du sel gemme et du stipite, que l'on exploite dans les couches keupriques.

330. — *Agriculture.* Les marnes irisées retenant bien les eaux, donnent naissance à des sources nombreuses qui fertilisent le sol et y entretiennent une belle végétation. Les céréales, les vignes, et d'autres végétaux, croissent bien sur ce sol. Les prairies artificielles y réussissent parfaitement. Les prairies naturelles s'y font aussi remarquer; il suffit de parcourir le Cotentin et les environs d'Isigny en Normandie, ainsi que certaines vallées des Vosges, pour en acquérir la preuve. En Normandie, le même sol est favorable à l'orme, au chêne et au pommier.

On sait que certaines marnes irisées sont employées avec avantage à l'amendement des terres. On sait aussi, en Normandie, que la chaux répandue sur le sol des marnes irisées produit d'excellens résultats.

Dépôts plutoniques.

331. Dans plusieurs localités, la formation keuprique a été traversée par des roches ignées. M. Boué a observé dans le Vicentin, au nord du Mont Ena, des marnes irisés qui ont pris une texture cristalline par l'action du porphyre qui les recouvre.

Aux environs de Ramberviller, dans le département de la Meurthe, la côte d'Essey présente une masse de basalte prismatique qui s'est épanchée sur les marnes et le grès de la formation keuprique.

SOULÈVEMENT DU SOL.

335. — En France, les montagnes du Morvan, en Allemagne, celles du *Bœhmervald* et du *Thuringerwald* ont été soulevées immédiatement après l'époque de la formation des marnes irisées, puisque ces marnes sont redressées, et que les couches du terrain jurassique qui les recouvrent, ont conservé leur horizontalité.

333. — Le même soulevement dont les effets se font remarquer dans les environs d'Avallon et d'Autun, s'est aussi fait ressentir, suivant M. Elie de Beaumont, depuis les environs de Fermy, dans le département de l'Aveyron, jusque vers l'île d'Ouessant, en déterminant la direction générale des côtes de la Vendée et des côtes sud-ouest de la Bretagne.

334. — *Formes du sol.* La formation keuprique constitue des collines arrondies et à pentes douces, ou des montagnes dont les flancs sont escarpés.

Lorsque les marnes irisées sont surmontées par le terrain jurassique, les montagnes que constitue cet ensemble présentent unes carpement formé par les marnes et les grès keupriques, tandis que les marnes du lias qui constituent la partie supérieure, forment des sommités en pentes douces.

CHAPITRE XIX.

—

DE L'ÉTAT DE LA TERRE A L'ÉPOQUE OU SE FORMA LE TERRAIN PSAMMÉRYTHRIQUE, OU TRIASIQUE.

335. — Les dislocations qui ont eu lieu après l'époque de la formation des dépôts de houille, étaient le résultat d'une cause très puissante, puisque le grès rouge qui s'est déposé sur les couches houillères, n'est, comme nous l'avons dit (217) qu'une agglomération de détritus, composée de toutes les roches antérieures. Les conglomérats qui en font partie, dans quelques provinces de l'Angleterre, présentent des blocs de porphyre qui atteignent des dimensions extraordinaires puisqu'elles sont suivant M. de la Bèche, du poids de 3 ou 4 tonneaux. (3,000 à 4,000 kilogrammes.)

336. — Le grès rouge couvrant de grands espaces en Europe, et se présentant dans plusieurs autres parties de l'ancien continent, ainsi que sur toute la longueur du nouveau, on peut en conclure qu'après l'époque où la formation houillère fut disloquée, les parties émergées du globe avaient déjà acquis une assez vaste étendue et formaient de grandes îles ou de petits continens.

337. — En effet, après ces dislocations, les eaux courantes, les grandes marées et les éboulemens accumulèrent d'abord des graviers qui se sont solidifiés en grès, des conglomérats renfermant des blocs énormes de roches, des marnes qui sont dues à de grands dépôts de vase, puis au-dessus de ces dépôts, des schistes cuivreux et bitumineux, et des masses de calcaire magnésien, d'argile, de gypse et dans quelques endroits, de sel gemme. Et comme ces dépôts occupent une largeur qui est peu considérable en raison de leur longueur, on doit les regarder et on les regarde en effet comme des dépôts littoraux, ou formés sur les bords de la mer.

Voilà pour ce qui concerne à la fois, la *formation psammé-rythrique*, ou celle dans laquelle domine le grès rouge, et la *formation magnésifère*, ou celle dans laquelle le *zechstein* occupe la place la plus importante.

338. — La *formation pœcilienne* est en partie le résultat d'actions analogues à celles qui ont déposé le grès rouge : en effet, des soulèvemens et des dislocations qui résultent d'éruptions de roches ignées ont donné lieu à ces fragmens roulés et liés par un ciment argileux qui constituent le grès vosgien, et en grande partie même, le grès bigarré. Toutefois l'étendue qu'occupe ce dernier, annonce un dépôt mécanique qui s'est fait non seulement sur les bords de l'antique Océan, mais même à une très grande distance des terres.

339. — C'est par des nuances presque insensibles que la formation *du grès bigarré* passe à celle du *muschelkalk*; tout annonce que dans les mêmes localités, ces deux sortes de dépôts se sont faits de la manière la plus tranquille, et que le seul changement qui se soit opéré, a consisté dans la nature des sédimens qui d'arénacés qu'ils étaient d'abord, sont devenus calcaires; et que des sources minérales chargées d'acide sulfurique se sont mêlées aux eaux marines et ont formé des amas de gypse.

340. — C'est aussi par des passages graduels que la *formation conchylienne* a fait place à la *formation keuprique*, c'est-à-dire que des dépôts calcaires contenant des amas gypseux ont été lentement remplacés par des marnes colorées par divers oxides métalliques, et par des sédimens siliceux qui ont formé des sables et des grès. Mais les sources minérales qui avaient produit du gypse dans le *zechstein*, dans le grès bigarré et dans le *muschelkalk*, devinrent plus abondantes et formèrent des amas gypseux plus considérables; d'autres sources minérales, contenant les élémens du sel gemme, c'est-à-dire du chlore et de l'oxide de sodium, et qui s'étaient déjà fait jour du sein de la terre, dans le dépôt du *zechstein*, dans le grès bigarré, dans le *muschelkalk*, se montrent aussi plus abondantes et forment des amas de sel plus considérables dans le dépôt des marnes irisées.

341. — En un mot le terrain psammérythrique ou triasi-

que considéré dans son ensemble, sous le seul point de vue minéralogique, présente dans l'abondance de ses dépôts gypseux et salifères, une différence bien grande avec les terrains antérieurs, dans lesquels on ne trouve le gypse qu'en très petite quantité. Ces faits indiquent suffisamment qu'il s'était passé dans l'écorce et dans l'atmosphère terrestres des phénomènes tout nouveaux qui tiennent en grande partie aux changemens que la température de la terre avait éprouvés.

342. — Sous le rapport paléontologique, on ne trouve pas moins de différence entre le terrain triasique et ceux qui le précédèrent, puisque si nous ne considérons que les animaux vertébrés, nous ne voyons qu'un petit nombre de poissons et encore moins de sauriens dans les terrains schisteux et carbonifères, tandis que dans le terrain psammérythrique, les poissons deviennent dix fois plus nombreux en espèces, et qu'une douzaine de genres qui n'avaient point encore paru, se montrent dans ce terrain ; que les sauriens, qui dans les terrains antérieurs, consistent principalement en tortues, présentent une quinzaine de genres dans le terrain qui nous occupe ; enfin que les oiseaux dont on ne trouve aucune trace antérieurement, se montrent dans ce terrain, et que leurs traces indiquent de grands échassiers, ce qui prouve que l'état de la terre ne permettait point encore à certaines plantes terrestres de croître et de se multiplier en assez grande abondance pour que la grande famille des oiseaux granivores pût vivre et se multiplier.

343. — On connaît environ 400 espèces de fossiles dans ce terrain. Près de la moitié appartient à des genres qui n'existent plus.

CHAPITRE XX.

TERRAIN JURASSIQUE.

Synonymie : Groupe oolithique de M. de la Bèche.

444. — Le nom de *terrain jurassique* convient parfaitement à ce terrain, puisqu'on en trouve le type dans les montagnes du Jura.

345. — Il se divise naturellement en deux formations : la *formation liasique* et la *formation oolithique*.

Formation liasique.

Synonymie : Formation du *lias*, des Anglais. — Calcaire à gryphées de plusieurs auteurs.

346. — Cette formation, qui constitue la base du terrain jurassique, consiste principalement en calcaires, en grès et en marnes, que l'on peut diviser en trois étages.

Étage inférieur.

347. — L'étage inférieur du lias se compose ordinairement de sable et surtout de grès blanc ou jaunâtre, quarzeux ou micacé, contenant quelquefois des rognons argileux ou des silex roulés.

348. — Souvent ces grès sont feldspathiques et deviennent des arkoses, surtout lorsque le lias repose sur le granite; d'autres fois, ils sont remplacés par des psammites ou *grauwackes*, ou bien par des marnes ou des calcaires marneux, comme en Angleterre.

Étage moyen.

349. — Cet étage comprend des marnes bleues, et des calcaires ordinairement bleuâtres, souvent aussi gris ou blancs; mais toujours à texture compacte et à cassure plus ou moins conchoïde.

35o. — Dans la partie inférieure de cet étage, les couches marneuses sont minces et les couches calcaires épaisses ; mais toutes bien stratifiées. Dans la partie supérieure, les marnes deviennent plus puissantes, et alternent assez régulièrement avec le calcaire. La couleur des uns et des autres est toujours bleue ou bleuâtre.

On y trouve quelquefois des grès appelés *macignos*.

Étage supérieur.

351. — Des marnes souvent très puissantes, ou bien des couches marneuses et calcaires, qui alternent ensemble, quelquefois aussi un grès calcarifère que l'on a appelé *grès superliasique*, composent l'étage supérieur.

352. — Les marnes de cet étage varient de couleurs : tantôt elles sont d'un blanc jaunâtre, et d'autres fois, d'un gris-bleuâtre et noirâtre.

353. — Dans quelques contrées, les marnes et les lias sont schistoïdes et empâtent des nodules calcaires.

354. — Souvent aussi les mêmes marnes sont schisteuses, bitumineuses et fétides.

355. — D'autres fois, les marnes deviennent schisteuses et passent à des schistes argilo-calcaires, contenant des nodules de fer carbonaté (*sidérose*) : elles alternent avec des psammites et souvent avec des calcaires noirs. On y trouve alors des amas d'un combustible qui tient le milieu entre le lignite et la houille.

C'est avec ces caractères que se présente la formation liasique que nous avons eu occasion d'étudier en Krimée.

356. — D'autres fois, comme à la base de la Iungfrau en Suisse, et particulièrement dans les Alpes de la province sarde appelée Tarentaise, la formation liasique se compose de calcaire bleuâtre, veiné de blanc, de calschiste, de schistes argileux, de grès schisteux et micacé, et de schistes argilo-calcaires. Elle contient des amas d'anthracite, et des filons de gypse.

357. — *Débris organiques*. La formation liasique est très riche en corps organisés fossiles. On y trouve une douzaine

d'espèces de végétaux, des zoophytes et des radiaires ; un grand nombre de conchifères appartenant principalement aux genres *Terebratule*, *Gryphée*, *Peigne*, *Plagiostome*, *Modiole*, *Trigonie* et *Pholadomie* ; plusieurs espèces de mollusques des genres *Trochus*, *Belemnite* et *Ammonite* ; une vingtaine d'espèces de poissons, et autant de reptiles parmi lesquels se trouvent les genres *Crocodilus*, *Pterodactylus*, *Geosaurus*, *Macrospondylus*, *Mastodonsaurus*, *Ichthyosaurus* et *Ornithocephalus*, qui n'avaient point encore paru sur la terre.

358. — C'est à ces derniers animaux qu'appartiennent ces excrémens fossiles appelés *caprolithes* que l'on trouve assez fréquemment dans la formation du lias. C'est avec ces corps organisé que l'on a trouvé des poches d'encre fossile de sèche ou de *Loligo* dans lesquelles la matière colorante était encore assez bien conservée pour pouvoir être délayée et employée aux mêmes usages que la *sepia* et d'encre de la Chine.

359. — Ainsi que nous l'avons dit précédemment, les espèces caractéristiques de mollusques à coquilles bivalves et univalves sont le *Plagiostoma gigantea*, la *Gryphea arcuata*, l'*Amonites Walcotii* et l'*Ammonites Bucklandi*.

360. — *Minéraux et métaux*. Les marnes du lias contiennent fréquemment des ovoïdes ferrugineux ordinairement composés de sidérose (carbonate de fer), ou bien des masses arrondies calcareo-argileuses, contenant de la barytine, de la célestine, du gypse et d'autres substances.

361. — Quelquefois la formation liasique renferme des calcaires magnésiens contenant de la galène, de la blende, de la baritine et de la fluorine.

362. — Elle renferme aussi des marnes gypseuses rouges qui contiennent des cristaux de quarz bipyramidés de la même couleur.

363. — *Emploi des roches de la formation liasique*. Cette formation fournit de bons matériaux pour les constructions, et quelques marbres coquillers d'un effet assez agréable. Mais ce qui lui donne de l'importance dans certaines contrées, ce sont les marbres saccharoïdes qui en dépendent : ainsi le célèbre marbre de Carrare appartient à cette formation.

364. — Le lias fournit aussi de bonnes pierres lithographiques, ainsi qu'un combustible appelé *stipite*.

365. — Parmi les métaux que l'on y exploite, nous citerons le fer, qui forme la principale richesse minérale du midi de la France, et le mercure natif et sulfuré, qui depuis des siècles, enrichissent la petite ville d'Idria.

366. — *Agriculture*. Le sol qui recouvre les couches marneuses de la formation liasique, est composé de terres fortes et fertiles sur lesquelles les arbres acquièrent beaucoup de vigueur. La vallée d'Auge, dans le département du Calvados, doit à ce sol, sa richesse et ses gras pâturages. La côte méridionale de la Krimée, où s'étendent de nombreux vignobles, doit sa belle verdure aux marnes de cette formation. Le sol qui repose sur le calcaire liasique est moins fertile que celui qui couvre les couches marneuses.

Dépôts plutoniques.

367. — Des roches d'origine ignée, principalement des porphyres et des basaltes, se sont fait jour dans plusieurs contrées au travers de celles de la formation liasique.

368. Dans le Vicentin, aux environs de Predazzo, le porphyre pyroxénique se montre en filons et même en couches dans le lias.

369. — A Canzacoli, dans le même pays, des syénites forment çà et là des dômes sur le calcaire du lias.

370. Sur la côte orientale de l'île écossaise de Mull, près d'Achnacrosh, des masses de roches appartenant à la formation liasique sont traversées par des dikes de basalte dont les embranchemens semblent quelquefois former des couches.

371. — Dans le Dauphiné, le vallon de Touron, qui débouche dans la vallée du Drac, près du village des Borels, fait voir la superposition évidente du granite, sur le schiste argilo-calcaire qui appartient au lias. On remarque un fait semblable sur la rive gauche de la Romanche, au glacier situé vis-à-vis de La Grave.

372. — Plusieurs roches de la formation liasique ont éprouvé des changemens de nature, c'est-à-dire sont devenues

métamorphiques par leur contact avec des roches d'origine ignée.

373. — Dans l'île écossaise de Sky, au pied du mont Bein-na-Callich, un calcaire coquiller du lias a été changé en calcaire marbre, au contact de la syénite sur laquelle il repose. Il offre aussi des filons de diorite et de trapp, mais il est plus communément changé en marbre près de la syénite, que près des deux autres roches.

374. — *Formes du sol.* Les couches de la formation liasique, du côté où elles font place à un système inférieur, se terminent ordinairement par des escarpemens qui paraissent être quelquefois la continuation de failles qui se prolongent dans l'intérieur de l'écorce terrestre. Mais ces escarpemens n'existent que pour les couches de roches dures; celles qui sont meubles ou argileuses se laissant facilement délayer, forment des pentes douces et des vallées évasées.

FORMATION OOLITHIQUE.

Synonymie : Système oolithique (*oolitic system*) de M. Phillips. — Calcaire jurassique supérieur, et moyen de M. de Humboldt. — Calcaire alpin de M. Boué et de plusieurs autres géologistes.

375. — Cette formation, considérée dans son ensemble, est caractérisée par la texture oolithique de ses calcaires, et quelquefois de ses marnes.

376. — C'est la formation la plus compliquée de toutes celles qui constituent les différens terrains. Elle se divise en quatre étages que l'on subdivise en différens groupes qui sont quelquefois tellement distincts qu'on leur a donné en Angleterre des dénominations particulières, ainsi qu'à la plupart des assises qui les composent.

ÉTAGE INFÉRIEUR.

377. — Ainsi qu'on l'a vu dans le tableau des terrains que nous avons donné précédemment, cet étage se compose de *sept* assises dont nous formons trois groupes.

Groupe inférieur.

378. — Ce groupe, qui a reçu les noms d'*oolithe inférieure* et d'*oolithe ferrugineuse*, se compose d'un calcaire jaunâtre ou brunâtre chargé d'oxide de fer, sous forme d'oolithes, et reposant sur des sables calcarifères renfermant des concrétions calcaires.

379. — Il se divise en deux assises qui en Angleterre prennent un assez grand développement.

380. — *Assise inférieure.* A Bridport en Angleterre, cette assise est formée d'une masse de marne sableuse, épaisse d'environ 50 pieds, reposant sur une marne d'égale épaisseur de sable ocreux, contenant des concrétions argilo-ferrugineuses, dont les cavités sont remplies de sable.

381. — Dans les environs de Luxembourg, l'assise inférieure est principalement composée d'un calcaire jaunâtre grenu, très rarement oolithique et passant à la texture sublamellaire ou à la texture arenacée. Il est quelquefois remplacé par des marnes micacées, verdâtres et ferrugineuses.

382. — *Assise supérieure.* A Bridport, cette assise se compose d'environ 80 pieds de calcaires oolithique et ferrugineux, alternant avec des sables qui, vers la partie supérieure, deviennent marneux.

383. — Dans le pays de Luxembourg et dans le département des Ardennes, l'assise supérieure est composée d'un calcaire ferrugineux bleuâtre ou verdâtre, à texture sublamellaire et à structure schisteuse.

Groupe moyen.

384. — Ce groupe comprend la *grande oolithe* (*great oolite*) et *la terre de foulon* (*fullers-earth*) des Anglais; il se divise donc naturellement en deux assises.

385. — *Assise inférieure.* Au-dessus des couches de l'oolithe ferrugineuse, se présentent en Angleterre, dans les Ardennes, dans le Jura et dans d'autres contrées, des argiles et des marnes que les Anglais ont désignées par la dénomination de *terre à foulon*, parce qu'en Angleterre elles sont assez argi-

leuses pour être employées à dégraisser les draps qui sortent des fabriques.

386. — Ces argiles et ces marnes ordinairement bleues et jaunes, contiennent des veines de véritable argile, et alternent avec des couches d'un calcaire dur quelquefois bleuâtre, d'un calcaire grenu et d'un calcaire à texture oolithique.

387. — *Assise supérieure.* Cette assise que les Anglais ont nommée *grande oolithe*, se compose d'un calcaire à texture oolithique bien stratifié, qui présente ordinairement deux variétés distinctes. L'un de ces calcaires est d'un blanc jaunâtre, et d'une faible consistance, quelquefois même friable, composé de grains oolithiques très petits; quelquefois il est chargé de silice et devient même entièrement siliceux. L'autre calcaire, qui alterne fréquemment avec le précédent, est en général plus dur, moins oolithique, souvent même compacte. Quelquefois aussi il est fragmentaire; sa couleur est ordinairement d'un blanc jaunâtre, ou d'un gris jaunâtre pâle; d'autres fois il est rougeâtre, brunâtre ou d'un gris bleuâtre. Souvent il est bleu dans l'intérieur des couches, mais cette couleur y constitue de grandes taches de forme elliptique, comme si elle était due à des nodules bleus, circulaires et aplatis.

388. — Les caractères que nous venons d'assigner à cette assise supérieure, offrent plus d'une exception : ainsi le calcaire qu'on exploite aux environs de Caen, et qui appartient à la grande oolithe, est d'un blanc jaunâtre, à texture grenue et très rarement oolithique; il est ordinairement friable, tache les doigts comme la craie, et contient même comme celle-ci des silex cornés noirs ou jaunâtres qui paraissent devoir leur origine à des alcyons et à d'autres polypiers.

Groupe supérieur.

389.—Ce groupe qui comprend le *Bradford-clay*, le *Forest-marble* et le *Cornbrash* des Anglais, se divise naturellement en trois assises.

390. — *Assise inférieure.* Cette assise, qui se compose de l'*argile de Bradford (Bradford-clay)* des Anglais, c'est-à-dire de marne argileuse bleue, y est beaucoup plus puissante que sur le continent.

391. — En Normandie, dans le Jura et dans d'autres con-trées du continent, cette assise est souvent représentée par un ensemble de couches de calcaire sableux roussâtre alternant avec des marnes.

392. — Très souvent aussi elle manque complètement.

393. — *Assise moyenne.* Le *Forest marble* ou *marbre de fo-rét* est un ensemble de couches calcaires qui a reçu ce nom en Angleterre, parce qu'il est exploité dans la *forét de Which-Wood*, où certaines variétés prennent le poli du marbre.

394. — Cette assise se compose de couches de calcaire à polypiers alternant avec des couches de marnes. Cet ensemble est placé entre deux couches composées de calcaire siliceux, de sable et de calcaire sablonneux.

395. — En Angleterre le calcaire de cette assise est un peu oolithique, et varie de couleur : il est tantôt gris, tantôt bleu et d'autres fois brunâtre. Sa structure est ordinairement fissile et quelquefois il est siliceux.

396. — Le calcaire fissile que les Anglais nomment *schiste de Stonesfield*, appartiennent à la même assise.

397. — Sur les côtes de la Manche, à Ranville et à Salle-nelles, dans le département du Calvados, cette assise est repré-sentée par un calcaire fissile plus ou moins oolithique, et d'un blanc jaunâtre.

398. — Dans le Jura, la même assise se compose d'un cal-caire imparfaitement oolithique et mal stratifié ; mais il est fis-sile, d'une texture grenue, d'une couleur roussâtre, et alterne avec des marnes bleuâtres ou jaunâtres chargées d'oxide de fer et quelquefois sablonneuses.

399. — *Assise supérieure.* Le *Cornbrash* des Anglais con-siste en un calcaire plus ou moins oolithique, d'une structure fissile et souvent même schistoïde, divisé en petites couches de 2 à 3 décimètres d'épaisseur, alternant souvent avec des lits de marne schisteuse ; quelquefois les couches marneuses pren-nent une grande épaisseur aux dépens du calcaire.

400. — Dans le Jura, le *Cornbrash* présente des couches siliceuses qui se changent même souvent en silex carié, dont

les cavités sont remplies de fer oxidé terreux, ou en silex gris compacte, qui passe à la calcédoine.

401. — Dans les environs de Porentury, la partie inférieure de cette assise renferme un calcaire oolithique nacré qui se divise facilement en dalles, et qui prend souvent un aspect terreux en devenant violâtre ou jaunâtre.

ÉTAGE SOUS-MOYEN OU MARNEUX.

402. — Cet étage qui comprend en Angleterre le *Kelloway-rock* et l'*Oxford-clay*, se divise naturellement en deux groupes comprenant des calcaires marneux et des marnes.

Groupe inférieur.

403. — Les roches de Kelloway (*Kelloway rocks*) qui constituent ce groupe, en Angleterre, se composent d'un calcaire marneux alternant avec des lits minces d'argile, contenant du gypse en cristaux lenticulaires et de petites couches de lignites et de sulfure de fer.

404. — Sur le continent ce groupe est formé de marnes argileuses d'un bleu foncé contenant outre le gypse, le lignite et le sulfure de fer, des noyaux de calcaire compacte et des bancs de calcaire schistoïde quelquefois ferrugineux.

Groupe supérieur.

405. — L'argile d'Oxford (*Oxford-clay*) qui forme ce groupe et qui en est le type, se compose de marnes un peu siliceuses, renfermant des nodules de calcaire compacte et ferrugineux qui sont appelés *septaria* par les Anglais, et qui semblent avoir été partagées par une sorte de retrait en prismes irréguliers, dont les intervalles sont remplis de calcaire spathique.

406. — En France ces nodules sont appelés *sphérites* et *chailles*.

407. — Outre ces nodules on remarque dans ce groupe des lits d'un calcaire glauconieux, passant au calcaire marneux, souvent oolithique.

408. — La marne y présente aussi des parties bitumineuses, du gypse cristallisé et du fer oolithique.

409. — Les *marnes argileuses de Dives*, dans le département du Calvados, en France, appartiennent au même groupe que l'argile d'Oxford : elles sont généralement d'un bleu noirâtre ; mais il y en a de jaunâtres. Vers leur partie supérieure on voit des couches peu épaisses d'un calcaire oolithique plus ou moins marneux.

ÉTAGE MOYEN OU CORALLIEN.

410. — Cet étage qui se distingue par la grande quantité de polypiers qu'il renferme, se compose du *calcareous grit* et du *coralrag* des Anglais. On peut le diviser en quatre groupes.

Groupe inférieur.

411. — Les sables et les grès calcarifères qui composent ce groupe ont été désignés en Angleterre sous le nom de *calcareous-grit*. Ils consistent en un épais dépôt de sable quarzeux, coloré en jaune, et contenant ordinairement environ un tiers de carbonate de chaux. Ce dépôt est traversé par des lits irréguliers et des concrétions de grès calcaréo-siliceux.

Groupe sous-moyen.

412. — Le *coralrag* qui constitue ce groupe, est un calcaire toujours caractérisé par l'abondance des polypiers ; mais il diffère dans certaines contrées, par sa nature minéralogique. Ainsi en Angleterre il est généralement marneux, tandis que dans le Jura il est siliceux.

413. — Quelquefois le *coral rag* ne présente pas de traces de stratification, ou n'en offre que des indices confus : il est alors fracturé par des fissures verticales ou obliques tapissées de spath calcaire.

Groupe moyen.

414. — En s'élevant dans la série, le *coralrag* change de texture et forme une suite de couches que l'on peut partager en deux groupes. Les polypiers deviennent moins nombreux, et la roche devient de plus en plus oolithique.

415. — Un des meilleurs exemples de ce groupe est l'*oolithe de Mortagne*. Ce calcaire est d'une couleur jaunâtre ou

rougeâtre; ses grains sont généralement gros; tantôt ils sont sans
cohérence entre eux, tantôt ils sont grossièrement cimentés avec
des coquilles et des polypiers par un limon calcaire ou par une
pâte spathique. Quelques lits supérieurs sont composés de
calcaire à texture compacte; d'autres, dans la partie moyenne,
renferment des plaques et des nodules de silex corné.

Groupe supérieur.

416. — Le calcaire compacte qui ne forme que certaines
couches dans le groupe moyen, devient dominant dans le
groupe supérieur. Quelquefois cependant il est marneux, mais
toujours à cassure plus ou moins conchoïde.

417. — C'est le calcaire de ce groupe que Freisleben a appelé *Hœhlenkalk* c'est-à-dire *calcaire à cavernes* parce qu'il
présente en effet un grand nombre de grottes plus ou moins
grandes.

418. — Sa couleur varie du blanc au gris foncé. Dans le
Jura, près du fort de l'Écluse; en Angleterre, dans les environs d'Oxford, il présente une apparence cristalline.

419. Sa partie inférieure offre une texture oolithique. On
y remarque souvent des masses de dolomie.

ÉTAGE SUPÉRIEUR.

420. — Cet étage comprend le *Weymouth-beds*, le *Kimmeridge-clay* et le *Portlandstone* des Anglais : conséquemment
il se divise naturellement en trois groupes.

Groupe inférieur.

421. — Ce groupe se compose principalement de calcaire
marneux alternant avec des marnes.

422. — C'est parce qu'il est très développé et que ses couches sont très puissantes, dans les environs de Weymouth, que
les Anglais ont donné à ce groupe le nom de *couches de Weymouth (Weymouth beds)*; cependant il acquiert encore une
puissance de 10 à 15 mètres dans les environs de Boulogne
sur mer; et dans le Jura il est aussi très visible.

423. — Dans ce groupe de montagnes, ses couches infé-

rieures deviennent siliceuses, et contiennent dans quelques localités une si grande quantité de glauconie, qu'on pourrait les confondre avec la craie glauconieuse.

Groupe moyen.

424. — L'argile de Kimmeridge (*Kimmeridge clay*) qui constitue ce groupe se compose essentiellement d'argile et de marne argileuse, qui ont reçu des Anglais le nom qu'elles portent du lieu appelé Kimmeridge dans l'île de Purbeck.

425. — C'est en général une succession de couches d'argile bleue ou jaunâtre, passant quelquefois à des schistes bitumineux et noirâtres, contenant des lignites charbonneux et des couches de marnes calcaires.

426. — Ces argiles contiennent des nodules marneux, veinés de calcaire spathique, et qui ont beaucoup d'analogie avec ce que les Anglais nomment *septaria*, ainsi que des rognons de calcaire ferrugineux, de fer carbonaté et des cristaux de gypse.

427. — L'argile de Kimmeridge se montre sur le continent avec les mêmes caractères qu'en Angleterre. Les falaises des environs de Boulogne-sur-Mer la présentent avec les mêmes nodules de fer carbonaté que l'on remarque de l'autre côté de la Manche.

428 —Au Hâvre, à la base du cap de la Hève, elle consiste en une succession de couches d'argile marneuse bleue, et de calcaire marneux grisâtre qui s'enfonce dans la mer jusqu'à la profondeur d'environ 30 mètres. Parmi les calcaires, se trouvent des lumachelles grisâtres qui sont particulières à cet étage.

429. — Dans les environs d'Honfleur, l'argile de ce groupe est bleuâtre, grise et quelquefois jaunâtre; le calcaire marneux avec lequel elle alterne principalement vers le bas, est bleuâtre et en couches peu épaisses, renfermant des concrétions de calcaire compacte jaunâtre. Dans les falaises d'Hennequeville et de Villerville, les marnes alternent avec un grès calcarifère, ou *macigno* dont la pâte plus ou moins siliceuse est remplie de globules oolithiques ferrugineux. Ce grès contient des grains plus ou moins gros de quarz, des lignites et des coquilles qui forment quelquefois des masses de lumachelles.

430.—Le même groupe se montre à Gros, près de Lisieux, avec des caractères minéralogiques tout différens: ainsi la marne argileuse y est représentée par des sables et des grès de près de 200 pieds d'épaisseur.

431. — Enfin à Hécourt, à 7 lieues de Beauvais et près de Senantes le même groupe est représenté par des affleuremens de marnes grises et bleuâtres et par des calcaires compactes et des lumachelles.

Groupe supérieur.

432. — Le *Calcaire de Portland* (*Portland-stone*) ou comme on l'appelle aussi *l'oolithe de Portland* (*Portland oolite*) se compose d'une série de couches calcaires alternant ensemble et de dureté variable, tantôt jaunes, tantôt jaunâtres, à grains compactes et oolithiques. Elles contiennent quelquefois des rognons de silex corné et pyromaque; mais dans sa partie inférieure, ce groupe devient sableux et présente des couches de sable calcaréo-siliceux, renfermant des concrétions calcaires et de la barytine.

433. — Les couches qui correspondent en France à l'oolithe de Portland en diffèrent sensiblement par leur nature minéralogique. Dans le département du Pas-de-Calais, elles consistent en argile bitumineuse renfermant des nodules calcaires, et qui reposent sur un calcaire tuberculeux de plus d'un mètre d'épaisseur, qui se lie vers le bas à un grès calcarifère. Enfin, dans la partie inférieure, des couches de calcaire et de grès alternent avec une marne bleuâtre, souvent schisteuse et contenant des bancs de calcaires marneux, pyriteux, et lumachelle, ainsi que des cristaux de gypse et des lignites à l'état charbonneux.

434. — *Débris organiques de la formation oolithique.* Les quatre étages de cette formation ne présentent pas les mêmes fossiles.

435.—Dans *l'étage inférieur* on trouve plus de 40 espèces de végétaux, un nombre considérable de zoophytes, de radiaires et d'annelides, plus de 250 espèces de conchifères, près de 200 espèces de mollusques à coquilles univalves, des crustacés, des insectes, des poissons, des reptiles et des oiseaux.

436.—Dans *l'étage sous-moyen*, on n'a pas encore trouvé de

végétaux, il y existe seulement 12 ou 15 espèces de zoophytes, une trentaine de radiaires, une quinzaine d'annelides, environ 80 espèces de conchifères, et 60 de mollusques bivalves, enfin plusieurs espèces de crustacés, de poissons et de reptiles.

437. — *L'étage moyen* présente quelques végétaux, environ 120 espèces de zoophytes, 60 de radiaires, 40 d'annelides, 110 de conchifères, 80 de mollusques, des décapodes, des crustacés, des insectes, des poissons, des reptiles, des oiseaux, et peut-être même quelques mammifères.

438. — *L'étage supérieur* renferme aussi quelques végétaux, plusieurs zoophites radiaires et annélides, 50 à 60 espèces de conchifères, une trentaine de mollusques, des poissons, des reptiles et des mammifères appartenant aux genres *Palæotherium* et *Anoplotherium*.

439. — Les espèces les plus nombreuses dans l'étage inférieur sont l'*Ostrea acuminata*, l'*Avicula echinata*, la *Plicatula spinosa*, la *Terabrutala media*, le *Belemnites giganteus*, le *Belemnites compressus* et l'*Encrinites pyriformis*.

440. — Dans *l'étage sous-moyen*, on trouve le plus fréquemment l'*Ostrea deltoidea*, la *Griphæa dilata*, la *Gryphæa virgula*, la *Trigonia costata* et la *Trigonia clavellata*.

441. — Dans les étages inférieur et sous-moyen, les restes d'insectes sont assez nombreux : on y trouve des débris des genres *Agrion*, *OEschna*, *Libellula*, *Myrmeleon?* *Sirax?* et *Solpaga*, insectes qui servaient probablement de nourriture au Pterodactyle, genre de reptile dont on connaît six espèces.

442. — *L'étage moyen* renferme ordinairement les *Nerina elegans* et *pulchella*. *l'Astarte minima*, et quelquefois la *Gryphæa virgula*.

443. — *L'étage supérieur* abonde en *Gryphæa virgula*, *Ostrea deltoïdea* et *expensa*, et en *Trigonia excentrica* et *Trigonia gibbosa*; on y trouve aussi le *Pecten lamellosus*, le *solarium conoïdeum*, l'*Ammonites triplicatus*, l'*Ammonites giganteus* et l'*Ammonites Lamberti*.

444. — Parmi les sauriens on voit paraître dans la formation oolithique les genres *Megalosaurus*, *Teleosaurus*, *Pœkilopleuron*, *Rhacheosaurus*, *Pleurosaurus* et un plus grand nombre d'espèces du genre Pterodactylus que dans la formation liasique.

445. — *Minéraux* et *métaux*. — L'oxide de fer est très commun dans la formation oolithique, surtout dans l'étage inférieur.

L'espèce de houille appelée stipite et le lignite forment souvent des dépôts dans les couches de cette formation.

La barytine, le quarz, la calcédoine, le silex, la célestine, le gypse et le sulfure de fer s'y trouvent.

446. — *Emploi des roches de la formation oolithique.* — Outre les excellentes pierres de construction que fournissent les calcaires de l'étage inférieur de cette formation, on en tire des pierres lithographiques ; mais celles de l'étage inférieur ne sont pas autant estimées que celles de l'étage moyen.

447. — L'argile à foulon (*Fullers earth*) fournit de bonnes argiles propres au dégraissage des draps qui sortent des fabriques.

L'oolithe ferrugineuse donne souvent un bon minerai de fer.

448. — Les marnes et les argiles de l'étage sous-moyen servent à fabriquer d'excellentes tuiles. Le calcaire de cet étage sert souvent à faire une bonne chaux hydraulique.

Le fer oolithique de cet étage alimente un grand nombre de forges ; des sources minérales chargées d'acide carbonique, d'oxide et de sulfate de fer y prennent naissance.

449. — L'étage moyen ne fournit pas seulement de bonnes pierres lithographiques, telles que celles de Pappenheim et de Solenhoffen en Bavière ; on en tire aussi du calcaire dont on fait de la chaux maigre, et d'autres que l'on exploite comme marbre.

450. — L'étage supérieur possède d'excellentes pierres de construction : telle est en Angleterre la pierre ou l'oolithe de Portland, dont on expédie chaque année à Londres plus de 120,000 quintaux métriques.

L'argile de Kimmeridge, de même que celle de Honfleur et du Hâvre, sont employées à faire des tuiles et des briques. Enfin, le grès de cet étage est souvent utilisé pour le pavage.

451. — *Agriculture.* — Les argiles et les marnes de l'étage inférieur forment un sol favorable à la culture du colza et du trèfle. Mais le sol qui repose sur le calcaire étant souvent très

mince, se mêle à une si grande quantité de fragmens calcaires, qu'il devient presque totalement aride. Lorsqu'il est épais, il est maigre et ne convient qu'à certains genres de culture.

452. — L'étage sous-moyen étant plus ou moins marneux, fournit de riches pâturages, et est favorable à un grand nombre de cultures.

453. — L'étage moyen retenant moins les eaux, ne présente pas un sol aussi fertile : celui qui repose sur le calcaire l'est peu ; mais les sables du groupe corallien forment un sol favorable à la culture de certains légumes.

454. — L'étage supérieur présente plusieurs avantages, sous le point de vue agricole : d'abord les fréquentes alternances de bancs marneux y rendent les sources très abondantes, et en second lieu, le sol généralement gras par la présence des marnes, acquiert une grande fertilité, et est surtout riche en belles prairies. Lorsque les sables de cet étage forment la superficie du sol, celui-ci est généralement aride ; mais à l'aide d'engrais, il est susceptible de produire des melons et des légumes précoces et de bonne qualité.

Dépôts plutoniques.

455. — Les mêmes roches d'origine ignée qui ont soulevé les couches ou changé la nature minéralogique des calcaires, des argiles et des grès de la formation liasique, ont produit des effets analogues dans les roches de la formation oolithique. C'est à l'action plutonique que sont dus les soulèvemens qui ont redressé plus ou moins les couches de cette formation, les dislocations qui ont formé les cavernes nombreuses et souvent immenses que l'on y remarque.

456. — Dans l'île de Mull, en Ecosse, des dikes de basalte et de trapp ont changé le sable de l'oolithe inférieure en une roche siliceuse compacte.

457. — Sur la côte méridionale de la même île, de nombreux dikes de trapp traversent les couches oolithiques.

458. — La masse de calcaire micacé qui se trouve au centre de la montagne du Kaiserstühl, semble n'être qu'un calcaire oolithique modifié par les filons de dolérite qui l'ont traversé.

SOULÈVEMENS DU SOL.

459. — Entre les deux époques qui virent se former le terrain jurassique et le terrain crétacé, il y eut sur la surface de l'Europe une variation importante et brusque dans la nature des dépôts de sédiment. Cette variation a été brusque, dit M. Elie de Beaumont, car en beaucoup de points il y a passage de l'un des systèmes de couches à l'autre, ce qui annonce que dans ces points la nature du dépôt et celle des habitans de la surface ont varié sans que le dépôt du sédiment ait été suspendu.

460. — Cette variation subite paraît avoir coïncidé avec le soulèvement d'un ensemble de chaînons de montagnes, parmi lesquelles M. Elie de Beaumont cite la Côte d'Or (en Bourgogne), le mont Pilas ou Pilat (en Forez), les Cévennes et les plateaux du Larzac (dans le midi de la France), et l'Erz-Gebirge (en Saxe).

461. — *Formes du sol de la formation oolithique.* — L'*étage inférieur* présente des formes qui varient selon la nature des dépôts qui dominent : ainsi l'oolithe ferrugineuse offre des vallées en général étroites et profondes ; la grande oolithe présente de vastes plaines assez nues ; l'argile de Bradford offre des collines à pentes arrondies ; le calcaire corallique de vastes plateaux peu élevés, dont l'uniformité n'est interrompue que par de légères éminences et quelques vallées.

462. — L'*étage sous-moyen* ou marneux constitue rarement des collines isolées. La faible résistance qu'il oppose à l'action des eaux explique la largeur et la profondeur des vallées qui le sillonnent.

463. — L'*étage moyen* constitue dans le Jura de très hauts plateaux plus ou moins déchirés.

464. — L'*étage supérieur*, à cause de l'abondance des couches marneuses offre des collines qui se terminent ordinairement par des plateaux séparés par des vallées évasées.

CHAPITRE XXI.

DE L'ÉTAT DE LA TERRE A L'ÉPOQUE OU SE FORMA LE TERRAIN JURASSIQUE.

465. — Lorsque l'on considère combien diffèrent les roches du terrain jurassique de celles qui composent le terrain triasique, on en doit conclure qu'il s'est passé de grands changemens à la surface de la terre entre la période triasique et la période jurassique. D'abord les eaux dans lesquelles les détritus de celle-ci se sont déposés devaient être beaucoup plus chargées de carbonate de chaux que celles de la période précédente, puisque la plupart des couches jurassiques sont calcarifères.

466. — Les animaux marins étaient excessivement abondans au sein des eaux qui couvraient une grande partie de l'Europe, puisque les couches du *Coralrag* sont presque exclusivement composées de débris de coquilles et de polypiers.

467. — Des animaux qui paraissent y avoir considérablement pullulé, sont les ammonites et les bélemnites. L'abondance de ces mollusques ne peut donner une idée exacte de la profondeur des mers à cette époque ; mais comme ils sont associés à des genres qui existent encore et qui vivent sur des bas fonds ou dans des mers peu profondes, on doit en tirer la conséquence qu'à l'époque du terrain jurassique l'Océan n'avait pas une grande profondeur.

468. — Sur environ 1300 à 1500 espèces de fossiles que l'on connaît dans le terrain jurassique, un assez grand nombre d'espèces existaient à l'époque du terrain psammérythrique ou triasique, mais très peu se trouvent dans le terrain crétacé. Près de la moitié des espèces n'existent plus, et tous les poissons appartiennent à des genres éteints.

469. — Les reptiles étaient très nombreux à l'époque du lias ; ils le devinrent encore plus pendant la formation ooli-

thique ; on ne peut douter que la terre était alors en grande
partie peuplée de ces animaux. Plusieurs, tels que les crocodiles, les ptérodactyles et les plésiosaures, devaient vivre près
des terres, dans des criques, des baies et d'autres places abri-
tées.

470. — La conservation parfaite de quelques squelettes
d'Ichthyosaures ; les traces de peau que l'on remarque quelquefois encore sur leurs ossemens ; les restes d'alimens contenus souvent entre les côtes à la place de l'estomac ; la grande
quantité d'excrémens de ces sauriens et de plusieurs autres
genres, annoncent que les corps de ces animaux n'ont pas subi
les effets de la décomposition avant leur enfouissement, et que
leur mort doit avoir été promptement suivie de leur ensevelis-
sement dans les détritus du lias, si même, comme le dit
M. de la Bêche, ils n'ont pas été souvent enfouis tout vivans.
On remarque même quelquefois que les coprolithes ou excrémens fossiles sont disposés par lits à différens niveaux, comme
si le fond vaseux de la mer avait été brusquement recouvert de
tems en tems par un amas de détritus qui venait enfouir ces
coprolithes et d'autres débris qui s'étaient accumulés dans les
intervalles de tranquillité.

471. — Il devait y avoir un grand nombre de petites parties de terre à découvert et situées à peu de distance les unes
des autres, puisque l'on trouve dans les assises de la formation
oolithique des plantes terrestres qui n'ont pas éprouvé de
longs transports, et de grands amas de végétaux qui ont formé
des couches de combustible.

472. — La végétation de cette époque différait complètement de celle qui la précéda et la suivit. L'ensemble des plantes devait présenter un aspect tout différent : ainsi les lycopo-
diacées gigantesques, les cactées, les calamites et les palmiers
de la formation houillère avaient disparu ; la proportion des
fougères était moins considérable. Il existait seulement en
abondance des espèces appartenant à la famille des cycadées et
des plantes de genres analogues à ceux qui vivent aujourd'hui
à la Nouvelle-Hollande et au cap de Bonne-Espérance. Outre
la famille des cycadées il existait encore d'autres plantes dicoty-
lédones appartenant à celle des conifères.

473. — Un fait très remarquable, c'est que dans certaines contrées, après le dépôt de l'oolithe inférieure, et pendant que se formait la grande oolithe, par exemple, dans la partie méridionale de l'Angleterre, il existait vers le centre de cette île des terres à découvert, probablement des îles, qui étaient entourées de récifs de polypiers, puisque ces corps organisés sont communs dans la partie supérieure de la grande oolithe, soit dans l'Angleterre méridionale, soit en Normandie.

474. — Il faut croire que les parties terrestres furent ensuite submergées, puisqu'on trouve au-dessus des couches à fossiles terrestres, si communes dans le nord de l'Angleterre et dans une partie de l'Allemagne, une masse d'argile à coquilles marines qui se continue sur une grande étendue.

475. — Ces dépôts vaseux furent recouverts ensuite par les sables et grès calcarifères que l'on connaît en Angleterre sous le nom de *lower calcareous grit*, qui furent suivis du dépôt calcaire qui a été appelé *coralrag*. Une grande quantité de polypiers formèrent donc des récifs sur les dépôts vaseux arenacés. Mais ce qui est fort remarquable, c'est qu'au-dessus du *coralrag* il s'est déposé d'autres grès nommés *uper calcareous grit*, d'autres argiles appelés *Kimmeridge-clay*, sur lesquelles on retrouve des sables (*sables de Portland*), et enfin des couches calcaires (*Portland oolite*).

476. — Dans le comté de Buckingham la surface de la formation oolithique a été mise à découvert, et des conifères ainsi que des cycadées, plantes analogues à celles des contrées les plus chaudes, s'y sont développées; c'est ce que l'on peut voir encore dans la vallée de Wardour aux environs de Weymouth.

Au-dessus des couches de l'oolithe de Portland se présente un dépôt de terre noire que l'on a appelée *couche de boue* (*dirt bed*), et qui contient encore en place les racines de ces végétaux.

Au-dessus de cette terre noirâtre se trouvent des couches de calcaire lacustre (pl. 1, fig. 15).

Il existe d'autres exemples du même fait en Angleterre, et en France dans les environs de Boulogne sur mer.

477. — Ces alternances indiquent plusieurs envahissemens de la mer sur les plages terrestres, mais quoiqu'elles occupent

une grande superficie, elles n'eurent pas lieu partout avec une parfaite uniformité : c'est ce qui se passe encore sur les plages actuelles.

478. — Quelques observations faites dans le système des montagnes de l'Himalaya tendent à prouver que le terrain jurassique y renferme les mêmes fossiles qu'en Europe, tandis qu'en Amérique ce terrain ne paraît pas exister : ainsi les mêmes phénomènes de formation ne se sont pas développés à la fois dans les deux hémisphères (1).

CHAPITRE XXII.

—

TERRAIN CRÉTACÉ.

Synonymie : Terrain crayeux de différens géologistes.—Groupe crétacé de M. de la Bèche. — Système crétacé (*cretaceous system*) de M. Phillips.

479. — Ce terrain, qui se présente dans différentes contrées avec des caractères minéralogiques très variés, doit son nom au calcaire blanc et tendre, éminemment doué de la propriété d'être traçant, qui est connu sous le nom de *craie* et qui en occupe la partie supérieure.

480. — On le divise généralement en trois étages dont le supérieur offre des caractères assez constans, tandis que les deux autres diffèrent à des distances très éloignées. Ces trois étages peuvent être considérés comme trois formations distinctes.

ÉTAGE INFÉRIEUR

Marneux ou *Calcaire.*

(*Formation wealdienne* et *formation néocomienne.*)

______

(1) Consultez l'ouvrage de M. de la Bèche, intitulé *Recherches sur la partie théorique de la géologie*, traduction de M. H. Collegno. Paris 1838.

481. — On comprend dans cet étage le *wealden rocks* des Anglais, et le *terrain néocomien* de M. Thurmann, que nous appelons *formation néocomienne*.

482. — En Angleterre la *formation wealdienne* (*wealden rocks*) ainsi nommée d'une région boisée appelée *wealden* dans le comté de Sussex, se compose de calcaire, de grès ferrugineux, d'argiles et de sable à lignites. Elle est tellement développée qu'elle acquiert environ 190 mètres de puissance et qu'on l'a divisée en trois assises.

483. — *L'assise inférieure*, que les Anglais nomment *couches de Purbeck* (*Purbeck beds*) parce qu'elle offre une grande importance dans la presqu'île de ce nom, est formée de différentes couches calcaires qui alternent depuis le bas jusqu'en haut avec des marnes plus ou moins schisteuses.

484. — Le calcaire de Purbeck est souvent grossier, ressemblant à une marne endurcie pétrie de coquilles; tantôt il est composé de coquilles brisées et ressemble à une lumachelle; d'autres fois sa pâte est compacte et susceptible de prendre le poli comme le marbre.

485. — *L'assise moyenne*, appelée *sable de Hastings* (*Hastings sand*) du nom d'une ville du comté de Sussex aux environs de laquelle elle est très développée, se compose d'abord d'argiles quelquefois schisteuses, de marnes, de calcaire lumachelle et de grès ferrugineux que recouvrent un grès friable jaune et un sable calcaire gris. Quelquefois le sable est tout-à-fait siliceux.

486. — *L'assise supérieure* comprend les argiles *wealdiennes* proprement dites : ce sont des argiles grises ou brunes, quelquefois bleues, à texture schisteuse, ce qui ne les empêche pas d'être plastiques.

487. — Elles renferment des concrétions ferrugineuses que l'on peut regarder comme caractéristiques, ainsi que des lames de mica, du sulfure de fer et des cristaux de gypse.

488. — Dans la partie inférieure de cette assise l'argile devient sableuse, et contient quelquefois de petites couches minces de calcaire lumachelle : ce sont alors des alternances d'argile

et de sable, au milieu desquelles se trouve le calcaire coquiller.

489. — La formation wealdienne n'est représentée dans la
France septentrionale que par des marnes grisâtres ou noirâtres, glauconieuses, passant quelquefois à l'argile, ou par des
sables ferrugineux.

490. — En Suisse, dans le canton de Neuchâtel, l'étage inférieur constitue une formation appelée *néocomienne,* comme
on dirait *neuchâteloise* (1).

491. — Elle consiste principalement en un calcaire jaune,
partagé en un nombre de couches plus ou moins considérables,
qui repose sur une marne grise. Dans quelques localités,
comme sur les bords du lac de Bienne, le calcaire jaune prend
un si grand développement, qu'il remplace presque entièrement la marne.

492. — Depuis que la formation néocomienne a été bien
étudiée, on l'a reconnue dans plusieurs contrées ; on la retrouve
aux deux extrémités de l'Europe.

493. — En Angleterre, certaines couches argileuses des environs de Speeton, près de Bridlington dans le comté d'York,
sont regardées, à cause des fossiles qu'on y trouve, comme appartenant à cette formation.

494. — En France, Saint-Dizier, dans le département de la
Haute-Marne, est placé sur des marnes bleues à grandes Exo-
gyres qui dépendent de la même formation. Ces marnes contiennent un banc de calcaire jaune.

495. — Aux environs de Vassy, le dépôt néocomien se compose d'un calcaire à texture grossière, de marnes bleues, de
sables siliceux, d'un minerai de fer et quelquefois d'un conglomérat calcaire.

496. — Dans les environs de Bar, cette formation est représentée par un calcaire jaune à texture oolithique.

497. — Dans le département de l'Aube, la formation néocomienne dont M. Leymerie a donné la description, se com-

____

(1) Du grec *Neos* nouveau, *Komé* village.

pose de couches peu épaisses d'un calcaire à texture grossière, dont la couleur est le gris souvent jaunâtre ou brunâtre. Quelquefois sa couleur devient plus claire, et il est rempli de veines et de taches spathiques formées par le test des coquilles qu'il renferme ; dans quelques localités il est semé d'oolithes ferrugineuses.

498. — Aux extrémités orientales de l'Europe, dans la Krimée, où nous avons eu occasion d'étudier les couches néocomiennes, elles présentent la plus grande ressemblance avec celles des environs de Neuchâtel : le calcaire y est jaune ; quelquefois il renferme des oolithes ferrugineuses ; les marnes y sont grises ou verdâtres ; mais on y trouve aussi des sables et des grès ferrugineux, jaunes, des grès verdâtres et micacés, ainsi que des poudingues.

Ces différens caractères minéralogiques suffisent pour reconnaître la formation néocomienne.

ÉTAGE MOYEN OU MARNEUX ET ARÉNACÉ.

(Formation du grès vert, du grès karpathique et du grès viennois.)

499. — Cet étage se compose en général de marne et de grès plus ou moins chargés de glauconie, ou bien de grès plus ou moins ferrugineux.

500. — Il constitue l'ensemble de couches que les géologistes français désignent sous le nom de *grès vert*, et que l'on peut diviser en deux ou en trois assises.

501. — L'*assise inférieure* se compose en Angleterre, de sable, de grès, tantôt fortement colorés en vert par leur mélange avec le silicate de fer que nous appelons glauconie ; tantôt colorés en rouge par l'oxide de fer.

502. — L'*assise moyenne* est formée d'argiles et de marnes d'un bleu grisâtre que les Anglais nomment *Gault* ou *Galt*.

503. — L'*assise supérieure* consiste en une craie marneuse renfermant une grande quantité de glauconie.

504. — Dans beaucoup de localités, le grès vert proprement dit prend seul un grand développement ; il acquiert de

la solidité et alterne avec des couches de sable ; l'oxide de fer devient abondant à la partie supérieure , et la couleur du grès et du sable passe du vert au rouge plus ou moins intense : on lui donne alors le nom de *grès ferrugineux.*

5o5. — Pour donner une idée de la variété des roches qui composent l'étage moyen , nous citerons les principales contrées où on le voit avec d'autres caractères que ceux que nous venons d'indiquer.

5o6. — Dans le sud-ouest de l'Angleterre, la partie inférieure du grès vert est formée de couches argilo-arénacées renfermant beaucoup de grains de glauconie. L'assise moyenne est un sable d'un brun jaunâtre. L'assise supérieure se compose d'un sable verdâtre et d'un grès jaune brunâtre contenant quelquefois des rognons siliceux appelés *chert* par les Anglais.

5o7. — Dans la France septentrionale , et particulièrement aux environs de Boulogne sur mer , l'étage moyen se compose de grès ferrugineux , d'agglomérats très durs formés de grains de sable , de calcaire gris et de grains de glauconie, d'argile grise coquillère alternant avec du calcaire gris ; le tout est recouvert par des grès calcaires passant du gris jaunâtre au gris bleuâtre.

5o8. — Plus au nord , dans les environs de Valenciennes , le grès vert est représenté par une variété de gompholithe , formée d'une pâte composée de sable , d'argile, de calcaire et de limonite , et d'une grande quantité de cailloux arrondis de quarz et de silex. Cette roche est nommée *Tourtia* , par les mineurs : elle repose sur le terrain houiller.

5o9.—Dans la France méridionale, le même étage, comme dans les environs de Rochefort , est représenté par des argiles schisteuses contenant beaucoup de petits cristaux de gypse, et passant à des schistes argileux légèrement micacés, par un grès ferrugineux et calcaire en partie solide et en partie friable ; enfin par un grès calcaire schisteux et micacé d'un gris pâle légèrement verdâtre.

51o. — Dans les Alpes du Salzbourg , aux environs de Gosau , la formation du grès vert se compose d'un agglomérat grossier, rougeâtre, renfermant des couches de 20 à 30 pieds d'épaisseur, d'un grès marneux compacte, d'un gris noirâtre et à impressions de plantes qui paraissent être terrestres et monocotylédones, ainsi que de grès coquillers. Au-dessus il y a des agglomérats de grès rougeâtre à fragmens calcaires, ainsi que des marnes, et l'on y remarque çà et là des débris de polypiers. Toutes ces couches plongent au-dessous d'assises puissantes d'une marne argileuse grise et coquillère qui a toute l'apparence d'un dépôt supercrétacé, mais dont les espèces fossiles appartiennent bien à l'étage moyen.

511. — Les calcaires noirs compactes que l'on remarque à l'entrée du Valais, près de Saint-Maurice; les calcaires marno-sableux et bitumineux d'Entrevernes en Savoie, qui contiennent un combustible que l'on assimile à la houille, ont été reconnus comme appartenant au terrain crétacé, et c'est dans l'étage moyen que nous pensons qu'ils doivent être placés.

512. — Dans les Pyrénées, le même étage est représenté par des grès et des calcaires durs et compactes, accompagnés de poudingues. Près d'Irun, les calcaires renferment des couches d'anthracite. Enfin, la masse de sel que l'on exploite à Cardona est enclavée dans des grès rouges à grains quarzeux et à pâte argileuse qui font partie du même étage.

513. — Dans les environs de Vienne en Autriche, le *grès à fucoïdes*, que l'on nomme aussi *grès viennois* et que nous avons étudié sur les deux rives du Danube, nous a paru comme à M. le professeur Partsch, représenter l'étage ou la formation du grès vert. Il forme un groupe de couches de grès micacé à grains fins, de grès à gros grains, de calcaire noir, et de marnes à fucoïdes. On y remarque des filons de chaux carbonatée cristallisée qui remplissent les fentes des couches. Dans les carrières que l'on exploite à Siewering, les couches de ce grès sont inclinées d'environ 30 degrés à l'horizon, et courent dans la direction du Sud-Ouest au Nord-Est.

ÉTAGE SUPÉRIEUR OU CRAYEUX.

(*Formation crétacée*).

514. — Cet étage est composé essentiellement de calcaire,

qui diffère ordinairement de texture et de couleur, suivant qu'il occupe une hauteur plus ou moins considérable. De là vient qu'on peut le diviser en plusieurs assises distinctes, au nombre de *deux*, de *trois*, de *quatre*, selon le développement qu'il présente dans certaines contrées.

515. — On peut en général partager cet étage en deux assises qui comprennent plusieurs variétés de calcaire.

516. — *L'assise inférieure* se compose de diverses variétés de craie plus ou moins chargées de grains verts ou de silicate de fer. Nous allons décrire les principales de ces variétés.

517. — *Craie micacée.* On exploite en Touraine une variété de craie qui est blanche, poreuse et parsemée d'une grande quantité de paillettes de mica. Quelquefois elle n'offre qu'un mélange de sable quarzeux et de sable calcaire micacé, agglutinés par un ciment argileux.

Par sa position et par ses caractères minéralogiques, elle se confond avec le grès vert dans sa partie inférieure, et avec la craie tufau dans sa partie supérieure.

518. — *Craie tufau.* Cette craie a reçu, dans la Touraine, où elle est très commune, le nom de *tufau*, parce que sa faible consistance la rapproche des calcaires que l'on nomme vulgairement *tufs.*

519. — La craie tufau est plus ou moins chargée de glauconie. Tantôt elle est grisâtre ; tantôt d'un blanc jaunâtre, et quelquefois même tout-à-fait jaune. Elle est souvent micacée comme quelques autres variétés du même étage. Lorsqu'elle est grisâtre et que les grains de glauconie y sont très abondans, elle passe insensiblement à la craie glauconieuse et au sable vert.

520. — Quelquefois elle est imprégnée de silice ; et dans quelques localités de la Touraine, elle est tellement siliceuse, qu'on l'exploite pour le pavage.

Le plus ordinairement elle offre seulement la consistance nécessaire pour pouvoir être employée comme pierre à bâtir.

521. — Souvent elle présente une texture compacte. Enfin elle est d'autres fois friable et sablonneuse.

522. — La *craie glauconieuse* ou *chloritée* est une roche calcaire blanche ou grise, plus ou moins parsemée de glauconie, et contenant des parcelles de mica blanc. Quelquefois aussi elle est d'un beau jaune. Elle est tantôt dure et tantôt tendre. Des rognons de silex soit pyromaques ou noirs, soit calcédonieux ou blonds, y forment quelquefois des lits très rapprochés, ou bien y sont disséminés sans ordre. Ces silex présentent même d'autres variétés de couleurs que celles que nous venons de citer : ils sont souvent noirâtres ou grisâtres, et recouverts d'une croûte grossière plus ou moins épaisse. Très souvent ils conservent des formes organiques qui indiquent leur origine, car ils sont dus à des polypiers et surtout à des alcyons. Quelquefois aussi cette craie contient des couches continues de silex qui paraissent provenir de la dissolution des silex en rognons.

523. — La *craie marneuse*, très répandue en Angleterre, offre une texture grossière et une teinte ordinairement un peu grisâtre. Elle tache les doigts. Quelquefois elle est colorée par l'oxide de fer, ou bien elle contient des grains ferrugineux noirâtres, qu'il ne faut pas confondre avec la glauconie. Souvent de petites parcelles de mica blanc y sont disséminées en plus ou moins grand nombre. Assez souvent aussi elle est parsemée de petites dendrites noirâtres dues probablement à du manganèse. On trouve dans cette craie quelques silex pyromaques : leur couleur est d'un brun foncé ; souvent même ils sont blonds ; toujours ils sont entourés d'une croûte plus ou moins épaisse, grise et d'une texture grossière.

524. — Quelquefois la craie marneuse est veinée par places, d'infiltrations siliceuses noires qui lui donnent une apparence marbrée.

525. — Au nombre des caractères qui peuvent servir à la faire reconnaître, nous signalerons l'odeur argileuse qu'elle répand lorsqu'elle est imprégnée d'humidité, ou lorsqu'on la met en contact avec l'haleine.

526. — L'*assise supérieure* comprend plusieurs variétés de craie qui rentrent dans les dénominations suivantes : *craie blanche compacte*, *craie sublamellaire* et *craie blanche tendre*.

527. — La *craie blanche compacte* est ordinairement d'un blanc sale , d'une dureté variable , mais toujours assez solide pour être employée dans les constructions. Elle se présente en masses, divisées par assises de 1 à 2 mètres d'épaisseur, séparées par des lits ou bandes de silex.

528. — Aux environs de Valognes, dans le département de la Manche, le calcaire blanc compacte, que l'on a nommé *calcaire à baculithes*, parce que ces fossiles s'y trouvent , se rapporte , selon nous , à la craie blanche compacte.

529. — La *craie sublamellaire* que l'on a appelée aussi *sub-cristalline* et qui présente des parties compactes , est ordinairement jaunâtre , et quelquefois d'un blanc grisâtre. Elle se divise en bancs nombreux , dont la texture est plus ou moins lâche et plus ou moins serrée , et qui n'offre pour caractère extérieur du groupe crayeux que des rangées de silex gris , quelquefois blonds ou noirs, qui se montrent souvent en petits lits horizontaux de 1 à 2 pouces d'épaisseur.

530. — La *craie blanche, tendre* ou *graphique*, est un calcaire d'un blanc mat , tachant les doigts et happant à la langue. Elle jouit au plus haut degré de la faculté d'être traçante : de là sa dénomination de craie graphique.

531. — Cette craie ne présente le plus ordinairement qu'une seule masse, au lieu de former des couches parallèles comme la craie sublamellaire. Cependant , on aperçoit souvent des joints de stratification qui semblent rappeler une disposition en couches horizontales. Mais ce qui sert surtout à les indiquer, ce sont les lits horizontaux et réguliers que forment les silex pyromaques.

532. — Les silex de la craie blanche ont en général une configuration contournée, une couleur et une pâte qui empêchent de les confondre avec d'autres silex.

533. — Près d'Horsted, dans le comté de Norfolk en Angleterre , ainsi que dans plusieurs localités de l'Irlande , la craie blanche présente non-seulement des couches horizontales de silex noirs , mais aussi des couches verticales de silex semblables, beaucoup plus gros : leur grosseur varie en effet de 1 à 3 pieds anglais dans leur plus grand diamètre. Ces cou-

ches verticales s'étendent dans toute l'épaisseur de la craie sans interruption. Leurs rangées à Horsted sont à des distances irrégulières qui varient entre 20 et 30 pieds.

534. — Ces silex ne sont pas entièrement siliceux, comme les lits horizontaux ; ils contiennent tous un noyau cylindrique de craie beaucoup plus dure que celle qui constitue la masse crayeuse.

535. — Les silex en couches verticales comme ceux en couches horizontales, sont regardés comme des restes fossiles d'infusoires, d'éponges, de polypiers et d'autres corps organisés. On sait en effet que beaucoup de ces animaux, qui vivent dans les mers actuelles, sont remplis de spicules siliceuses.

536. — L'étage supérieur du terrain crétacé présente dans diverses contrées éloignées des différences assez sensibles : ainsi en Krimée nous avons remarqué qu'elle se compose de plusieurs assises marneuses fissiles et que tout l'étage supérieur offre des traces très prononcées de stratification. Il diffère aussi de la craie de l'Europe occidentale en ce que les silex y sont peu nombreux.

537. — Dans la Galicie , la Lithuanie, la Podolie et la Volhinie, le même étage se distingue par de nombreux amas de gypse et de soufre.

538. — A Maëstricht la craie est solide, jaunâtre et remplie de silex.

539. — Dans le midi de la France , et spécialement dans les environs de Marseille, la craie consiste en une roche blanche, compacte, stratifiée, dont les couches sont inclinées de 20 à 25 degrés et qui forme les bords escarpés de la Méditerranée et l'île qui, vis-à-vis de Marseille, forme le port de quarantaine ainsi que celle qui porte le château d'If.

540. — Suivant M. Élie de Beaumont, le calcaire à Nummulites qui, dans le département des Hautes-Alpes, s'avance à l'est des montagnes de l'Oisans et se lie aux calcaires blancs de Nice , de la Provence , de la Fontaine de Vaucluse , du mont Ventoux et de la Grande-Chartreuse, doit être rapporté à l'étage crayeux.

541.—*Débris organiques du terrain crétacé.* Les fossiles de ce terrain sont très nombreux et variés : nous citerons seulement les principaux que l'on remarque dans chaque étage.

542. — Dans l'étage inférieur, la *formation wealdienne* de l'Angleterre renferme plusieurs fossiles dont les plus communs sont, parmi les mollusques univalves, la *Paludina vivipara;* et parmi les conchifères, la *Melania tricarinata,* l'*Unio antiquus* le *Cyclas membranacea,* animaux qui vivent dans l'eau douce.

543. — La *formation néocomienne* contient l'*Exogyra Couloni,* la *Terebratula biplicata,* l'*Ammonites asper* et le *Nautilus simplex.*

544. — L'étage moyen nous montre parmi ses fossiles les plus abondans le *Pecten quinque costatus,* la *Trigonia alœformis,* la *Trigonia scabra,* la *Gryphœa aquila* et l'*Exogyra columba.*

545. — L'*étage supérieur* renferme en abondance l'*Ostrea vesicularis,* l'*Inoceramus Cuvieri,* le *Belemnites mucronatus* et l'*Ananchytes ovata.*

546. — Les trois étages du terrain crétacé renferment des restes de reptiles et de poissons.

Dans l'étage inférieur on trouve des ossemens de tortues appartenant aux genres *Trionix,* *Emys* et *Chelonia;* de *Plesiosaurus,* de *Megalosaurus,* d'*Iguanodon,* de *Leptorinchus* et du *Crocodilus priscus;* de *Lepisosteus* et de *Silurus.*

547. — L'étage moyen contient des ossemens de tortues, de *Plesiosaurus,* de *Geosaurus,* de *Mosasaurus* et de plusieurs espèces de crocodiles; des dents de requins et le poisson appelé *Saurodon Lemus.*

548. — L'étage supérieur renferme aussi des débris de *Chelonées,* de *Mosasaurus* et de crocodiles, ainsi que de plusieurs espèces de poissons des genres *Squalus, Murœna, Zeus, Esox, Diodon,* etc.

549. — *Minéraux et métaux.* — Le sulfure de fer et l'oxide de ce métal sont les métaux qui se trouvent le plus ordinairement dans les trois étages du terrain crétacé. Le gypse se présente fréquemment dans l'étage inférieur.

550. — L'étage moyen, outre l'oxide et le sulfure de fer, présente fréquemment le phosphate et le carbonate de ce métal, de la galène, du manganèse oxidé et quelquefois même du mercure natif. On y trouve aussi de petits cristaux de gypse, du jaspe, de la barytine, du lignite et même un combustible qui offre la plus grande ressemblance avec la houille.

551. — L'étage supérieur renferme du sulfure de fer en rognons ou cristallisé. Les silex noirs qu'il contient présentent souvent dans leur intérieur des cristaux de célestine ou sulfate de strontiane.

552. — *Emploi des roches du terrain crétacé.* Le fer oxidé répandu dans l'*étage inférieur* est exploité en Angleterre et dans plusieurs autres pays ; il en est de même des lignites que l'on y trouve. En Angleterre le calcaire de Purbeck fournit une bonne pierre de construction et quelques couches qui sont exploitées comme marbres ; en Morée plusieurs calcaires du même étage sont susceptibles aussi d'être employés comme marbres.

553. — Les grès de l'étage moyen tels que ceux de *Pirna* et de *Kœnigstein* fournissent de bons matériaux pour la bâtisse, surtout en Allemagne où on le taille en moellons, ce qui l'a fait appeler *Quader sandstein.*

554. — En France, dans le département de l'Aude et dans les Pyrénées, les lignites que renferment les marnes de cet étage fournissent un très bon combustible. Il en est de même dans les Alpes et les Karpathes.

555. — L'étage supérieur, qui comprend la craie blanche, fournit la *pierre à briquets* et la *pierre à fusils* que l'on obtient la première du silex noir, la seconde du silex blond. La craie blanche, lorsqu'elle est très tendre, est employée à faire ce qu'on appelle le *blanc d'Espagne,* et lorsqu'elle est un peu moins tendre on la taille en crayons.

556. — Les parties solides de la formation crétacée sont fréquemment employées comme pierre de construction et pour faire de la chaux. Les parties tendres servent dans plusieurs contrées à l'amendement des terres.

557. — *Agriculture.* Les marnes et les argiles de l'étage in-

férieur, retenant facilement les eaux, forment un sol qui n'est point aride, mais qui n'est pas non plus très productif : il est ordinairement composé de terres fortes. Ce n'est que lorsque le calcaire remplace les couches marneuses et argileuses, que le sol est réellement aride.

558. — Les roches de l'étage moyen, lorsqu'elles se désagrègent facilement, donnent naissance à un sol en général maigre et conséquemment peu fertile. Les grès et les poudingues, au contraire, ayant plus de consistance, forment un sol léger, favorable à certaines cultures, et dans certaines contrées propres à la propagation des bois de haute futaie.

559. — L'étage supérieur donne lieu à plusieurs natures de sol très différens : la craie tufau et la craie micacée, étant argileuses dans leurs couches inférieures, retiennent suffisamment les eaux pluviales, et forment un sol ordinairement très fertile : c'est à la nature de ce sol que la Touraine doit son nom de jardin de la France.

560. — Les mêmes espèces de craie, dans leur partie supérieure, n'offrant pas en général de couches argileuses, ne retiennent pas les eaux pluviales ; il en résulte que le sol qui les couvre est généralement sec et peu fertile.

561. — Le même effet a lieu pour la craie blanche et par la même cause. C'est à la présence de cette craie à la surface du sol, que la partie de la Champagne qui a reçu le surnom de *pouilleuse* doit son aridité. Si d'autres parties de cette ancienne province produisent des vins renommés, c'est qu'elles présentent au-dessus de la craie une couche marneuse d'alluvions favorable à la culture de la vigne.

Dépôts plutoniques.

562. — Le basalte, le porphyre pyroxénique et l'ophiolithe jouent un rôle plus ou moins important par leurs éruptions dans le terrain crétacé.

563. — Quelquefois la roche ignée altère et change tout-à-fait la texture de la craie, au point de lui donner celle du marbre.

564. — Dans le Vicentin, le basalte et la pépérine basaltique forment des filons et des couches dans le grès vert.

565. — Dans les Pyrénées l'éruption des ophiolithes ou ophites à travers le terrain crétacé a transformé les masses calcaires en calcaire dolomitique.

566. — Dans la Morée, sur la route de Kastri à Damala, les ophiolites alternent avec le grès vert, et lui ont donné une structure fragmentaire et un éclat lustré.

Soulèvemens du sol.

567. — Deux de ces soulèvemens se sont effectués pendant que se formait le terrain crétacé.

L'un qui a produit le mont Viso dans les Alpes et la chaine du Pinde dans la Grèce, s'est opéré après le dépôt de l'étage inférieur.

568. — L'autre qui a formé la chaine des Pyrénées, a eu lieu après le dépôt de la craie blanche et avant celui des formations qui la recouvrent.

569. — Les principaux chaînons des Apennins, les Alpes Juliennes entre la province de Venise et le royaume de Hongrie, les monts Karpathes entre la Hongrie et la Galicie, une partie des montagnes de la Croatie, de la Dalmatie et de la Bosnie, enfin les montagnes de l'Achaie, en Grèce, appartiennent à la même époque de soulèvement.

570. — *Formes du sol.* L'*étage inférieur* du terrain crétacé offre des collines et des montagnes qui varient de formes suivant la nature des roches qui y dominent : ainsi les argiles wealdiennes constituent des collines plus arrondies que les grès ferrugineux et le grès viennois ; ainsi le calcaire de Purbeck constitue des montagnes plus escarpées que celles de la formation néocomienne.

571. — Les montagnes que forme l'étage inférieur sont généralement aplaties.

572.—L'*étage moyen* présente aussi des formes assez variées. Lorsque le grès vert n'est pas recouvert par l'étage supérieur, il constitue ordinairement, comme tous les dépôts marneux et arénacés, des collines arrondies, mais terminées aussi par des plateaux ordinairement assez étendus.

573.—Quelquefois ces collines s'étendent en chaînons étroits et alongés, dont les flancs s'élèvent au milieu des plaines comme des murailles.

574. — L'*étage supérieur* présente des collines et des montagnes à contours arrondis, terminées par des plateaux plus ou moins étendus. Dans les bassins ou les grandes vallées qu'elles bordent, leurs flancs qui s'avancent dans la plaine, sont sillonnés par des ravins d'une pente rapide, qui font prendre à une seule montagne l'aspect d'une suite de collines de forme conique ; mais si l'on s'élève sur leurs flancs, quelquefois très rapides, lorsqu'on se trouve au sommet on n'aperçoit plus qu'un plateau assez étendu. Les vallées que forment ces montagnes commencent souvent par un cirque et se terminent en se rétrécissant.

CHAPITRE XXIII.

—

DE L'ÉTAT DE LA TERRE A L'ÉPOQUE OU SE FORMA LE
TERRAIN CRÉTACÉ.

575. — Après le dépôt des dernières couches de la formation oolithique, les dislocations qu'éprouva l'écorce du globe, et les soulèvemens qui eurent lieu sur certains points mirent à nu plusieurs parties couvertes par les eaux. Ces nouvelles terres se couvrirent de végétaux et de lacs d'eau douce, et se sillonnèrent de rivières et de ruisseaux : ce qui explique la présence des dépôts *wealdiens* si riches en plantes terrestres et en animaux lacustres dont les débris ont été entraînés et accumulés dans des golfes à l'embouchure de grands cours d'eau.

576. — En Angleterre les couches wealdiennes occupent dans le comté de Sussex une grande surface qui paraît avoir été occupée par un lac, ou par les bouches d'un fleuve.

577. — « Les débris oganiques contenus dans ces couches, quoique d'espèces peu nombreuses, n'en sont pas moins fort intéressans. Les travaux de M. Mantell nous ont appris qu'un reptile

monstrueux qui par son ostéologie et surtout sa dent se rapproche de l'Iguane plus que tout autre des animaux vivans de nos jours (et qui a reçu le nom d'*Iguanodon*), rampait sur les bords de ce lac ou de cette embouchure, se nourrissant probablement des plantes qui l'accompagnent aujourd'hui à l'état fossile.

578. — « Les autres reptiles du dépôt wealdien n'étaient pas moins remarquables; car l'embouchure et ses bords étaient habités par l'*Hylæosaurus* (autre reptile dont nous devons la connaissance à M. Mantell), le *Megalosaurus* et le *Plesiosaurus*, tous genres qui ont cessé d'exister à la surface de la terre. Nous avons vu que les deux derniers genres se trouvaient fossiles déjà dans des couches plus anciennes; mais les genres *Iguanodon* et *Hylæosaurus* paraissent pour la première fois dans le terrain de *Weald*, du moins ne les a-t-on point encore rencontrés jusqu'ici dans des terrains inférieurs. On ne peut point affirmer cependant que ces animaux n'aient point été créés avant l'époque dont il s'agit ; car, vivant, à ce qu'il paraît, sur la terre émergée, leurs ossemens avaient bien moins de chances d'être conservés que ceux des animaux marins. En outre, nos observations ne portent encore que sur quelques points de la surface terrestre ; et il ne faut point oublier qu'outre le concours de circonstances favorables pour l'enfouissement des débris organiques, il faut encore d'autres circonstances favorables pour mettre au jour ces débris sur des points où l'on puisse les examiner. Avec les genres perdus du dépôt wealdien, on trouve des restes de Crocodiles, de Trionix, d'Émydes et de Chélonées, en sorte que les reptiles devaient être très abondans dans la contrée où ces dépôts se sont accumulés (1). »

579. — On peut faire remarquer avec M. de La Bèche que si l'on admet que la formation wealdienne s'est faite à l'embouchure de certaines rivières et non dans des bassins circonscrits du sud de l'Angleterre et du nord de la France, il faut supposer aussi qu'il existait, durant cette période, des terres d'une étendue considérable dans ces deux contrées ; que ces terres présentaient des dépressions qui furent occupées par des eaux

(1) H. De la Bèche : *Recherches sur la partie théorique de la Géologie*, page 240.

douces ; qu'en Angleterre ces eaux se peuplèrent d'une immense quantité de Paludines analogues à l'espèce appelée *Paludina vivipara*, dont les détritus formèrent les couches calcaires appelées *Purbeck beds* ; puis des sables y furent chariés qui, alternant avec des lits de vase, formèrent les couches de sable, de grès, et d'argile de Hastings ; enfin les derniers dépôts qui s'y formèrent se composèrent de vase qui forma l'argile wealdienne proprement dite.

580. — Lorsque ces dépôts furent formés, la mer envahit de nouveau l'espace qu'ils occupaient, mais ce fut graduellement, car il y a passage entre la formation wealdienne et l'étage moyen du terrain crétacé.

581. — Bien que les couches wealdiennes de l'Angleterre aient leur équivalent sur quelques points de la France, on ne doit point oublier que de tels dépôts doivent être fort restreints, c'est-à-dire locaux, et que pendant qu'ils se formaient dans quelques contrées, il se déposait ailleurs, comme en Pologne, des argiles, des sables, des grès et des calcaires marneux contenant du bois bitumineux et du fer qu'on exploite, dépôts qui paraissent être lacustres, tandis que sur le territoire de Neuchâtel et à l'extrémité orientale de l'Europe, des couches de marne, de sable et de calcaire étaient déposées par la mer, mais dans des circonstances physiques telles, que les animaux que cette mer avait jusqu'alors nourris ne pouvaient plus y vivre et étaient remplacés par d'autres espèces.

582. — Dans les eaux marines dont nous venons de parler se déposèrent les couches qui constituent l'étage moyen ou la formation du *grès vert* qui varient de composition dans un grand nombre de localités, bien qu'elles soient généralement marneuses et arénacées. Ainsi tandis qu'il se déposait aux extrémités occidentales de l'Europe, par exemple en Angleterre près de Tilgate, et en France près de Boulogne sur Mer et de Beauvais, des sables et grès ferrugineux, des argiles coquillères et calcarifères, des sables verts ou glauconieux, il se formait aux extrémités orientales, par exemple en Krimée, une série de marnes et de grès glauconieux.

583. — Dans les Alpes, comme à Entrevernes en Savoie, il se déposait des calcaires argilo-sableux, des calcaires bitumineux bruns et des couches d'un combustible analogue à la houille.

584. — Dans le canton de Berne, en Suisse, se formait le *Flysch*, ensemble de couches composé de plusieurs alternats de calschistes noirs ou gris, plus ou moins calcaires et marneux, de macignos et de poudingues.

585. — Dans la Morée il se déposait des grès feldspathiques, des calcaires compactes de différentes couleurs, des couches de silex, de jaspe et de phtanite, des calcaires blancs compactes ou sublamellaires, des calcaires brunâtres bitumineux, des calcaires marneux grisâtres ou jaunâtres, des marnes argileuses, des argiles schisteuses, des schistes légèrement micacés, enfin des grès présentant des empreintes de végétaux et des traces de lignites.

586. — Dans les Alpes de Salzbourg se formaient des conglomérats calcaires, des grès marneux d'un gris noirâtre à impressions de plantes qui paraissent être terrestres, et des marnes calcaires.

587. — Dans l'Europe centrale se déposaient sur les rives de l'Elbe, entre Pirna et Kœnigstein, des grès qui portent le nom de ces localités et que les Allemands nomment aussi *Quadersandstein*, et dans les environs de Vienne en Autriche ainsi que sur la ligne qu'occupent les Karpathes, des grès à fucoïdes, qui alternent avec des couches de marnes.

588. — Après ces dépôts si divers et si variés, se formèrent les masses calcaires qui constituent l'étage crayeux ou la formation crétacée, qui présente depuis la Suède jusqu'en Italie, et depuis la France occidentale jusqu'en Krimée, sinon les mêmes caractères minéralogiques, du moins certains caractères zoologiques, c'est-à-dire la présence de quelques espèces de fossiles, qui s'y trouvent partout répandus.

589. — Lorsque l'on considère que dans certaines contrées le calcaire de cet étage diffère de dureté, de texture et de couleur, que si, dans le Nord de l'Europe, le calcaire crayeux est blanc et friable, vers le sud il est compacte et noirâtre, on doit en conclure que cette différence de texture et de couleur ne peut provenir que d'une modification dans l'origine du dépôt, et qu'il existait, sur une grande étendue, quelque circonstance qui n'était pas commune à toute la surface de l'Europe.

590. — Suivant M. de La Bèche, la craie blanche friable paraît être le résultat d'une précipitation brusque du carbonate de chaux, due à une action qui aurait chassé l'excès d'acide carbonique, à l'aide duquel l'eau pouvait tenir en solution ce carbonate. Si cette eau, dit-il, avait été subitement chauffée, il se serait fait brusquement un grand précipité, et il en aurait pu résulter ce carbonate de chaux friable : ainsi l'on peut admettre que le calcaire a dû se précipiter doucement au fond des eaux, mais s'y consolider promptement : ce qui s'expliquerait par l'action de certaines éruptions de roches d'origine ignée qui, sans traverser le dépôt crétacé, se seraient arrêtées à une profondeur qui aurait seulement élevé brusquement la température de l'eau.

591. — On connaît dans le terrain crétacé environ 850 espèces de fossiles dont plus de 300 appartiennent à des genres éteints. M. Agassiz estime que pour les poissons seuls, les deux tiers appartiennent à des genres qui n'existent plus. Ces faits prouvent déjà combien la température des eaux de la mer devait différer de leur température actuelle.

592.—Nous avons vu que dans l'étage inférieur et dans l'étage moyen il existe de nombreux débris de végétaux dont quelques-uns sont terrestres. On trouve même dans l'étage moyen des fragmens de bois qui paraissent, d'après leur état de conservation et la manière dont ils ont été percés par des tarets ou par des animaux analogues, avoir long-tems flotté dans les eaux de l'Océan. On doit en conclure que cet océan recevait des cours d'eau qui y apportaient ces débris de végétaux.

593. — Dans la craie blanche au contraire presque tous les végétaux sont marins, les végétaux terrestres sont fort rares de même que les bois percés par les animaux perforans. La conséquence à tirer de ces faits paraît être, que la configuration générale du sol de l'Europe à laquelle ils se rapportent différait beaucoup de ce qu'elle était pendant que se formaient les étages inférieur et moyen du terrain crétacé. Il n'y avait à portée des mers dans lesquelles la craie se déposait, que fort peu de terres propres à la végétation des plantes ligneuses. Aucun cours d'eau important ne se jetait probablement dans cette mer : ils s'arrêtaient probablement dans des lacs d'eau douce :

et en effet on sait que près des masses de craie, dans lesquelles les plantes sont fort rares, il s'est formé des amas de combustibles qui appartiennent au terrain crétacé : tels sont ceux que l'on trouve à Ernani près d'Irun, à Saint-Lon dans le département des Landes et près de Quedlinbourg, dans la province prussienne de Saxe.

584. — La petite quantité de végétaux que présente la craie semble annoncer que pendant la période crétacée il existait moins de terres émergées sur l'ancien continent que pendant la période jurassique : ce qui tend à confirmer cette supposition, c'est le petit nombre de reptiles qui y ont laissé leurs débris.

585. — En résumé, les dépôts du terrain crétacé, non-seulement dans l'ancien continent, mais en Amérique où ils consistent en sables ferrugineux qui renferment quelques-uns des mêmes fossiles, attestent que la terre offrait, pendant qu'ils se formaient, un aspect tout différent de celui qu'elle présentait pendant l'époque jurassique.

CHAPITRE XXIV.

—

TERRAIN SUPERCRÉTACÉ.

Synonymie : Terrain tertiaire et terrain quaternaire de différens geologistes. — Terrain paléothérien. — Terrain de sédimens supérieurs (Al. Br.). — Groupes *Eocène*, *Miocène* et *Pliocène* (de M. Lyell).

586. — Ce terrain peut être facilement divisé en trois étages que nous subdivisons en neuf groupes qui se composent chacun d'un nombre plus ou moins considérable d'assises (1).

587. — Chacune de ces divisions sert à grouper des dépôts

(1) Les nombreuses subdivisions que M. d'Archiac a faites récemment avec beaucoup de sagacité, dans le terrain supercrétacé du nord de la France, de la Belgique et de l'Angleterre, nous ont engagé à faire quelques modifications dans les subdivisions que nous en avons données en 1837, dans le tome premier de notre *Nouveau Cours élémentaire de Géologie* faisant partie des *Suites à Buffon* de l'*Encyclopédie Roret*.

qui se trouvent dans des contrées plus ou moins éloignées, car on ne trouve sur aucun point de l'Europe ces divers dépôts superposés les uns aux autres.

ÉTAGE INFÉRIEUR.

Synonymie : Formation *Eocène* de M. Lyell.

588. — Cet étage comprend toute la série des couches qui se succèdent depuis la craie jusqu'aux meulières inférieures inclusivement.

589. — Nous le divisons en *quatre* groupes dont le plus inférieur qui ne se présente pas partout, diffère de l'argile plastique, qui caractérise un groupe que l'on a jusqu'à présent regardé comme tout-à-fait inférieur, mais qui est moins inférieur que le groupe dont nous allons parler et que nous désignons sous le nom de *groupe infra-inférieur* (1), parce que nous croyons nécessaire de le distinguer de celui qui le suit immédiatement.

Groupe infra-inférieur ou premier groupe.

590. — Ce groupe comprend des sables micacés, dans la partie septentrionale du bassin de Paris, un calcaire à texture pisolithique dans d'autres parties du même bassin, et un calcaire lacustre.

591. — *Sables micacés.* Ces sables qui, suivant M. Melleville, occupent au nord de Paris une superficie de 500 lieues carrées, et qui acquièrent aux environs de Laon une puissance de 70 mètres, s'étendent depuis Beauvais jusqu'aux environs de Reims, et depuis Laon jusqu'au-delà de Château-Thierry.

592. — Ils se divisent en plusieurs bancs très distincts les uns des autres, sont généralement micacés, présentent quelquefois des lits d'argile, et renferment souvent des nodules solides de sable ferrugineux, que l'on peut considérer comme du grès.

593. — Ces sables forment deux assises : l'*inférieure* qui repose sur la craie, se compose d'un sable blanc, à grains fins peu

(1) Ce groupe a été étudié par M. Melleville (Voyez le Bulletin de la société géologique de France. — Séance du 1 avril 1839).

micacé qui, dans sa partie supérieure , se charge d'oxide de fer.

594. — Au-dessus on voit se succéder plusieurs couches de sables llancs ou jaunes toujours micacés et quelquefois glauconieux.

595. — L'*assise supérieure* est formée de sable très fin, d'un jaune foncé , renfermant des concrétions *silicéo-calcaires*, et d'un sable blanc traversé vers le haut par quelques veines de sable vert glauconieux.

596. — C'est sur ce dernier sable que repose un sable vert qui paraît appartenir à l'assise inférieure du calcaire grossier parisien.

597. — Les buttes que forment les sables micacés renferment des amas d'argile plastique (1).

Ce sont ces mêmes sables que M. d'Archiac a nommés *Glauconie inférieure*, parce qu'en effet ils deviennent glauconieux par leur contact avec les dépôts d'argile plastique.

598. — *Calcaire pisolithique de Meudon*. Nous conservons la dénomination qui a été donnée par M. C. d'Orbigny à un calcaire que l'on voit au bas de la colline de Meudon, entre la craie et l'argile plastique.

599. — Ce calcaire est divisé en deux couches , par une couche mince d'argile feuilletée qui varie d'épaisseur, laquelle souvent n'atteint pas 10 centimètres.

600. — La couche inférieure se compose d'un calcaire blanc tachant , à texture lâche et généralement d'une faible consistance , mais présentant des grains pisolithiques .

601. — Son épaisseur est d'environ 20 à 40 centimètres.

602. — La couche supérieure est formée d'un calcaire jaunâtre, à texture grossière, généralement lâche, mais cependant assez solide. On y remarque beaucoup de miliolites et les moules d'un grand nombre de coquilles, ainsi que de petites concrétions pisolithiques.

603. — Son épaisseur est d'environ 1^m à $1^m 50^e$.

604. — Bien que le calcaire pisolithique de Meudon ne s'é-

___

(1) Dans notre *Nouveau Cours élémentaire de Géologie*, nous avons décrit ces sables sous la dénomination de *sables et grès glauconieux*.

tende pas sur une superficie aussi considérable que les sables micacés du Laonnais, il ne constitue pas un simple accident de localité ; ainsi, dans les environs de Paris on en peut citer plusieurs autres que Meudon où il se montre : on le voit à Bougival, à Port-Marly, à Vigny dans les environs de Pontoise ; autour de Montereau, où quinze grandes carrières sont exploitées dans ce calcaire ; au Mont-Aimé et aux Vertus au nord d'Épernay ; enfin il existerait même à Laversines près de Beauvais, si les fossiles du calcaire qui semble s'y rapporter dans cette localité, étaient reconnus pour être identiques avec ceux du terrain supercrétacé.

605. — *Calcaire lacustre inférieur.* M. d'Archiac regarde comme parallèle aux deux dépôts précédens, un ensemble de couches marneuses blanches et jaunâtres, quelquefois formées de rognons concrétionnés, cylindroïdes ou tuberculeux, constituant un véritable tuf d'eau douce, dans lequel se trouvent des sables siliceux d'un blanc pur.

606. Les caractères de ces couches, comme leur puissance, sont très variables ; elles se sont déposées sur la surface ondulée de la craie, et quelques-unes telles que les sables, paraissent n'être que des amas locaux formés dans les dépressions du sol préexistant.

607. — On les observe particulièrement sur le versant septentrional de la partie orientale de la montagne de Reims, de Montchenot et Sermiers à Villers-Mamery.

608. — *Débris organiques.* Le groupe que nous venons de décrire présente un grand nombre de fossiles.

609. — Dans les sables micacés on a jusqu'à présent reconnu une soixantaine d'espèces, parmi lesquelles nous citerons, comme caractéristiques, la *Cucullea crassatina* et l'*Ostrea bellovanica,* que l'on trouve en grand nombre à Bracheux près de Beauvais.

610. — Dans le calcaire pisolithique on ne peut encore citer aucun fossile caractéristique, mais plusieurs géologistes considérant ce calcaire comme appartenant à la craie, parce qu'il est au-dessous de l'argile plastique, il est bon de faire remarquer que M. d'Orbigny y a signalé deux espèces de

zoophytes, des fragmens de trois espèces de radiaires, deux espèces d'annelides, dix-neuf espèces de conchifères et onze espèces de mollusques qui appartiennent presque tous au calcaire grossier, et qu'on n'y a trouvé aucun des fossiles de la craie.

611. — Les 25 espèces environ que renferme le calcaire lacustre inférieur sont toutes terrestres ou d'eau douce. Les principales sont les suivantes : *Physa gigantea*, *Paludina aspera*, *Helix hemispherica* et *Cyclostoma Arnoudii*.

Groupe inférieur ou *second groupe*.

612. — L'argile plastique, des lignites, des calcaires, des grès, des poudingues, des conglomérats et des sables, forment les principaux dépôts de ce groupe, qui dans beaucoup de localités est tout-à-fait inférieur.

613. — Dans le groupe précédent les différens dépôts peuvent être considérés comme parallèles, c'est-à-dire comme placés chacun sur le même niveau géologique; mais dans le groupe qui nous occupe, on distingue des superpositions et conséquemment plusieurs assises.

Première assise.

614. — Des conglomérats, des argiles avec ou sans lignites forment cette assise.

615. — *Conglomérats* et *lignites.* Vers la base de la colline de Meudon, des travaux d'exploitation ont mis à découvert plusieurs couches qui supportent l'argile plastique et qui recouvrent le calcaire pisolithique.

616. — La plus inférieure est composée d'argile et de marne feuilletée, enveloppant ordinairement des fragmens arrondis de craie et de calcaire pisolithique constituant un véritable conglomérat. On y trouve aussi quelques nodules de célestine fibreuse et des silex de la craie.

617. — Au-dessus de cette couche s'élèvent d'autres couches composées d'argile marneuse renfermant des cristaux de gypse lenticulaire ou confusément cristallisés.

618. — Ces couches sont parfois mêlées de sable ferrugineux avec des veines et des nodules de fer hydraté et de fer sulfuré, passant à un lit de véritable lignite pyritifère dont l'épaisseur varie de un à trois pieds. On y voit aussi quelques cristaux de gypse lenticulaire.

619. — *Débris organiques*. M. C. Dorbigny a trouvé dans les conglomérats à lignites un grand nombre de corps organisés dont quatre ou cinq espèces de mollusques et de radiaires proviennent de la craie. Il y a trouvé en outre des coquilles d'eau douce, espèces nouvelles du genre Anodonte, des débris de poissons, des sauriens et des tortues, et des dents d'environ huit espèces de mammifères terrestres qui doivent être les plus anciens animaux de cette classe. Ils appartiennent principalement aux genres Anthracothérium et Lophiodon qui n'existent plus.

620. — *Argile plastique proprement dite*. Cette argile, qui doit son nom à la propriété dont elle jouit de faire pâte avec l'eau et de recevoir ensuite facilement les formes qu'on lui imprime, présente des couleurs assez variées, telles que le blanchâtre, le jaunâtre, le grisâtre, le bleuâtre, le rougeâtre et le noirâtre.

A Meudon elle est placée au-dessus des conglomérats à lignites.

621. — *Minéraux* et *métaux*. On n'a point encore trouvé de corps organisés bien authentiques dans l'argile plastique proprement dite ; mais elle renferme plusieurs substances minérales : ainsi outre des traces de chaux, de magnésie et d'oxide de fer que l'on y remarque souvent, elle contient çà et là des cristaux de gypse, comme à Auteuil près Paris ; de petits globules de carbonate de fer, comme à Arcueil, à Vanvres et à Vaugirard ; du succin, comme à Auteuil et à Noyers près Gisors ; de la websterite ou du sulfate d'alumine, comme à Auteuil près Paris, et dans les environs de New-Haven en Angleterre ; enfin des nodules de sulfure de fer ou sperkise, comme dans beaucoup de localités, et quelquefois des parcelles de mica.

622. — *Argile à lignites*. Connue sous le nom de *lignites du Soissonnais*, bien que les principales exploitations qu'on en fait se trouvent plus près de Laon que de Soissons, cette argile est

tantôt brune , tantôt bleuâtre , souvent jaunâtre , et enfin d'un gris verdâtre. Elle est moins malléable, moins pure que l'argile plastique et conséquemment moins réfractaire. Elle constitue une variété que les ouvriers comprennent sous la dénomination de *fausses glaises*, et que M. Al. Brongniart a appelée *argile figuline*. Dans certaines couches elle se mélange à une petite quantité de calcaire et prend alors les principaux caractères de la marne ; dans d'autres elle se mêle à du sable.

6 2 3. — Vers le milieu de la masse que constituent les couches d'argile, on les voit alterner jusqu'en bas avec des couches de lignites , bois carbonisés , qui offrent plusieurs variétés , depuis l'état fibreux qui distingue le bois à peine altéré , jusqu'à celui de jayet , dans lequel le végétal présente une texture serrée , une couleur d'un noir foncé, un brillant assez vif et enfin jusqu'à celui d'une tourbe pulvérulente noire : c'est cette variété qui a reçu le nom vulgaire de *cendre*.

6 2 4. — L'argile à lignite se présente sur une étendue considérable ; on la connaît dans les environs de Paris , ainsi les eaux qui alimentent les puits artésiens de Saint-Ouën et de Saint-Denis sont retenues par cette argile.

6 2 5. — M. C. Dorbigny a fait connaître un banc de lignite qui a été mis à découvert dans le percement d'un puits exécuté en 1836 près de la barrière de Fontainebleau. Ce banc, de 4 à 5 pieds d'épaisseur, repose sur une masse de 20 à 30 pieds d'argile plastique très pyritifère, et est recouvert par des sables glauconifères.

On trouve aussi cette argile dans une grande partie de la France septentrionale, en Belgique et en Angleterre.

6 2 6. — *Minéraux et métaux de l'argile à lignites*. Dans certaines localités cette argile contient différentes substances minérales telles que le gypse en cristaux limpides , la célestine ou strontiane sulfatée , du quarz agate et du quarz hyalin. On y trouve aussi du sulfate de fer et quelquefois du sulfate de zinc.

6 2 7. — *Débris organiques*. — Les principaux corps organisés que l'on trouve dans cette argile sont des végétaux, puisque les lignites ne sont que des plantes réduites à l'état charbonneux. Aux environs de Laon , de Soissons et de La Ferté-sous-Jouare , les dépôts de lignites renferment des troncs d'arbres silicifiés , qui dans leur intérieur présentent à la fois des veines charbon-

neuses et des veines siliceuses : les vides de celles-ci sont ordinairement remplis de petits cristaux de quarz hyalin brun, souvent bipyramidés.

628. — Parmi les végétaux que l'on y a reconnus, aucuns ne sont marins, tous sont analogues à ceux qui vivent sur le bord des étangs. Ils appartiennent principalement aux genres *Phyllites*, *Exogénites* et *Endogénites*.

629. — Les argiles et les sables de ces lignites contiennent fréquemment des coquilles : celles qui sont lacustres telles que les *Planorbes*, les *Physes* et les *Paludines* sont les plus rares, tandis que les coquilles fluvialites telles que les *Mélanopsides*, les *Mélanies*, les *Néritines* et surtout les *Cyrènes* y sont assez nombreuses.

630. — Quelquefois on y trouve aussi des ossemens d'animaux vertébrés, appartenant principalement aux genres *Anthracotherium*, *Lophiodon*, *Trionix*, *Emys* et *Crocodile*.

631. — *Emploi de l'argile à lignites.* — Cette argile est propre à la fabrication des tuiles et de la faïence commune. Le lignite peut être utilisé comme combustible lorsqu'il est abondant et d'une bonne qualité. Quelquefois il ressemble assez à la houille pour que des personnes peu familiarisées avec la constitution géognostique des environs de Paris aient pris pour des indices de houille les dépôts de lignite de Luzarches et des environs de Saint-Martin-la-Garenne près de Mantes.

632. — Dans les environs de Laon on l'exploite sous le nom de *cendres* pour en retirer le sulfate de fer ; mais dans la plupart des localités du Laonnais et du Soissonnais, on l'emploie principalement à l'amendement des terres.

Deuxième assise.

633. — Cette assise se compose principalement de sable, de grès, de poudingues et de cailloux roulés, qui acquièrent plus ou moins de développement selon les localités.

634. — *Sables et grès de l'argile plastique.* Quelquefois on trouve dans l'argile plastique des rognons de grès plus ou moins volumineux, dont le grain est plus ou moins gros, et qui contiennent souvent une grande quantité d'oxide de fer. Mais dans différentes localités du bassin de Paris, comme aux environs

de Fontainebleau, on voit au-dessus de l'argile plastique une couche de sable quarzeux à grains plus ou moins fins.

635. — A Aboudant, près de Dreux, le sable est blanc, gris ou verdâtre, composé de grains de quarz assez gros et de quelques parcelles de mica, agglutinées par un peu d'argile.

636. — A Montereau, le sable est très blanc à la partie inférieure ; mais à la partie supérieure il est bleuâtre, verdâtre et jaunâtre par suite d'infiltrations ferrugineuses ; souvent même il renferme une grande quantité de fer hydroxidé en rognons.

637. — Le grès que l'on trouve au-dessus de l'argile plastique présente souvent un aspect tout particulier : c'est une réunion de grains de quarz assez gros, dont les uns sont opaques et les autres hyalins, réunis par un ciment siliceux. Quelquefois ces grès offrent l'aspect de l'arkose.

638. — Suivant M. d'Archiac, les traces de corps organisés sont très rares dans ces grès, excepté lorsqu'ils recouvrent les dépôts de lignites. Ils présentent alors à leur partie inférieure les moules et les empreintes des espèces qui accompagnent ces dépôts.

639. — *Poudingues et cailloux roulés.* Au même niveau géologique que les sables et grès précédens, on trouve dans quelques localités un dépôt de cailloux roulés, que réunit souvent une pâte siliceuse qui en fait un poudingue assez solide.

640. — Ces cailloux, souvent blonds, d'autres fois noirs, sont des silex pyromaques provenant de la craie.

641. — Dans plusieurs localités, comme aux environs de Nemours, ces poudingues et cailloux roulés acquièrent une puissance de 10 à 12 mètres, et quelquefois même de plus du double.

642. — On remarque que les poudingues sont ordinairement au-dessous du dépôt caillouteux.

643. — Souvent les grès précédens passent aux poudingues dont il s'agit : c'est ce que l'on voit aux environs de Nemours, où les grès recouvrent les cailloux roulés et se chargent peu à peu de ces cailloux jusqu'à ce qu'ils deviennent tout-à-fait des poudingues.

644. — En Angleterre les cailloux roulés du même étage sont en général petits et parfaitement arrondis, et forment des dépôts d'une grande puissance, surtout au sud de Londres.

645. — *Sables glauconieux.* — Lorsque les sables et grès de

l'argile plastique, et les argiles à lignites manquent, il y a liaison et passage des sables micacés de l'étage infra-inférieur, aux sables glauconieux.

646. — Ces sables sont en général siliceux, plus ou moins mélangés de glauconie, souvent colorés par l'oxide de fer, mais quelquefois d'un blanc pur vers leur partie inférieure.

647. — Dans les environs de Paris, on n'en voit que quelques traces; mais dans les départemens de Seiné-et-Oise, de l'Oise et de la Marne, ils acquièrent un grand développement.

648. — Dans le Brabant méridional, en Belgique, ils sont blancs ou glauconieux, et renferment souvent des rognons de grès tuberculeux ou fistuleux.

649. — En Angleterre, ils sont souvent mêlés aux cailloux roulés et passent à l'argile de Londres par la prédominence de la matière argileuse.

Troisième assise.

650. — Cette assise se compose de sables coquillers et de sable avec couches d'argile.

651. — *Sables coquillers.* — Ces sables sont la continuation des sables glauconieux qu'ils recouvrent. Ils se composent de sable argileux et calcaire de couleur jaunâtre, et quelquefois mélangés de glauconie. Ils forment souvent un seul banc, quelquefois deux et très rarement trois.

652. — On les remarque en France dans les départemens de l'Oise, de l'Eure et de l'Aisne, en Belgique, ainsi qu'en Angleterre, à la partie inférieure de l'argile de Londres.

653. — *Debris organiques.* — Parmi les nombreuses espèces de coquilles qui peuvent servir à distinguer ces sables coquillers, nous citerons la *Cytherea nitidula*, la *Cyrena Gravesi*, la *Neritina conoïdea*, la *Turritella imbricataria*, et la *Nummulites planulata*.

654. — *Sables et argiles.* — Ce dépôt qui a été signalé par M. Melleville et par M. d'Archiac, n'occupe point une grande étendue, mais ne doit pas non plus être passé sous silence.

655. — Il se compose à la partie inférieure de sables plus ou moins ferrugineux ou glauconieux, et quelquefois de sables blancs, ou de sables mélangés d'une petite quantité de

matière argileuse et calcaire. Quelquefois encore on y trouve des rognons tuberculeux composés de sable calcarifère.

La partie supérieure est formée d'argile dont la puissance est de 2 à 3 mètres.

Groupe inférieur en Angleterre.

656. — Le dépôt d'argile plastique n'est pas minéralogiquement le même en Angleterre que dans les environs de Paris. Il consiste en un ensemble de couches de cailloux roulés et de sables, alternant irrégulièrement avec des couches d'argile.

657. — *Débris organiques.* — En Angleterre, l'argile plastique renferme généralement beaucoup de coquilles marines mêlées à des coquilles d'eau douce, ainsi que des restes de végétaux quelquefois à l'état de lignite.

Groupe moyen ou troisième groupe.

658. — Ce groupe se compose principalement de calcaires, de sable et quelquefois d'argile.

659. — En France, il est essentiellement calcaire : le sable et le grès y sont plus ou moins abondans.

660. — En Belgique, il est à la fois calcaire et sableux.

661. — En Angleterre, il est particulièrement argileux.

662. — On peut donc le considérer comme formé de trois systèmes différens.

Système calcaire.

663. — Ce système, qui est très répandu en France et dont le type occupe, sous la dénomination de *calcaire grossier*, un rayon assez étendu autour de Paris, se divise naturellement en trois assises.

664. — *Assise inférieure.* — *Sable et grès calcarifère glauconieux.* — Dans un grand nombre de localités, cette assise se confond avec les sables sur lesquels elle repose et avec le calcaire grossier qui la recouvre. Cependant, ses caractères généraux sont d'être composée de sables siliceux plus ou moins calcarifères et mélangés de grains de silicate de fer, que nous avons appelés *Glauconie* : de là les noms de *Calcaire grossier glauconieux* et de *Glauconie grossière* qu'on lui a donnés.

665. — Ces sables alternent souvent avec des sables quar-

zeux plus ou moins ferrugineux. Ils contiennent ordinairement dans leur partie inférieure des rognons de grès chargés de glauconie. Ces rognons, de forme et de grosseur variables, sont quelquefois alignés en couches horizontales comme les silex de la craie; ils sont en général composés de calcaire, de sable fin, de glauconie et d'argile. Tantôt ils sont grisâtres, légers et poreux, comme aux environs de Soissons; tantôt ils sont durs, à texture serrée et sublamellaire et à reflets luisans dans leur cassure. D'autres fois ils sont rougeâtres ou jaunâtres comme aux environs de Coucy, dans le département de l'Aisne, et de Noyon, dans le département de l'Oise. Quelquefois ces rognons sont des géodes tapissées de cristaux de carbonate de chaux; d'autres fois, comme près de Montataire, ils sont garnis de petits cristaux de quarz blanc.

666. — Dans quelques localités, comme à Valmondois et près de Gisors, les grès de cette assise passent à une espèce de poudingue.

667. — *Débris organiques de l'assise inférieure.* — La plupart des coquilles de cette assise se trouvent dans les assises moyenne et supérieure; mais parmi les polipiers, il est plus facile de citer quelques espèces qui se présentent constamment dans le calcaire grossier glauconieux: ce sont, suivant M. d'Archiac, la *Lunulites radiata*, le *Nucleolites grignonensis* et la *Turbinolia elliptica*.

668. — *Assise moyenne.* — *Calcaire grossier.* — Cette assise, qui occupe une superficie considérable autour de Paris, principalement dans la direction du Nord et dans celle de l'Est, y a pris un si grand développement, et se subdivise en un si grand nombre de couches, que l'on peut la partager en trois groupes faciles à distinguer.

669. — *Calcaire grossier inférieur.* — Ainsi que nous l'avons dit précédemment (664), ce calcaire se confond avec les *sables* et *grès calcarifères* de l'assise inférieure, sur lesquels il repose. C'est ce que l'on remarque surtout dans les environs de Paris, où l'on ne trouve que quelques indices de l'assise inférieure. Il est en général formé d'une ou de plusieurs couches de calcaire plus ou moins chargé de glauconie, et quelquefois mêlé de sable ou de gros grains de quarz.

670. — Dans le bassin de Paris, le calcaire grossier inférieur se compose d'un calcaire glauconieux plus ou moins mélangé de sable, et qui est souvent friable, et d'un gris verdâtre comme à Meulan, ou bien rougeâtre comme à Meudon. D'autres fois la roche est jaunâtre ou ocracée comme à Saillancourt. Quelquefois aussi, dans sa partie supérieure, elle se compose d'un calcaire à texture lâche, qui ne parait être composé que de petits grains ronds ou ovoïdes, ressemblant à des pisolithes et de débris de polypiers et de petits oursins, réunis par un ciment assez souvent spathique.

671. — Lorsque les couches calcarifères de cette assise sont solides, elles n'offrent que des moules de coquilles ; lorsque ces couches sont friables, les coquilles y sont bien conservées, mais très fragiles, surtout si la glauconie abonde.

672. — Lorsque la glauconie n'est pas en grande abondance, comme à Grignon, près de Versailles, et à la montée de Saint-Germain-en-Laye, les coquilles sont solides et s'obtiennent facilement entières.

673. — *Débris organiques du calcaire grossier inférieur.* On trouve dans ce calcaire une douzaine d'espèces de polypiers, plusieurs spatangues et huit ou dix espèces de mollusques dont les plus caractéristiques sont le *Cerithium giganteum* et la *Turritella imbricataria*.

674. — Les nummulites y sont aussi très abondantes, surtout dans les environs de Laon et de Soissons.

675. — En Krimée, nous avons reconnu le même calcaire grossier inférieur dans un calcaire presque entièrement composé de grandes nummulites, dont une est la *Nummulites complanata*, et qui contient des moules d'un grand cerithe qu'on ne peut rapporter, selon nous, qu'au *Cerithium giganteum*.

676. — *Emploi du calcaire grossier inférieur.* — Ce calcaire grossier est dans quelques localités des environs de Paris, comme à Meudon, à Saillancourt et à Meulan, assez solide pour fournir une bonne pierre employée à la bâtisse.

677. — *Calcaire grossier moyen.* — Cette partie du calcaire grossier est caractérisée dans la plus grande épaisseur de la masse qu'il constitue, par l'abondance d'une petite coquille multiloculaire appelée *Miliolite*.

678. — Il se divise en plusieurs couches sur lesquelles repose un calcaire gris ou d'un jaune verdâtre que les carriers nomment *banc vert,* et que l'on remarque depuis Gentilly près Paris, jusqu'à Saillancourt près Pontoise. Sur ce calcaire, reposent dans plusieurs localités autour de Paris, telles que Passy, Gentilly et Vaugirard, des lits de marne, de sable, d'argile et de lignites, qui annoncent par les fossiles qu'ils renferment, un dépôt formé par le concours de l'eau douce et de l'eau de mer.

679. — *Débris organiques du calcaire grossier moyen.* — Outre les miliolites, on trouve dans ce calcaire des coquilles marines appartenant à un grand nombre de genres. Le banc vert est tendre et renferme à sa partie inférieure de nombreuses traces de végétaux. Des couches composées de calcaires, d'argile et de sable mêlés ensemble et qui en font partie, contiennent beaucoup de plantes terrestres, appartenant aux genres *Culmites, Flabellites, Phyllites,* etc., à Chatillon, à Bougival, à Villepreux, à Grignon et à Saillancourt.

680. — Les lits de marne, de sable et d'argile qui le recouvrent, présentent des moules de coquilles marines agatisées, et quelques coquilles d'eau douce, telles que des Limnées, des Paludines et des Planorbes. On y remarque aussi une argile noire présentant des restes de *Culmites.*

681. — Le célèbre banc coquiller de Grignon, où l'on a trouvé plus de 600 espèces de fossiles, appartient, pour la plus grande partie, au calcaire grossier moyen ; mais il comprend aussi le calcaire grossier inférieur : ces deux étages s'y confondent.

682. — *Calcaire grossier supérieur.* Cette partie du calcaire grossier se compose de couches de calcaire plus ou moins dur, mais dont les supérieures appelées *banc de roche* par les carriers, sont très dures et présentent les traces en creux d'un grand nombre de coquilles, appartenant la plupart au genre *Cerithe.*

683. — C'est dans cette division du calcaire grossier que se trouvent les couches que les ouvriers nomment *Banc blanc, Grignard, Lambourde,* etc., et ce calcaire tendre, peu coquiller que l'on exploite dans plusieurs localités, et particulièrement à Saint-Nom près Versailles.

684. — Les couches de cette division sont souvent séparées par des lits d'argile dont l'épaisseur est très variable, mais qui se continuent souvent à de grandes distances.

685. — *Débris organiques du calcaire grossier supérieur.* Ce calcaire renferme un grand nombre de miliolites, mais beaucoup moins que le calcaire grossier moyen. Il est en quelque sorte caractérisé par l'abondance des empreintes et des moules de Cérithes dont la plupart appartiennent à l'espèce appelée *Cerithium lapidum.* On y trouve aussi en abondance la *Lucina Saxorum.*

686. — Le calcaire dur appelé *banc de roche* renferme quelquefois, comme à Nanterre et à Passy, des ossemens d'*Anoplotherium,* de *Lophiodon* et de *Palæotherium,* et des végétaux monocotylédons.

687. — Dans le même calcaire on trouve à Nanterre de très beaux poissons fossiles.

Système calcareo-sableux.

688. — Ce système, qui représente le calcaire grossier ou plutôt son prolongement modifié à l'extrémité septentrionale de la France et en Belgique, se compose de grès noduleux et fistuleux, de calcaires sableux et coquillers, de sable blanc ou ferrugineux, de calcaires siliceux et de calcaires en rognons et en blocs disséminés dans les sables.

M. Galéotti a divisé ce système en trois étages dont nous allons donner les principaux caractères.

689. — *L'étage inférieur* est formé de glauconies grossières, passant d'un côté au calcaire compacte et de l'autre à des sables verdâtres contenant des débris d'oursins.

690. — *L'étage moyen,* presque dépourvu de fossiles, est formé de sables ferrugineux contenant des grès noduleux et fistuleux, quelquefois recouverts d'une pellicule de calcédoine, et des blocs de calcaire noduleux et sableux.

691. — *L'étage supérieur* se compose de sables, tantôt calcarifères, tantôt moitié calcarifères et moitié quarzeux, d'autres fois argileux et souvent ferrugineux.

692. — Ces sables renferment des blocs de calcaire plus ou moins friable et impur, et plus ou moins compacte, disséminés en couches horizontales non continues ; des blocs de grès

blanc calcarifère plus ou moins volumineux et souvent pétris de fossiles ; des grès noduleux et fistuleux disposés en lits et renfermant des corps organisés , des grès très ferrugineux passant au fer hydraté , enfin des lignites avec du fer phosphaté.

693. — *Débris organiques du système calcareo-sableux.* Quelques-uns des fossiles caractéristiques que nous avons indiqués dans le calcaire grossier parisien , se trouvent dans des couches correspondantes de la Belgique : ainsi le *Cerithium giganteum*, la *Turritella imbricataria*, s'y rencontrent fréquemment. En résumé, sur 115 espèces de coquilles univalves et bivalves déterminées par M Galeotti, les deux tiers se trouvent dans le calcaire grossier ; les autres sont de l'argile de Londres, ou appartiennent à d'autres groupes, et 11 sont particulières au Brabant.

Système argileux.

694. — Ce système, qui représente le calcaire grossier en Angleterre , est le prolongement de l'argile plastique dans le bassin de Londres.

695. — L'argile y est ordinairement bleuâtre ou noirâtre. Elle contient en quantité très variable du carbonate de chaux dû aux coquilles qu'elle renferme.

696. — On y trouve fréquemment des lits de rognons appelés *septaria* par les Anglais et qui sont composés de calcaire argileux traversé dans tous les sens par des veines de calcaire cristallin. Dans certaines localités, l'argile de Londres contient des couches de grès.

697. — *Débris organiques du système argileux.* — Parmi les 282 espèces de mollusques connus dans l'argile de Londres, environ un quart ou 66 appartiennent au calcaire grossier parisien. Le *Cerithium giganteum* se trouve dans la partie inférieure du système comme dans les couches inférieures du calcaire grossier.

Groupe supérieur ou quatrième groupe.

698. — Ce groupe, qui peut être partagé en trois assises, comprend des dépôts marins et lacustres.

699. — *Assise inférieure.* — *Marnes , sables et calcédoines*

Cette assise se compose de toutes les couches de différentes natures que les ouvriers comprennent sous le nom de *caillasse*, et qui renferment des calcaires remarquables par leur fragilité.

700. — On y voit en effet des calcaires marneux, compactes, en apparence solides, mais qui ne peuvent être d'aucun usage parce qu'ils sont *gelisses*, c'est-à-dire qu'ils ne résistent point à la gelée. On y voit des couches de marnes contenant des rognons ou des lits de calcaire sublamellaire renfermant des cristaux ou bien des concrétions de chaux carbonatée jaunâtre qui remplissent les fentes de ces rognons ou de ces lits ; car des fentes traversent dans tous les sens les roches cette assise. Quelquefois aussi les rognons calcaires offrent dans leur intérieur des cavités dans lesquelles la marne est fendillée comme par l'effet d'un retrait produit par le dessèchement.

701. — Les lits de marne renferment souvent des pseudomorphoses de gypse lenticulaire, en carbonate de chaux comme à Vaugirard, et en quarz comme à Passy ; ainsi que des rognons géodiques de quarz carié ou grenu, dont l'intérieur est tapissé de cristaux de quarz hyalin bipiramidé ou de chaux carbonatée inverse, et quelquefois de ces deux substances, comme à Nanterre. On y trouve aussi, mais rarement, comme à Neuilly, des cristaux cubiques de fluorine.

702. — *Débris organiques de l'assise inférieure.* — Les corps organisés sont rares dans cette asise, mais les couches qui en renferment présentent un mélange de coquilles marines et de coquilles d'eau douce : ce sont des *Natices*, des *Corbules*, des *Potamides*, des *Paludines* et le *Cyclostoma mumia*.

703. — *Assise moyenne.* — *Sables et grès dits de Beauchamp.* Ces sables et les grès qu'ils renferment sont généralement blancs ou grisâtres, quoique dans plusieurs localités des environs de Paris, entre autres à Valmondois près de Pontoise et dans la forêt de Saint-Germain ils soient souvent colorés par l'oxide de fer. Ils sont quelquefois d'un gris noirâtre. La texture des grès est souvent très serrée, ce qui leur donne un brillant lustré. Ils sont ordinairement calcarifères parce qu'ils renferment des coquilles entièrement calcaires : ce n'est que par places qu'ils sont purement siliceux. Ces grès, qui semblent former des couches au milieu du sable, ne présen-

tent cette disposition que çà et là : car plus ordinairement ils constituent des rognons aplatis et alongés.

704. — Le sable et le grès renferment, comme à Beauchamp et surtout à Valmondois, des galets de silex et quelquefois de calcaire provenant de la partie supérieure du calcaire grossier: ces galets calcaires sont souvent perforés par des coquilles lithophages, comme pour attester que les sables dans lesquels on les trouve ont été déposés sur les bords de la mer.

705. — Dans plusieurs localités, les grès marins dont il s'agit sont recouverts de couches de calcaire tantôt sablonneux, tantôt compacte, contenant des coquilles marines ou des rognons de calcaire quelquefois cariés et quelquefois quarzifères.

706. — Dans d'autres localités, comme à Beauchamp, la partie supérieure des grès se compose de sables contenant des coquilles d'eau douce : entre autres le *Cyclostoma mumia ;* mais c'est qu'il y a alors passage insensible entre les sables et les grès et le calcaire lacustre qui les recouvre.

707. — *Débris organiques des sables et des grès de Beauchamp.* — Ce dépôt est très riche en corps organisés: M. d'Archiac y a reconnu 320 espèces de coquilles, dont 166 appartiennent aux assises et aux étages inférieurs, et dont 150 sont particulières à ces grès. Nous ne citerons que les espèces principales qui sont : le *Cerithium mutabile*, l'*Ostrea arenaria* et la *Venericardia complanata.*

708. — *La Belgique* paraît présenter des sables et des grès analogues à ceux de Beauchamp dans la partie supérieure de la colline de Sainte-Trinité près Tournay, et dans les collines basses que traverse la route de Gand à Bruxelles, entre Assche et Aloste.

709. — *L'Angleterre* nous montre l'équivalent du même dépôt dans les *sables de Bagshot.* Ces sables sont ferrugineux et d'une couleur d'ocre ; ils alternent avec un sable vert et des marnes blanches, jaunes ou mouchetées, à texture feuilletée.

710. — *Assise supérieure.* Cette assise se compose: 1° de calcaire d'eau douce ; 2° de marnes alternant avec des masses de gypse ; 3° de marnes fluviatiles dites marnes vertes ; 4° de calcaire d'eau douce ; 5° de marnes marines.

711. — *Calcaire d'eau douce* ou *Travertin inférieur.* — Ce calcaire, que depuis long-tems on a généralement l'habitude de

désigner sous le nom de calcaire siliceux, ne mérite cependant pas d'être ainsi appelé, puisque dans plusieurs localités, comme aux environs de Nemours, il forme des masses considérables dépourvues de silice. C'est pour cette raison que M. Cordier et d'autres géologistes lui ont donné la dénomination de *Travertin*, dénomination adoptée depuis long-tems pour désigner un calcaire lacustre des environs de Rome.

712. — Considéré d'une manière générale, ce travertin, que l'on surnomme inférieur parce qu'il s'en présente d'autres masses dans l'étage moyen du terrain supercrétacé parisien, est formé de couches de calcaire, quelquefois gris et compacte, d'autres fois blanc et marneux, ou bien d'un blanc jaunâtre et plus ou moins siliceux, ainsi que l'indique son degré de dureté.

713. — Au milieu de ces couches on trouve souvent un calcaire plus siliceux ou des silex en rognons et en lits. Souvent ces silex sont compactes, à cassure conchoïdale ou d'un aspect plus ou moins gras; souvent aussi ils offrent de nombreuses cavités remplies de marne qui, dissoute dans l'acide nitrique, leur donne l'apparence de quarz molaire, c'est-à-dire de meulière caverneuse. Dans cet état le calcaire siliceux n'offre pas de stratification distincte; il forme des masses irrégulières, empâtées dans une marne calcaire.

714. — *Minéraux du travertin inférieur.* — Ce calcaire présente une grande variété de quarz, sous la forme de cristaux hyalins, ou plus ordinairement en calcédoine, en onix, en opale résinite, de différentes nuances, qui se change par une sorte de décomposition en rognons de quarz nectique, matière spongieuse qui surnage l'eau et que l'on trouve à Saint-Ouen près Paris.

715. — Dans le parc de Saint-Cloud, à l'entrée du *Tunnel* du chemin de fer, nous avons remarqué une couche de calcédoine opaline blanche et une autre de calcédoine à pseudomorphoses de gypse, dont on pourrait faire de jolis bijoux.

716. On trouve aussi dans les couches marneuses de ce calcaire la magnésite feuilletée, comme à Coulommiers, à Moret, à Nemours, à Paris et à Saint-Ouen.

717. — *Débris organiques.* — Les corps organisés sont assez nombreux dans ce calcaire. Parmi les végétaux on commence à y trouver des graines de *Chara medicaginula*; parmi les mol-

lusques ce sont le *Limnæa longiscata*, le *Planorbis rotundatus*, la *Paludina elongata* et le *Cyclostoma mumia*. Parmi les mammifères ce sont des ossemens de *Paleotherium minus*, de *Lopiodon*, de *Dichobune*, etc.

718. — *Marnes et gypse.* — Au-dessus du calcaire d'eau douce que nous venons de décrire se présente un dépôt de marnes et de gypse qui, dans quelques localités des environs de Paris, telles que Belleville, Pantin, Montmartre, Argenteuil et le mont Valérien, acquièrent une puissance de 40 à 50 mètres. C'est surtout à Montmartre qu'il offre les couches les plus nombreuses et les plus puissantes. Dans cette localité, le gypse qui alterne avec les marnes forment trois masses dont deux sont parfaitement distinctes, car il n'existe aucune différence bien marquée entre la seconde et la troisième.

719. — La plupart des couches de marnes sont blanches et feuilletées; l'une de celles de la troisième masse ou de la plus inférieure est remarquable par sa blancheur et par les groupes de pyramides quadrangulaires qu'on y trouve réunies au nombre de six par leurs sommets, et qui ont été produites par les retraits de cette marne. D'autres couches de la même masse renferment des coquilles marines et des débris de végétaux qui paraissent appartenir à des *Fucus*.

720. — Dans les couches de la seconde masse on n'a encore trouvé aucune trace de coquilles; mais on y remarque une marne brunâtre, marbrée et très feuilletée, que l'on vend à Paris sous le nom de *pierre à détacher*, parce qu'en effet elle jouit de la propriété d'enlever les taches de graisse.

721. — Enfin, les marnes de la même masse renferment des rognons de célestine ou de strontiane sulfatée compacte.

722. — La première masse ou la supérieure présente un dépôt de gypse qui à Montmartre a 15 à 20 mètres de puissance. L'un des lits inférieurs de cette masse est remarquable en ce qu'il se compose d'un gypse compacte, un peu calcarifère, renfermant des sphéroïdes siliceux qui lui ont valu le nom de *fusils* que les ouvriers lui ont donné, comme pour indiquer que ces rognons siliceux ressemblent à la pierre à fusil.

723. — Au-dessus des bancs de gypse se présentent des couches de marne et de gypse marneux qui alternent, et dans lesquels on a trouvé des troncs silicifiés d'arbres monocotylédons.

724. — On trouve aussi dans la première masse quelques coquilles d'eau douce et des ossemens de pachydermes, dont les espèces sont perdues.

725. — Le gypse, qui alterne avec les marnes, se présente sous plusieurs états différens : il est tantôt compacte, tantôt à texture lamellaire, ou bien saccharoïde ; souvent il est cristallisé, mais toujours d'une manière confuse. Ce n'est que dans les marnes que l'on trouve du gypse en cristaux lenticulaires ou bien en fer de lance. Près de Lagny-sur-Marne le gypse est blanc et compacte : c'est la variété connue sous le nom d'*albâtre gypseux*.

726. — Lorsque le gypse constitue des couches un peu épaisses, il présente une tendance très marquée à la structure prismatique.

727. — *Minéraux* et *métaux*. — Aux substances minérales que nous avons citées dans les marnes et le gypse, nous ajouterons le soufre, qui s'y trouve quelquefois en petites masses concrétionnées ; le calcaire jaunâtre et mammelonné ou l'albâtre calcaire qui s'y forme dans des cavités, à la manière des stalactites et des stalagmites ; le quarz hyalin qui se trouve quelquefois en prismes dans le gypse blanc compacte ; le manganèse qui s'y présente quelquefois en petits mammelons et plus souvent sous forme de dendrites et de taches noires dans les marnes ; le fer hydraté, qui donne une teinte ocreuse à certaines parties de couches.

728. — *Débris organiques*. — On trouve un grand nombre d'ossemens dans le gypse ; ils appartiennent à des mammifères des genres *Palæotherium*, *Cheropotame*, etc., à trois ou quatre espèces d'oiseaux ; enfin à plusieurs espèces de reptiles et de poissons.

729. — *Marnes jaunes* et *marnes vertes*. — Sur les marnes gypseuses que nous venons de décrire reposent plusieurs assises de marnes qui forment un ensemble que l'on désigne souvent sous le nom de *marnes vertes*, et dans lesquelles est quelquefois intercalé un dépôt de calcaire d'eau douce et siliceux. Ces marnes forment plusieurs assises que nous allons examiner dans l'ordre de leur superposition.

730. — 1° *Marnes jaunes dites à Cythérées*. — Ces marnes, en général un peu gypseuses dans leurs couches inférieures, con-

tiennent à Montmartre des débris de poissons et des coquilles d'eau douce. A Pantin les mêmes couches inférieures sont riches en Bulimes, en Limnées et en Planorbes.

731. — Leurs couches supérieures sont plus faciles à reconnaître : elles consistent en une marne jaune feuilletée contenant un grand nombre de coquilles que l'on a appelées *Cytherea convexa* et *Cytherea plana*, et qui sont souvent accompagnées de *Spirorbes* et d'une coquille que l'on a assimilée au *Cerithium plicatum*.

732. — D'après les noms donnés à ces coquilles, les marnes à Cythérées ont été généralement considérées jusqu'à présent, comme étant de formation marine; mais ce fait est loin d'être rigoureusement exact : elles sont plutôt de formation littorale avec mélange de coquilles d'eau douce et d'eau de mer, si même elles ne sont pas complètement d'eau douce, c'est-à-dire d'un dépôt fait à l'embouchure d'un fleuve : ainsi les prétendues cythérées appartiendraient, suivant M. Deshayes, au genre *Glauconomia* de M. Gray, dont les espèces vivent dans les rivières de l'Inde; les Spirorbes seraient de très petits Planorbes; les Cérithes seraient des Potamides. Dans quelques localités des environs de Paris, ces coquilles sont accompagnées de Paludines, de petits crustacés appelés *Cypris faba* et de débris de poissons d'eau douce voisins des Cyprins.

733. — Ces marnes se remarquent sur une grande étendue autour de Paris et sur une épaisseur de 5 à 6 mètres qui varie peu, en sorte qu'elles servent parfaitement de ligne de repère dans la série des couches des dépôts parisiens.

734. — 2° *Marnes vertes.* — Au-dessus des marnes précédentes se présentent des marnes d'un vert jaunâtre, peu fissiles, mais friables, qui dans quelques localités sont employées à la fabrication des tuiles, des briques et même de la poterie.

735. — On n'y voit point de corps organisés; on y trouve seulement des rognons verdâtres, calcaires, de forme irrégulière mais géodique, dont les fissures à l'intérieur sont tapissées de cristaux, de carbonate de chaux, et des rognons de sulfate de strontiane ou de célestine, tantôt compacte, tantôt présentant dans leur intérieur des retraits prismatiques dont les interstices sont tapissés de cristaux de la même substance.

736. — Ces marnes vertes forment un horizon géognostique

plus constant et plus apparent encore que les précédentes. Dans la Brie elles sont même le seul représentant des marnes alternant avec le gypse.

737. — 3° *Calcaire lacustre* ou *Travertin moyen*. — Sur les marnes vertes proprement dites repose, non pas il est vrai à Montmartre, mais à Pantin, un calcaire d'eau douce, siliceux, c'est-à-dire contenant des rognons de silex noirâtre, et un grand nombre de coquilles fluviatiles.

738. — Ce calcaire est facile à reconnaître aux environs de Melun, de Montereau, de Valvins, de Champigny, etc., par la place qu'il occupe au-dessus de marnes verdâtres ou jaunâtres, et au-dessous des sables et grès dits de Fontainebleau.

739. — On le remarque aussi à La Ferté-sous-Jouarre, à Montmirail, et nous l'avons signalé à la Cour-de-France et près d'Essonne. Il diffère de celui des localités précédentes en ce qu'il se termine à sa partie supérieure par des silex caverneux ou meulières, qui dans les deux premières de ces localités sont employées à faire de très bonnes meules de moulins.

740. — 4° *Marnes marines*. — Ces marnes sont calcaires et blanches à leur partie inférieure, et grises ou bleuâtres au-dessus; elles deviennent dans quelques localités, comme à Montmartre, à Argenteuil, à Montmorency, etc., si calcaires et si compactes, qu'on a essayé de les employer comme pierres lithographiques.

741. — Dans les couches calcaires de ces marnes nous avons trouvé sur les bords du canal de Versailles, près de l'ancienne ménagerie, les mêmes groupes de pyramides formées par retrait, que M. Constant Prévost a observées dans la troisième masse de gypse de Montmartre.

742. — Près de Neauphle-le-Vieux, au hameau de la Petite-Marre, nous avons signalé dans ces marnes un calcaire marin à Miliolites, Cerithes, etc., qui a un mètre et demi d'épaisseur et dont une partie est exploitée pour la bâtisse. Le même calcaire se montre dans un grand nombre de localités, mais sur une petite épaisseur.

743. — Les coquilles les plus caractéristiques de ces marnes sont : l'*Ostrea hippopus*, l'*Ostrea spatulata*, la *Cytherea semisulcata*, la *Natica patula* et le *Cerithium cinctum*.

744. — *En Angleterre*, tout le groupe que nous venon

de décrire est représenté par une formation d'eau douce qui occupe la moitié septentrionale de l'île de Wight, et qui se voit très facilement à la falaise d'Hordwell, dans le Hampshire.

745. — *Formes du sol de l'étage inférieur*. — Les argiles plastiques et à lignites se montrent rarement à la surface du sol ; là où elles paraissent, comme dans le département de l'Aisne, elles forment des monticules arrondis au-dessus du fond des vallées, en suivant les sinuosités des collines calcaires contre lesquelles ils s'appuient.

746. — Le calcaire grossier se montre rarement en collines isolées ; les côtes alongées qu'il forme sont peu élevées ; leurs flancs sont en pentes assez douces, et les vallées qui les sillonnent sont généralement assez larges.

747. — Les collines de marnes, de calcaire d'eau douce et de gypse offrent un aspect particulier qui les fait reconnaître de loin : comme elles sont placées sur le calcaire grossier, elles forment un second étage de collines alongées ou coniques situées sur des collines plus étendues et plus basses. On les reconnaît de loin à leurs pentes rapides et à leurs profils présentant des contours plus ou moins courbes, comme celles d'Argenteuil, de Belleville et de Montmorency, et souvent à leurs formes coniques, comme celles de Sannois, de Montmartre et du mont Valérien.

ÉTAGE MOYEN.

Synonymie : *Période miocène* de M. Lyell. (1).

748. — Cet étage, qui comprend des dépôts de diverses contrées de l'Europe, se partage en trois groupes d'époques différentes, qui ne se trouvent nulle part superposés les uns aux autres.

Groupe inférieur.

749. — Plusieurs géologues considèrent les marnes marines que nous venons de décrire comme appartenant au même étage que les sables et grès qui les recouvrent, parce que ces sables sont de formation marine ; mais l'étage inférieur présente tant d'enchevêtremens de dépôts d'eau douce et de dépôts marins,

(1) Du grec *meion* moins, *kenos* récent.

que nous préférons laisser réunis en un seul ensemble toutes ces marnes, que d'en joindre une partie aux sables et grès que l'on peut regarder d'ailleurs comme déposés à la manière des dunes qui se forment encore.

750. — *Sables et grès dits de Fontainebleau.* — Ce dépôt, qui dans les environs de Paris porte aussi le nom de *sables et grès marins supérieurs*, parce qu'en effet il n'y a pas de sables et de grès plus récens dans les dépôts parisiens, est très développé dans les environs de Fontainebleau; mais il constitue la partie supérieure de toutes les collines du bassin de Paris.

751. — Les grès de ce dépôt sont de deux espèces différentes : l'inférieur est dépourvu de corps organisés, tandis que le plus supérieur que l'on voit au sommet de Montmartre, est coquiller, c'est-à-dire rempli de moules de coquilles bivalves et univalves.

752. — Les grès coquillers ou non coquillers ne sont que des concrétions qui se sont formées chimiquement au milieu des sables, par suite d'infiltrations siliceuses ou calcaires. Les sables constituent la masse principale de tout le dépôt.

753. — On distingue dans beaucoup de localités, trois assises dans ces sables : l'inférieure se compose de sables blancs, la moyenne de sables rouges ou jaunes, ordinairement micacés, que recouvre une masse plus ou moins épaisse de sable dépourvu de mica.

754. — Le mica est généralement jaune; mais il y en a aussi de blanc.

755. — Quelquefois, comme à Buc, près de Versailles, le mica, au lieu d'être disséminé dans le sable, s'est accumulé de manière à former des couches de quelques décimètres d'épaisseur dans lesquelles il n'y a presque pas de sable.

756. — Le sable siliceux, d'une blancheur éclatante, tient souvent une place importante dans la masse sableuse. Ce sable blanc n'est jamais placé sur le sable rouge ou jaune, et il est presque toujours au-dessous de celui-ci.

757. — La constance de cette position nous donne lieu de croire que, dans l'origine, tous les sables marins supérieurs étaient blancs, et qu'ils ne se sont colorés que par suite de l'infiltration des eaux à travers les dépôts ferrugineux qui se sont formés depuis, soit à la superficie, soit dans les argiles plus ou

moins ferrugineuses qui renferment les meulières dont nous parlerons bientôt.

758. — Les grès se trouvent toujours à la partie supérieure de ces sables. Ils y constituent, comme nous l'avons dit, des masses tuberculeuses plus ou moins considérables, et jamais ils ne sont en couches continues, bien que ces masses aient dans quelques localités, comme aux environs de Fontainebleau et d'Orsay, l'apparence de roches stratifiées.

759. — Dans quelques localités, comme à Étampes et au Buteau près Château-Landon, ces mamelons de grès sont gros comme une noix ou comme le poing, tandis qu'ailleurs ils ont plusieurs mètres cubes, et que dans d'autres, comme aux environs d'Orsay, ils ont 30, 40, 50 mètres de longueur et 3 ou 4 d'épaisseur.

760. — Ces grès sont très variés dans leur texture : les uns sont tellement faciles à désagréger, qu'on les réduit en poudre, c'est-à-dire en sable, avec un marteau de faible grosseur. D'autres fois ils sont solides, et on en fait de très bons pavés. Quelquefois aussi ils sont tellement serrés et compactes, qu'ils deviennent translucides : ce sont ces grès dont l'éclat est gras et luisant, dont la cassure est conchoïde, et que l'on nomme *grès lustrés*.

761. — Quelquefois les rognons de grès prennent des formes contournées aussi variées que bizarres. C'est parmi des blocs semblables que furent recueillis en 1824, près de Moret, et exposés à Paris, un bloc de grès représentant une tête et un poitrail de cheval, ainsi qu'un autre bloc offrant grossièrement la forme d'un homme couché et armé d'un casque. Nous prouvâmes à cette époque que ces prétendus fossiles n'avaient rien qui dût attirer l'attention des savans (1).

762. — Les blocs de grès étant d'une épaisseur très variable, sont quelquefois très minces sur quelques points. Il en résulte que des pluies torrentielles entraînant le sable sur lequel ils reposent, ces blocs ont pu, dans certaines localités, rouler sur les flancs des collines qu'ils couronnaient, et s'amonceler les uns sur

(1) Notice géologique sur le prétendu fossile humain trouvé à Moret, au lieu dit le Long-Rocher (Seine-et-Marne) ; par M. J.-J. N Huot. Paris, août 1824.

les autres, comme on en voit tant d'exemples dans les environs de Fontainebleau.

763. — *Minéraux et métaux.* — Les substances minérales que l'on trouve dans ces sables et ces grès, ne sont pas nombreuses : cependant elles méritent d'être signalées. Dans les environs de Nemours et de Fontainebleau, les grès étant recouverts de calcaire, ils deviennent calcarifères, et ils jouissent alors de la propriété de cristalliser en rhomboïdes, qu'Hauy a décrits depuis long-tems sous le nom de chaux carbonatée quarzifère inverse. On regarde ces cristaux de grès comme des pseudomorphoses du calcaire ; mais ils pourraient bien être, selon nous, de véritables cristallisations.

764. — L'oxide de fer et l'oxide de manganèse sont très répandus dans ces grès, auxquels ils donnent souvent l'aspect des grès bigarrés.

765. — On y remarque aussi des concrétions et des géodes ferrugineuses rouges ou brunes.

766. — Il y a quelques années, M. le duc de Luynes a signalé à Orsay un grès d'un noir bleuâtre renfermant du deutoxide de manganèse, du peroxide de fer, de l'oxide de cobalt et des traces de cuivre et d'arsénic.

767. — *Débris organiques.* — Les moules de coquilles qui se trouvent dans les grès les plus supérieurs à Montmartre, appartiennent principalement aux espèces suivantes : *Ostrea flabellula, Citherea elegans, Melania costellata, Cerithium mutabile,* etc.

768. — Dans le grès de Fontainebleau, on trouve quelquefois des traces de végétaux qui semblent être monocotylédons.

Dépôts qui paraissent être parallèles aux sables et grès de Fontainebleau.

769. — Le groupe inférieur de l'étage moyen du terrain supercrétacé parisien, est représenté dans d'autres parties de l'Europe par différens dépôts à lignites, et d'autres dépôts d'eau douce et marine, dont nous allons donner les principaux caractères.

770. — *Dépôt marin supérieur en Angleterre.* — Les Anglais ont donné ce nom à une couche assez puissante de marne sa-

bleuse grisâtre qui, à l'île de Wight, particulièrement dans les baies de Totland et de Colwel, recouvre le dépôt d'eau douce dont nous avons parlé, comme représentant les marnes et les gypses des environs de Paris.

771. — Cette marne présente un mélange de coquilles marines et lacustres. Ce sont entr'autres, la *Venus incrassata*, l'*Ostrea crepidula*, le *Potamides plicatus* et le *Planorbis obtusus*.

772.— *Lignites du midi de la France.* — A Saint-Chinian, dans le département de l'Hérault, des couches argileuses contenant des galets de quarz; des couches de grès calcarifères, à gros grains; des argiles schisteuses, et des calcaires compactes, constituent un dépôt lacustre important par les lignites qu'on y exploite. Les couches les plus inférieures sont bitumineuses.

773. — *Grès à lignites de la Galicie.* — Ces grès sont plus ou moins argileux et calcarifères; ils sont parsemés de lamelles de mica; ils alternent avec des grès schisteux et des argiles schisteuses: l'argile associée à ces grès a quelquefois les caractères de l'argile plastique, mais plus ordinairement elle est mêlée de sable grisâtre.

774.—Le lignite subordonné à ces grès, est tantôt compacte, comme le jayet, et tantôt il conserve le tissu ligneux. Le succin s'y présente, soit en petits fragmens anguleux, soit en masses assez grosses. C'est principalement dans les lits argileux qu'il se montre.

775. — Ce dépôt de lignites est marin; car les coquilles renfermées dans le grès, sont principalement des *Isocardes*. Dans les sables, ce sont des *Patelles*, des *Cérithes*, des *Peignes*, etc.

776.— *Argile à lignites des bords de la Baltique.* — Nous considérons comme représentant les grès à lignites de la Galicie, une argile également à liguites, que l'on observe dans la Pologne, dans la Prusse et sur les côtes de la mer Baltique.

777.—Ce dépôt se compose d'une argile plastique bleuâtre, renfermant des coquilles marines et un peu de bois bitumineux. Souvent cette argile est associée à des sables et à des grès, comme dans le Brandebourg. Ce sont ces argiles à lignites qui présentent les plus importans gisemens de succin.

778.— M. Behrendt a trouvé dans ce succin, près de 600 espèces d'insectes.

Groupe moyen.

779. — Dans le bassin de Paris, ce groupe se compose d'argiles à meulières et de calcaire lacustre; mais en s'étendant jusqu'aux environs de Pithiviers, il acquiert un plus grand développement et présente des caractères qui obligent à le considérer comme composé de trois assises dans le bassin supercrétacé qui s'étend du Nord au Sud, depuis les environs de Laon jusqu'aux environs d'Orléans.

780. — *Assise inférieure.* — *Calcaire d'eau douce ou travertin supérieur.* — Cette assise, qui repose immédiatement sur les sables et grès de Fontainebleau, est connue aussi sous le nom de *calcaire de la Beauce.* Ce calcaire est ordinairement blanc, passant au jaunâtre et au grisâtre. Quelquefois il est friable : ce n'est alors qu'un calcaire très marneux qui est employé avec avantage à l'amendement des terres. D'autres fois, il est tenace et compacte; souvent aussi il est plus ou moins chargé de silice; mais toujours il est sillonné dans son intérieur par de petites cavités sinueuses qui traversent les couches perpendiculairement aux joints de stratification, comme si, pendant qu'il était encore à l'état pâteux, des bulles de gaz s'étaient fait jour à travers en s'élevant du fond des lacs où il se déposait.

781. — Les parties siliceuses qu'il renferme, acquièrent souvent assez de puissance pour former des couches qui alternent avec le calcaire. Ces couches sont quelquefois séparées par des lits d'argile.

782. — Quelquefois aussi on trouve à sa partie supérieure, au milieu d'un calcaire marneux, friable, des rognons caverneux d'un calcaire compacte légèrement imprégné de silice. Les cavités de ces rognons sont remplies de marne, et présentent les caractères des meulières, ce qui semble indiquer que celles-ci se sont formées de la même manière, à l'exception que, la silice seule y a joué le même rôle que le calcaire siliceux au milieu de la marne.

783. — Ce calcaire se trouve aux environs de Paris, près de Saclé, de Trappes, de Rambouillet, etc. ; près d'Étampes et près de Fontainebleau, où il n'est souvent représenté que par des couches très minces et quelquefois par des rognons de

calcaire disséminés au-dessus du sable , comme à la montagne de Train.

784. — La puissance de ce calcaire est de 3 à 15 mètres.

785. — *Minéraux.* — Ce travertin supérieur se distingue du travertin inférieur par ses caractères minéralogiques , plus encore que par ses fossiles ; ainsi jamais on n'y trouve le quarz nectique , ni ces silex résinites , ni ces silex menilites , ni ces silex cacholongs , ni ces pseudemorphoses de gypse , si communs , par exemple, dans le calcaire d'eau douce de St.-Ouen.

786. — *Débris organiques.* — Les coquilles qui servent à distinguer le calcaire d'eau douce supérieur de l'inférieur , sont : le *Potamides Lamarckii*, le *Planorbis cornu*, l'*Hélix Lemani*, la *Limnea ventricosa* et la *Limnea cornea*. Elles ne se trouvent pas dans le calcaire de St.-Ouen , tandis que le calcaire de la Beauce présente quelques-uns des fossiles que nous avons cités dans le travertin inférieur.

787. — *Assise moyenne.* — *Argile à meulières.* — Cette seconde assise n'est qu'une modification de la précédente : cependant, plusieurs localités présentent la réunion de ces deux assises.

788. — A Dampierre , par exemple , dans la vallée de Chevreuse, on remarque clairement cette superposition : au-dessus d'un calcaire lacustre compacte et grisâtre , on voit , sur une épaisseur de deux mètres , une argile rougeâtre à silex molaires , ou comme on dit communément , à meulières.

789. — Les argiles à meulières sont en général grises, verdâtres, blanchâtres et rougeâtres, marbrées de différentes nuances. Les meulières y sont disséminées sans ordre ; jamais elles n'y forment de couches régulières. Elles y ont été disloquées.

790. — On distingue ces meulières en compactes et en caverneuses. La meulière compacte est ordinairement d'un blanc jaunâtre ou sale, quelquefois d'un beau blanc mat , et assez rarement marbrée de deux nuances de blanc. Elle présente souvent de petites cavités en forme de veines, remplies d'oxide de manganèse ou de fer, et de petits cristaux de quarz. Elle a quelquefois la pâte serrée de la calcédoine et sa translucidité. Elle est tantôt rougeâtre , tantôt blonde , ou de différentes nuances, par bandes rubanées. On en trouve aussi de bleuâtre, de verdâtre et même de noirâtre ; mais ces couleurs sont ac-

eidentelles et paraissent être dues à une sorte de décomposition de l'oxide métallique que renferme ce silex, car ce n'est que dans les fragmens qui gisent depuis long-tems à la surface du sol, que l'on remarque ces variétés de couleurs.

791. — La meulière caverneuse ou la meulière proprement dite est un silex criblé de trous irréguliers, dont l'intérieur est garni de lames ou de filamens en silex. Ces cavités qui communiquent rarement entre elles, sont quelquefois remplies de marne argileuse ou d'argile ferrugineuse ou de sable argileux et plus rarement d'une poussière blanche qui n'est que de la silice pure ou presque pure.

792. — Les teintes de ces meulières sont le jaunâtre, le rosâtre et le rougeâtre. Les plus estimées sont blanches avec une nuance bleuâtre. Elles sont quelquefois couvertes de mamelons siliceux ; mais rarement on y trouve du quarz cristallisé.

793. — On ne peut pas établir de distinction entre l'époque où se sont formées les meulières compactes et les meulières caverneuses ; cependant il arrive fréquemment que celles-ci sont superposées aux autres.

794. — *Débris organiques.* La meulière caverneuse est complètement dépourvue de corps organisés ; mais la meulière compacte en renferme beaucoup : ce sont en général les mêmes espèces que dans le calcaire qui constitue l'assise inférieure de ce groupe. Nous ajouterons seulement que les végétaux y sont beaucoup plus nombreux et souvent très bien conservés ; ce sont, outre des troncs d'arbres silicifiés, le *Chara medicaginula,* le *Chara elicteres*, ou plutôt les graines de ces végétaux, plusieurs autres graines comprises sous le nom générique de *Carpolithes* dont une le *Carpolithes ovulum* est la graine du *Nimphæa arethusæ* dont on trouve de très grosses tiges dans ces meulières, mêlées avec des *Exogénites*, des *Lycopodites*, etc.

795. — *Assise supérieure.* — *Calcaire à Hélix.* Au-dessus des argiles à meulières, M. Constant Prévost a signalé en 1837 aux buttes de Fromout, de Rumont et de Bromeilles, près de Malhesherbes, dans le département du Loiret, l'existence d'une dernière assise de calcaire lacustre ou de travertin, caractérisé par un grand nombre d'Hélix, tels que les *Helix Lemani, Moroguesi* et *Tristani.*

796. — Ce calcaire recouvre presque constamment les pla-

teaux de craie sur les deux rives de la Loire entre Sancerre et Saumur.

Dépôts qui paraissent être parallèles au travertin supérieur du bassin parisien.

797. — Ce n'est que par des analogies de position que l'on peut rapporter aux calcaires et aux silex que nous venons de décrire certains dépôts situés hors du bassin parisien.

798. — *Calcaire lacustre supérieur de l'Angleterre.* — Au-dessus du dépôt marin supérieur, avec mélange de coquilles marines et lacustres que nous avons signalé dans l'île de Wight, se trouve, dans la même ile, un dépôt d'eau douce de 18 à 20 mètres d'épaisseur, constituant le haut de la falaise de Headen-Hill.

799. — Le calcaire y est marneux, friable ou peu solide, et d'un blanc-jaunâtre.

800. — Les fossiles, très abondans, y sont aussi très fragiles: ce sont principalement les espèces suivantes : *Limnea longiscata, L. fusiformis, Planorbis obtusus, Potamides cinctus,* etc.

801. — *Calcaire d'eau douce du midi de la France.* — Ce calcaire se divise en deux assises qui appartiennent à deux variétés différentes, comme on peut le voir à Agen, à Alby, à Castres et dans un grand nombre d'autres localités du département de Lot-et-Garonne.

802. — La partie inférieure est composée de couches calcaires d'une blancheur remarquable, généralement peu dures et d'une texture terreuse, tandis que quelques-unes plus solides sont d'une texture compacte et offrent de nombreuses cavités petites et irrégulières.

803. — La partie supérieure est formée d'un calcaire gris-bleuâtre coloré par du bitume qui lui communique une odeur fétide. Cette roche a la cassure terreuse et la texture caverneuse.

804. — Les deux assises renferment beaucoup de coquilles appartenant aux genres *Hélice, Limnée* et *Planorbe.*

805. — *Mollasse d'eau douce du midi de la France.* — On a donné le nom de *mollasse* à un grès dont le véritable nom est *macigno mollasse,* et qui, conséquemment, est une roche à texture grenue, tantôt tenace, tantôt friable ou meuble, et qui est composée de quarz, de feldspath, de calcaire et d'argile.

806. — Au-dessus d'une mollasse peu consistante, on remarque aux environs d'Aiguillon, dans le département de Lot-et-Garonne, une série d'autres couches d'une mollasse assez solide pour être exploitée comme pierre de construction. Plus haut, se présente un ensemble de couches de calcaire d'eau douce semblable à celui que nous venons de décrire, puis une seconde assise de mollasse, puis enfin le même calcaire lacustre. Il y a donc une alternance bien marquée du calcaire et de la mollasse d'eau douce du midi de la France.

807. — *Marnes et Gypses d'Aix et de Narbonne*. — Dans ces deux localités on remarque au-dessus d'un conglomérat grossier qui se rapporte à la mollasse, une suite de couches composées de calcaire, de marne, de gypse, contenant des empreintes de poissons et de végétaux.

808. — *Mollasse et Nagelflue de la Suisse*. — Près d'Utzigen à l'est de Berne, se présente une roche que les Suisses nomment *Nagelflue* et qui est un grès à ciment calcaire ou marneux, rempli de cailloux roulés et de coquilles brisés; au-dessus repose un grès coquiller ayant les caractères de la mollasse.

809. — Dans plusieurs localités du Jura suisse, ces deux roches alternent l'une avec l'autre.

810. — Les fossiles de la mollasse consistent en un mélange de coquilles d'eau douce et marine. On y trouve aussi des dents de poisson et des ossemens de mammifères appartenant aux genres Hyène, Éléphant, Rhinocéros, etc.

811. — *Mollasse et Poudingue de la Morée*. — Un ensemble de couches, les unes appartenant à la mollasse et les autres à un poudingue analogue au Nagelflue, règne dans toute la partie septentrionale de la Morée.

812. — Quelquefois le même dépôt se compose de nombreuses alternances de poudingues et de couches de calcaire sablonneux et graveleux sans consistance, de calcaire marneux friable, et enfin d'argiles marneuses, rougeâtres ou brunâtres.

813. — Ce dépôt, n'offrant point de fossiles, on ne peut dire s'il est d'origine marine ou d'eau douce.

Groupe supérieur.

814. — Aucune assise de ce groupe ne se présente dans le

bassin de Paris ; mais les dépôts qui le constituent sont évidemment supérieurs à ceux des groupes précédens, puisque tous étant de formation marine, renferment un plus grand nombre d'espèces vivantes : on en compte environ 20 à 26 pour cent. Nous considérons ces dépôts comme étant à peu près parallèles, c'est-à-dire contemporains.

815. — *Calcaire des environs de Nantes.* A quelques lieues autour de cette ville il existe plusieurs petits bassins marins, remplis de cailloux roulés et de poudingue calcaire coquiller, alternant l'un avec l'autre. L'un des mieux caractérisés par l'immense quantité de fossiles qu'il renferme est celui des *Cléons*, localité située près du village de La Chapelle-Heulin, à 3 ou 4 lieues à l'est-sud-est de Nantes. Le calcaire y est généralement tendre, friable même, et n'offre que quelques couches solides, que l'on exploite pour la bâtisse.

816. — Ces cailloux roulés, dont les plus gros ne dépassent pas le diamètre d'une noix, et dont la plupart sont généralement beaucoup plus petits, forment des couches qui sont tantôt mêlées de coquilles, et qui tantôt en sont dépourvues. Ces cailloux sont plus généralement siliceux que calcaires. Les petits blocs de poudingues qu'ils renferment ont pour ciment une pâte calcaire ou argileuse, quelquefois chargée d'oxide de fer.

817. — Parmi les fossiles qui se trouvent dans le calcaire, nous citerons des térébratules et des huîtres, ainsi qu'une belle coquille bivalve du genre *Hinnites* qui a été appelée *Hinnites Dubuissoni.*

818. — *Grison*, ou *Calcaire de Doué.* — Un calcaire fort intéressant est celui qu'on exploite sous le nom de *Grison* à Doué et dans les environs de cette petite ville, située à 4 ou 5 lieues au sud-ouest de Saumur. Il est composé de coquilles généralement brisées et de grains de quarz réunis par un ciment calcaire. Sa solidité et sa légèreté le font rechercher comme pierre de construction.

819. — Ce calcaire est très varié dans sa stratification : tantôt les couches supérieures sont inclinées de 20 à 30 degrés, tandis que les inférieures sont horizontales; tantôt les couches varient d'inclinaison à mesure que l'on descend dans la masse, qui peut avoir 10 à 16 mètres d'épaisseur.

820. — *Faluns et mollasse des environs de Dax et de Bordeaux.* Aux environs de Dax s'étendent de grandes plaines sablonneuses qui se lient aux landes. Au milieu d'un sable rougeâtre ou grisâtre, mêlé d'argile, se trouve une grande quantité de coquilles fossiles : ordinairement parfaitement conservées : ces sables coquillers se nomment *faluns.* On les trouve dans la partie des Landes qui avoisine Dax au nord. La principale localité est le lieu dit le *Moulin de Cabanières.*

821. — Dans les environs de Bordeaux, les principales localités où l'on trouve le même dépôt sont *Gradignan*, *Léognan*, *Mérignac* et *Saucats.*

822. — Près de ce dernier bourg, le falun consiste en un sable composé de grains quarzeux et de débris de coquilles, réduits à l'état sablonneux ; cependant on y trouve une immense quantité de coquilles marines parfaitement conservées.

823. — Le falun de Saucats dont la partie inférieure devient marneuse et sableuse, repose sur un calcaire coquiller à ciment cristallin que l'on a nommé *mollasse coquillère*, et qui est de la même formation que le falun, car il contient les mêmes coquilles.

824. — *Faluns de la Touraine.* — Le dépôt connu sous le nom de *Falun* en Touraine, occupe un plateau situé au sud de Tours, entre l'Indre et la Vienne.

825. — Il consiste en une masse de 1 à 4 mètres d'épaisseur, composée de débris de coquilles marines sans aucun ciment, sans aucune liaison, parmi lesquels on remarque de petits cailloux roulés plus ou moins nombreux selon les localités.

826 — *Débris organiques.* Au milieu de cette masse de corps organisés qui composent le falun, et qui n'ont pu être brisés que par l'action prolongée des vagues de la mer, on trouve une grande quantité de coquilles entières, parmi lesquelles nous citerons l'*Arca diluvii*, l'*Ostrea virginica*, le *Pectunculus pulvinatus*, le *Conus punderosus*, plusieurs espèces de Cérithes, de Porcelaines, etc.

827. — *Calcaire moellon de Montpellier.* — Ce dépôt se compose de trois assises.

828. — *L'assise inférieure* est formée de plusieurs couches marneuses ou argileuses, bleues, jaunâtres ou verdâtres, dans

lesquelles les coquilles marines sont mêlées à des coquilles fluviatiles et terrestres.

829. — L'*assise moyenne* est essentiellement composée d'une roche calcaire à grains grossiers et à texture lâche, appelée *calcaire moellon* ou *calcaire de Montpellier*, et de couches de sables et de marnes.

830. — L'*assise supérieure* est généralement formée de sables calcareo-siliceux, micacés et jaunâtres, alternant avec des grès et des marnes qui acquièrent rarement une grande épaisseur, tandis que les sables y sont souvent en bancs puissans.

831. — Ces sables renferment une grande quantité d'ossemens de mammifères terrestres et marins, ainsi que de reptiles terrestres, marins et fluviatiles. Les huîtres y forment des bancs continus, horizontaux. Parmi les coquilles marines on trouve souvent des coquilles terrestres, principalement des Hélices.

832. — *Marnes bleues et mollasses du bassin de Vienne.* — Le groupe moyen est représenté, dans les environs de la capitale de l'Autriche, par un dépôt marin dont la partie inférieure se compose de marnes bleues que nous regardons comme un peu plus anciennes que les marnes subapennines auxquelles on les a rapportées, et dont les principales coquilles sont un *Cardium* qui n'a point encore été décrit, et la *Congéria subglobulosa* de M. Partsch. Nous y avons trouvé aussi la *Congéria spatulata* du même auteur.

833. — Avec ces marnes bleues alterne une espèce de mollasse coquillère, roche composée de sable, de calcaire et de petits cailloux roulés siliceux réunis par un ciment marneux.

834. — Ces marnes et ces mollasses sont recouvertes près de Mœdling par un calcaire lacustre que nous rapportons à l'étage supérieur du terrain supercrétacé.

835. — *Forme du sol de l'étage moyen.* — Les sables et grès de Fontainebleau avec les dépôts lacustres qui les couronnent, forment des collines terminées par des plateaux à surface assez horizontale, qui offrent quelquefois de grandes plaines et qui sont coupés par des vallées dont les flancs sont doucement arrondis et ne présentent jamais de caps anguleux. Ces vallées aboutissent à des plaines qui ne sont elles-mêmes que de larges vallées.

Les faluns de la Loire et de la Gironde forment des plaines peu ondulées et peu élevées au-dessus du niveau de l'Océan.

846. — *Emploi des roches de l'étage moyen.* On sait que les grès de Fontainebleau sont employés au pavage, que les meulières supérieures servent dans quelques localités à construire des meules de moulins, et que les petits morceaux de cette pierre sont employés avec avantage dans la bâtisse. Le calcaire lacustre fournit, dans les environs de Trappes, une marne très recherchée pour l'amendement des terres. Il en est de même des faluns de la Loire et de la Gironde.

ÉTAGE SUPÉRIEUR.

Synonymie : Terrain quartenaire de plusieurs auteurs. — *Période pliocène* (1) *ancienne* de M. Lyell.

847. — Cet étage se compose de dépôts marins et de dépôts lacustres, que nous divisons en deux groupes d'après leur origine différente.

Groupe tritonien ou marin.

848. — Des marnes, des calcaires et des grès sont les principales roches de ce groupe. Comme les dépôts qu'ils constituent sont tous isolés et à de grandes distances les uns des autres, il est, jusqu'à présent, presque impossible de les classer chronologiquement ou par assises : nous les considérons donc comme étant à peu près contemporains.

149. — *Marnes subapennines de l'Italie.* L'un des plus importans dépôts du groupe tritonien de l'étage supérieur du terrain supercrétacé est celui qui constitue les collines qui s'étendent sur les deux versans de la chaîne des Apennins, et que l'on désigne sous le nom de *collines subapennines.* Il règne dans tout l'espace compris entre Asti en Piémont et Monte-Leone, en Calabre, c'est-à-dire sur une longueur de 225 lieues.

850. — On distingue dans les collines subapennines deux systèmes de couches différens.

851. — Le *système inférieur* est en général marneux et souvent meuble et sablonneux, divisé par couches et composé

---

(1) Du grec *pleion* plus et *kainos* récent.

de marne calcaire plus ou moins dure , quelquefois micacée , de couleur grisâtre , brunâtre ou bleuâtre.

852. — Souvent ces marnes renferment une immense quantité de coquilles marines fossiles de la plus belle conservation, mais contenant plus de la moitié d'espèces semblables à celles qui vivent dans la mer.

853. — Des lits de lignites y sont quelquefois intercalés comme à Medesano , à 4 lieues de Parme ; ou bien ce sont des lits de gypse, comme à Vigolano et à Borgone où ces lits sont accompagnés de marnes coquillères et de sables.

854. — Le *système supérieur* se compose de cailloux roulés et de couches de sable rougeâtre ou jaunâtre mélangé d'argile et renfermant des lits de grès calcarifère , c'est-à-dire d'un sable agrégé par un ciment calcaire.

855. — Les cailloux les plus gros se trouvent à la partie la plus supérieure ; ils appartiennent à toutes sortes de roches , mais principalement à des roches siliceuses.

856. — Au milieu de ces cailloux gisent des ossemens de grands mammifères, tels que d'éléphans, de rhinocéros, de mastodontes, de cerfs, de bœufs, etc.

857. — *Dépôt subapennin de la Morée.* — Ce dépôt forme, suivant M. Boblaye, une ceinture autour de la Morée , et se montre en lambeaux sur presque toutes les parties de son sol les moins élevées au-dessus du niveau de la mer. Il constitue entièrement les isthmes de Corinthe et de Mégare , sur lesquels il acquiert une puissance de plus de 200 mètres.

Ces caractères généraux sont conformes à ceux qu'il présente dans tout le bassin méditerranéen.

858. — Il se compose, en général , de quatre assises principales qui varient de nature selon les localités , mais qui, en commençant par les plus inférieures, présentent des marnes bleues ou verdâtres à lignites remplacées quelquefois par des produits torrentiels ou détritiques, au-dessus desquels se trouvent des couches coquillères composées principalement de trois bancs d'huîtres. Plus haut on trouve un énorme dépôt de sable; enfin, l'assise supérieure est formée de calcaire fin quelquefois dépourvu de fossiles, et reposant souvent sur des poudingues qui les remplacent dans un grand nombre de lieux.

859. — *Crag de l'Angleterre.* — Aux environs de Suffolk

et de Norwich dans le comté de Norfolk, et dans quelques localités du Sussex et du Lincoln, se trouve un dépôt très remarquable auquel les Anglais donnent le nom de *Crag*.

860. — Ce n'est qu'un composé de couches de sable ferrugineux, de gravier, d'argile et de marne bleue ou brune mêlée de coquilles qui offrent environ 40 pour cent d'espèces identiques avec les coquilles vivantes.

861. — Les coquilles qui se trouvent dans le sable et la marne sont, pour la plupart, brisées et souvent même pulvérisées.

862. — Dans quelques localités, le crag se présente sous la forme d'une roche tendre, presqu'entièrement composée de polypiers et d'oursins.

863. — Dans d'autres il est formé d'alternances de sable et de gravier, pulvérulent, sans débris organiques, et de plus de 200 pieds d'épaisseur.

864. — Enfin dans d'autres encore, il forme une masse de 300 pieds de sable, d'argile sablonneuse et de marne, contenant des ossemens de mammifères terrestres et des fragmens de bois pétrifié.

865. — Souvent le crag est régulièrement stratifié ; souvent aussi ses couches sont contournées ou bien disposées en zig-zag comme le calcaire de Doué.

866. — D'autres fois encore il ne consiste qu'en un amas confus de débris parmi lesquels se trouvent des fragmens de calcaire et des lits marneux renfermant des silex.

867. — *Marne subatlantique.* — M. Rozet a appelé *terrain tertiaire subatlantique* un ensemble de marne et de calcaires qu'il a observé aux environs d'Alger et d'Oran, où il forme plusieurs des derniers contreforts de l'Atlas.

Ces marnes se divisent en deux assises.

868. — Dans l'*assise inférieure* ce sont des marnes bleues présentant des couches subordonnées d'un calcaire marneux grisâtre. On y voit communément des veines de gypse laminaire.

869. — Ces marnes, qui ont une puissance de 200 à 300 mètres, ne sont jamais stratifiées. En se desséchant elles se divisent en une infinité de fragmens irréguliers.

870. — L'*assise supérieure* est formée de strates de grès calcarifère ou de calcaire à polypiers, qui alternent avec des sables tantôt jaunes et tantôt rouges.

871. — Les fossiles des deux assises appartiennent aux genres Huître, Peigne et Bucarde.

872. — *Grès et calcaires de la Galicie.* — Ces grès et ces calcaires constituent un système de couches que l'on a divisé en trois assises.

873. — *L'assise inférieure* est formée de grès calcarifère, de conglomérat, de sable coquiller et d'argile marno-sableuse.

874. — *L'assise moyenne* est formée d'un calcaire quelquefois compacte, d'autres fois terreux et friable, et dont les couleurs sont le blanc, le grisâtre, le jaunâtre et le brunâtre. Il contient çà et là quelques petits morceaux anguleux de silex corné.

875. — *L'assise supérieure* est formée d'un calcaire compacte à cassure conchoïde et esquilleuse. Il contient des druses de spath calcaire; quelquefois il est silieeux. Tantôt il présente un assemblage de coquilles marines et d'eau douce; d'autres fois ces dernières seules s'y montrent.

876. — Des couches subordonnées de gypse se font remarquer dans ces trois assises, tandis que des sources salifères et des masses de sel existent dans l'assise inférieure. Pour donner une idée de l'importance de celle-ci, il suffit de faire remarquer que les célèbres mines de Wieliczka et de Bochnia appartiennent à ce système de couches.

877. — *Calcaire d'Odessa et des Steppes de la Krimée.* — Ce calcaire qui a beaucoup de ressemblance avec celui de Doué, n'est en général, qu'une agglomération de débris de coquilles marines liées par un ciment calcaire peu visible. Quelques couches ne présentent qu'une roche poreuse dans laquelle les cavités sont dues aux empreintes laissées par les coquilles, qui ont complètement disparu.

878. — Malgré son peu de solidité, comme il est extrêmement léger et très facile à tailler avec la hache, il est exploité dans les environs d'Odessa et dans une partie des steppes de la Krimée. Nous avons eu occasion de remarquer qu'il est plus ou moins serré, plus ou moins solide, selon les localités.

Groupe nymphéen ou d'eau douce.

879. — Ce groupe se compose en général de dépôts qui, par l'abondance des cailloux roulés qu'ils renferment, présen-

tent les caractères des atterrissemens, et qui ont long-tems été confondus dans ce que nous appelons le terrain clysmien, dont il diffère cependant sous beaucoup de rapports.

880. — *Galets et lignites de la Bresse.* — Ce dépôt est formé de masses de cailloux roulés agglomérés par un ciment ordinairement marneux et peu solide ; quelquefois, au milieu de ces conglomérats, on trouve un sable argileux fin, agglutiné par un ciment calcaire qui lui donne assez de solidité pour en former un véritable grès stratifié que l'on exploite comme pierre de construction. Près de Pamiers, on trouve au milieu de ce dépôt un lignite compacte passant au jayet, et formant des couches qui alternent avec des marnes grisâtres et des grès calcarifères. On remarque dans cette marne un grand nombre de planorbes.

881. — *Galets et lignites d'Auvergne.* — Près d'Issoire, dans le département du Puy-de-Dôme, il existe un dépôt qui offre quelqu'analogie avec le précédent, en ce qu'il est composé de sable, de gravier, de galets granitiques et volcaniques, d'argiles et de lignites composés de végétaux à l'état charbonneux, qui présentent quelquefois une épaisseur de plus de sept metres.

882. — Les sables renferment une immense quantité d'ossemens d'animaux, appartenant à des espèces perdues.

883. — *Grès à hélices d'Aix.* — Sous ce nom ou sous celui de *calcaire à hélices*, on désigne une roche qui ne présente point de traces de stratification, mais qui offre des fissures, les unes horizontales et les autres perpendiculaires, qui divisent toute sa masse et lui donnent quelquefois l'apparence d'être stratifiée. C'est une sorte de grès calcaire d'une couleur jaunâtre, présentant un grand nombre de trous et de crevasses tapissées de spath calcaire.

884. — La partie supérieure du grès contient un nombre immense de débris de coquilles marines, parmi lesquelles on reconnaît des bucardes, des peignes et de grandes huîtres. Ces coquilles sont accompagnées de cyclostomes, de limnées, et d'une si grande quantité d'hélices, qu'on en a déterminé une vingtaine d'espèces.

885. — *Galets et sables du Val d'Arno supérieur.* — Ce dépôt, qui nous parait contemporain de celui de la Bresse, se

fait remarquer entre Arezzo et Florence. Il occupe trois bassins successifs : ceux d'Arezzo, de Figline et d'Incise, et acquiert près de 200 pieds de puissance.

886. — Il se compose, dans sa partie inférieure, de couches d'argile bleue micacée, renfermant des ossemens fossiles et des lits de lignites. Au-dessus se trouvent des sables jaunes et gris micacés, ayant plusieurs toises d'épaisseur ; renfermant des couches minces d'argile sableuse bleuâtre, et une grande quantité d'ossemens de mammifères, tels que des éléphans, des mastodontes, des hippopotames, etc. Plus haut, se trouvent des couches très puissantes de cailloux roulés et de sables jaunes argileux.

887. — Les sables et les argiles contiennent des coquilles d'eau douce et des impressions végétales.

888. — *Dépôt lacustre du Norfolk.* — Il existe en Angleterre, dans le comté de Norfolk, un dépôt lacustre, sableux et marneux, contenant des coquilles d'eau douce et des ossemens de bœufs et de daims.

889. — Aux environs de Southend, dans le comté d'Essex, un dépôt lacustre analogue renferme des débris d'ours, d'éléphans, de rhinocéros, etc. Ces dépôts terminent évidemment, en Angleterre, toute la série des couches de sédiment.

890. — *Emploi des roches de l'étage supérieur.* — Pour donner une idée de l'utilité de ces roches, nous nous bornerons à rappeler que le lignite est employé comme combustible, lorsqu'il est assez abondant pour être exploité ; que les marnes et les argiles dans lesquelles il se trouve, sont employées à la fabrication des tuiles ; que le calcaire lacustre et le calcaire marin sont utilisés dans la bâtisse, et le premier à faire une excellente chaux vive ; que les grès et les mollasses fournissent aussi de bonnes pierres de construction ; et que le sel gemme que contient, comme à Vieliczka, l'étage supérieur, peut être une richesse immense pour un pays.

891. — *Agriculture.* — La végétation est en général vigoureuse sur le sol qui recouvre les marnes subapennines et les dépôts qui s'y rapportent, parce que ces marnes et les grès qu'elles renferment, retiennent suffisamment l'humidité.

Dépôts plutoniques.

892. — Des roches d'origine ignée se sont fait jour à travers les dépôts supercrétacés , principalement pendant l'époque où se formaient ceux de l'étage moyen. La France en offre un grand nombre d'exemples dans l'ancienne province d'Auvergne : ainsi la montagne de Gergovia et la côte du Var, près de Clermont , présentent le basalte intercalé dans le calcaire lacustre de ces deux montagnes. Il a même formé un épaulement bien marqué sur la première, où l'on trouve le basalte en petits prismes.

893. — Le trachyte du mont Dor et du Cantal paraît aussi s'être élevé du sein de la terre à une époque postérieure à celle où se forma le calcaire lacustre de l'Auvergne, puisque l'on voit près d'Aurillac ce trachyte superposé au calcaire.

894. — Près d'Issoire , à la montagne de Perrier ou de Boulade , les péperines et les basaltes alternent avec les cailloux roulés et les marnes à lignites de l'étage supérieur.

895. — Dans le Vicentin les calcaires supercrétacés alternent avec les basaltes et forment un dépôt particulier que l'on a appelé *Calcareo trappéen* , présentant plus de vingt alternances successives, parmi lesquelles on remarque du basalte prismatique, des couches de péperine et d'autres couches conglomérées , passant plus ou moins au basalte et renfermant les mêmes fossiles que le calcaire qui, dans les localités dont il s'agit , est d'origine marine.

896. — En Allemagne on connaît plusieurs exemples de superposition des basaltes , tantôt à l'étage inférieur , et tantôt à l'étage supérieur du terrain supercrétacé.

897. — Enfin, en Krimée, nous avons remarqué des roches d'origine ignée , des basaltes laviques même qui sont intercalées dans le calcaire de l'étage supérieur.

SOULÈVEMENS DU SOL.

898. — On connaît plusieurs soulèvemens qui ont eu lieu pendant que se déposait le terrain supercrétacé.

899.— **M. Elie de Beaumont** a donné le nom de *Système des îles de Corse et de Sardaigne* à un système de soulèvement qui s'est effectué entre l'étage inférieur et l'étage moyen du terrain supercrétacé. Sa direction dominante est du nord au sud, comme dans celle des deux îles qui en offrent le type. On le reconnaît aussi dans les montagnes qui lient les Alpes au Jura.

900.— Sous le nom de *Système des Alpes occidentales*, M. Elie de Beaumont comprend le soulèvement des groupes du mont Blanc et du mont Rose. Sa date est déterminée par le relèvement de la mollasse coquillère et des couches qui la supportent : d'où il résulte que cet événement géologique a eu lieu après le dépôt des couches du terrain supercrétacé moyen.

901. — La mollasse coquillère se trouve également redressée à la colline de la Supergue, près de Turin, et au pied occidental des montagnes de la Grande-Chartreuse, près de Grenoble.

902. — Le soulèvement de la *chaîne principale des Alpes depuis le Valais jusqu'en Autriche*, constitue, suivant M. Elie de Beaumont, un système qui est d'une date plus récente que ceux dont nous venons de parler : en effet, la partie des Alpes dont il s'agit s'est soulevée en relevant les dépôts de galets à lignites de la Bresse, que l'on observe dans les vallées de l'Isère, du Rhône, de la Saône, de la Durance, et qui appartiennent à l'étage supérieur du terrain supercrétacé.

903. — Le même système comprend encore les crêtes de la Sainte-Baume, du Leberon, du Ventoux, etc., dans le midi de la France, ainsi que le mont Pilate et les deux Myten, etc., en Suisse.

904. — *Forme du sol de l'étage supérieur.* — Les marnes subapennines et les marnes subatlantiques, constituent des collines qui, du pied des montagnes d'une époque plus ancienne, s'avancent à une distance plus ou moins grande dans les plaines. En Italie ces collines ont des formes un peu arrondies ; en Hongrie, en Transylvanie et en Krimée, les calcaires et les marnes de l'étage supérieur forment des collines dont les profils sont ondulés.

905. — Les dépôts de galets et de lignites occupent ordinairement des plaines où ils forment peu d'ondulations ; souvent aussi ils se trouvent dans des vallées.

CHAPITRE XXV.

—

DE L'ÉTAT DE LA TERRE A L'ÉPOQUE OU SE FORMA LE TERRAIN SUPERCRÉTACÉ.

906. — La grande étendue qu'occupe le terrain supercrétacé non-seulement en Europe, mais encore dans les autres parties du monde, annonce que de nombreux changemens eurent lieu à la surface de la terre après les dépôts crétacés; ces changemens exigèrent un laps de tems très considérable, et ils prouvent qu'à mesure qu'on approchait de la période récente ou actuelle, il y avait augmentation des terres à la surface du globe.

907. — L'examen des fossiles du terrain supercrétacé atteste que pendant la formation des trois étages de ce terrain, la température a été en s'abaissant constamment, passant ainsi, spécialement en Europe, de la température équatoriale à celle que nous éprouvons aujourd'hui.

908. — Pendant la période qui vit se former l'*étage inférieur*, la température devait être au moins aussi basse que celle du Caire, où son taux moyen est de 22 degrés du thermomètre centigrade. Cette opinion, qui est celle de M. Elie de Beaumont, est fondée sur certains caractères botaniques et zoologiques.

909. — A l'époque de l'argile plastique et du calcaire grossier, les fougères arborescentes et les Cycadées avaient cessé d'exister sous nos latitudes, puisqu'on n'en trouve pas de fossiles dans ces dépôts; mais différentes couches de l'étage inférieur présentent de nombreux débris de palmiers, de crocodiles et de grands mammifères pachydermes : la température était donc assez elevée pour que ces êtres organisés pussent y prospérer, et même elle a pu s'abaisser un peu sans les faire disparaître. Comme les palmiers et les crocodiles prospèrent en Égypte; comme les hippopotames et d'autres grands mam-

mifères y vivent, et que les cycadées et les fougères arborescentes ne s'y trouvent point, on est fondé à en conclure qu'à
l'époque dont nous parlons, la température devait avoir les
plus grands rapports avec celle de l'Égypte.

910. — Il existait des terres émergées dans le voisinage des
localités ou se formaient le calcaire grossier parisien, le calcaire sableux et les sables des environs de Bruxelles ainsi que
l'argile de Londres, puisque le dépôt généralement le plus inférieur des formations supercrétacées, l'argile plastique, s'est
déposée dans des lacs d'eau douce, où de petits cours d'eau
accumulaient des végétaux terrestres.

911. — Pendant la durée de la période de l'étage inférieur
il y eut un grand nombre de dépôts d'eau douce formés par
des affluens dans des golfes où les eaux marines s'élevèrent
souvent de manière à les recouvrir, ce qui donna lieu aux alternances de dépôts marins et d'eau douce que l'on remarque
dans cet étage.

912. — Pendant la période relative à l'*étage moyen*, qui
occupe un grand nombre de petits bassins répandus, surtout
vers le centre de l'Europe, la température était encore bien
différente de ce qu'elle est dans les mêmes lieux. M. Deshayes
y signale des espèces de coquilles identiques à celles qui vivent
sur les côtes du Sénégal et de la mer de Guinée; mais il ne faut
pas en conclure que le climat de l'Europe était semblable à
celui de l'Afrique : il était au contraire moins chaud que pendant que se formait l'étage inférieur.

913. — La température de l'Europe, pendant la période
qui vit se former l'*étage supérieur* était à peu près semblable à
celle que nous éprouvons. Ainsi les dépôts de cet étage que l'on
connaît en Norvège, en Suède, en Danemark, à Saint-Hospice près de Nice, et dans une partie de la Sicile, contiennent
à l'état fossile les espèces identiques de mollusques des mers
correspondantes. Les mêmes dépôts des versans méditerranéens
de la France, de l'Espagne, du Piémont, de l'Italie, de la
Morée et de l'Algérie, recèlent une grande partie des espèces
qui vivent dans la Méditerranée, mais en contiennent aussi
dont les analogues n'existent plus ou sont distribués en
petit nombre dans les régions chaudes de l'Océan atlantique et
dans les mers de l'Inde. Ces faits ont porté M. Deshayes à pen-

ser que la Méditerranée a éprouvé un faible abaissement de température depuis que la chaîne de l'Atlas d'un côté, et celle de l'Apennin de l'autre, ont pris leur relief actuel.

914. — Suivant M. Boué, après la formation de la craie, l'Europe était un grand continent qui avait un contour fort découpé, et qui renfermait un grand nombre de mers intérieures et de lacs d'eau douce.

915. — Dans le Nord il y avait une immense mer qui s'étendait du fond de la Russie, ou même de l'Asie, à travers le nord de l'Allemagne et presque jusqu'en Angleterre, et qui communiquait peut-être aussi avec la mer Glaciale. La mer qui couvrait la Galicie, la Valachie, la Moldavie, la Bessarabie et les pays que baigne la mer Noire, doit plutôt avoir été en liaison avec la précédente, qu'en avoir fait partie, puisque les dépôts supercrétacés des premiers pays sont analogues à ceux des bords de la Méditerranée, et un peu différens de ceux de l'Allemagne septentrionale.

916. — Le centre de l'Europe présentait une seconde mer intérieure qui couvrait la plaine suisse, la vallée du Rhin et le pays plat de la Souabe, de la Bavière, de l'Autriche, de la Moravie et de la Hongrie.

917. — Entre ces deux mers se trouvait le grand bassin de la Bohême qui communiquait avec la dernière.

918. — Dans l'Europe méridionale, la mer Méditerranée couvrait tous les pays peu élevés qui forment actuellement ses bords. Le détroit de Gibraltar n'existait pas encore, et elle communiquait par des canaux soit avec la mer Rouge, soit avec la mer Noire et le grand bassin de l'Asie occidentale.

919. — En France il y avait encore deux mers: l'une s'étendait entre les Pyrénées, la Saintonge, le Périgord et les montagnes du Cantal et de l'Aveyron; l'autre couvrait le Languedoc et la Provence; elles communiquaient ensemble, et ce n'est qu'après le dépôt de la mollasse que cette liaison dut cesser ou devenir moins libre. La digue qui séparait le bassin du sud-ouest de la France, de l'Océan, a été détruite, et la force des vagues de l'Atlantique a pu être aidée dans ce travail par le grand courant auquel le golfe de Gascogne doit aussi sa forme. Une troisième mer couvrait tous les pays peu élevés compris entre la Picardie, la Champagne, la Bourgogne, le Limousin, la Vendée, le Maine, la Bretagne et la Manche.

920. — En Angleterre, les environs de Londres formaient une petite mer environnée de falaises crayeuses. L'île de Wight et la côte qui se trouve vis-à-vis, étaient occupées par un bassin particulier, ou faisaient peut-être partie de la grande mer du nord de la France.

CHAPITRE XXVI.

—

TERRAIN CLYSMIEN (1).

Synonymie : Terrain diluvien. — Terrains de transport. — *Diluvium des* géologistes anglais. — *Newer pliocène* ou nouveau *pliocène* de M. Lyell.

921. — Le *terrain clysmien* se divise en deux dépôts, dont l'un est plus ancien que l'autre, mais qui ne sont jamais ou presque jamais superposés l'un à l'autre.

Dépôt ancien.

922. — *Cailloux roulés et blocs erratiques.* — Des dépôts de cailloux roulés et des blocs de roches occupent, dans certaines contrées, des plaines d'une immense étendue ; ces dépôts, dont nous examinerons l'origine, sont évidemment le résultat de causes plus puissantes que celles qui agissent aujourd'hui à la surface de la terre ; car on remarque parmi les blocs appelés *erratiques*, qui en font partie, des masses de 15 à 20 mètres de longueur, et qui sont quelquefois à une très grande distance de leur gisement primitif.

923. — L'examen des roches dont se composent ces cailloux roulés et ces blocs erratiques, a servi à faire reconnaître leur origine : nous allons indiquer celle des dépôts les plus connus.

924. — La *vallée de la Seine* nous présente, sur une épaisseur qui varie entre 2 et 8 mètres, un exemple du dépôt ancien du terrain clysmien. Il se compose de sable, de gravier, de cailloux roulés et de blocs plus ou moins volumineux de

(1) Du grec *Klysma* lavage

différentes roches. Ces fragmens sont disposés dans l'ordre de leur pesanteur, c'est-à-dire que le gravier domine dans la partie supérieure, les cailloux roulés plus bas, et les blocs erratiques dans la partie la plus inférieure.

925. — Plus on remonte vers le point de départ de ces débris, plus il est facile de reconnaître qu'une partie appartient au terrain jurassique de la Bourgogne, une autre aux montagnes du Morvan, et le reste aux collines qui forment la vallée de la Seine.

926. — Ils ont suivi d'abord la vallée de l'Yonne jusqu'à Montereau, où celle-ci se réunit à celle de la Seine, et l'on peut les suivre dans cette dernière jusqu'au-delà des limites du nord-ouest du département de Seine-et-Oise.

927. — Dans la vallée de l'Yonne et jusqu'aux portes de Paris, par exemple près de Clichy, on y reconnaît facilement le calcaire compacte et les silex du terrain jurassique de la Bourgogne ; le granite, le gneiss, la syénite et la protogyne des montagnes du Morvan ; les silex de la craie qui domine et environne le terrain supercrétacé parisien ; le calcaire grossier, le calcaire d'eau douce de la Brie ; les grès de Fontainebleau et les meulières qui le recouvrent. Dans la plaine de Boulogne et dans le bois du Vésinet, ce sont ces deux dernières roches qui constituent les principaux blocs erratiques.

928. — On pourrait distinguer aussi, dans les environs de Paris, des dépôts clysmiens de plusieurs époques : ainsi sur le plateau de Montrouge on remarque une couche, à la vérité peu épaisse, de galets siliceux ; près de la barrière dite de St.-Germain à Versailles, sur l'emplacement qu'occupe l'abattoir, nous avons remarqué aussi des galets siliceux ; enfin à la *butte du Houx*, dans la forêt de St.-Germain, on trouve un dépôt semblable qui repose sur le grès dit de Beauchamp. Il est évident que ces dépôts placés à une hauteur de plus de 100 mètres au-dessus du niveau de la plaine de Boulogne, doivent être d'une autre date et probablement antérieure.

929. — *Débris organiques du dépôt ancien dans la vallée de la Seine.* — On trouve quelquefois dans ce dépôt des dents, des ossemens et des défenses d'éléphans (*Elephas primigenius*); des bois et des os du grand Élan d'Irlande (*Cervus giganteus*); des débris appartenant, soit à des espèces perdues, soit à des

genres qui ne vivent plus dans nos contrées ; enfin quelquefois de gros troncs d'arbres ordinairement à l'état siliceux.

930. — L'*Europe septentrionale* nous montre le même dépôt sur une très grande étendue : ainsi les îles Shetland, les côtes de la Grande-Bretagne, les plaines de la Hollande, du Hanovre, du Danemark, du Mecklenbourg, de la Poméranie, de la Westphalie, de la Prusse, de la Pologne et de l'Esthonie en sont en grande partie couvertes.

931. — Les blocs erratiques des îles Shetland et des côtes orientales de l'Écosse et de l'Angleterre, sont partis de la péninsule scandinave : en effet on en retrouve de semblables et composés des même roches dans la Suède méridionale, d'où l'on peut même suivre leurs traces jusqu'aux montagnes dont ils sont les débris.

932. — Ces traces consistent en longs amas de débris de différentes roches, qui s'étendent parallèlement dans la direction du N.-N.-E. au S.-S.-O., et dont les crètes sont tellement de niveau, que dans beaucoup de localités on a placé des routes sur ces crètes comme sur une chaussée de sable que l'on aurait faite exprès : telles sont celles d'Upsal à Wendel, de Linkœping à Nora et de Hubbo à Moklinta, etc. Ces longues traînées sont appelées par les Suédois *Oses* qu'ils prononcent *Ases*.

933. — Ces collines de transport sont en général composées de cailloux roulés et de sable : on y remarque peu de blocs d'un gros volume, parce qu'en effet les plus gros ont dû être entraînés le plus loin du point dé départ.

934. — Quant à ce point de départ, on le retrouve en s'élevant au-delà de ces ases et dans la même direction, jusqu'à des plateaux de gneiss et de granite creusés de longs sillons parallèles dont le fond et les parois sont unis, lisses et presque polis, ce qui indique évidemment l'action érosive des eaux qui transportaient les gros fragmens dont le frottement a poli ces sillons, principalement du côté où l'action était la plus forte.

935. — Les mêmes courans ont transporté de la Suède dans la Hollande, le Hanovre, le Danemark, le Mecklenbourg, la Poméranie, la Westphalie, la Prusse et une partie de la Pologne, les blocs de granite ou de calcaire silurien que l'on y trouve enfouis dans le sable des plaines. Dans le Hanovre et la

Hollande, les sables qui contiennent ces blocs erratiques sont souvent recouverts par de vastes tourbières.

936. — Le comte Rasoumowsky a reconnu ces blocs d'origine scandinave, épars jusque dans les environs de Grossen, entre Breslau et Berlin, c'est-à-dire jusqu'à la distance de plus de 100 lieues géographiques, de la pointe la plus méridionale de la Suède, et à plus de 200 lieues de leur point de départ.

937. — Depuis Varsovie, en se dirigeant vers le nord-est, les blocs erratiques changent de nature : aux roches de la Suède succèdent celles de la Finlande. Ainsi entre la Dvina du Sud et le Niémen on trouve des masses de granite tout-à-fait semblables à celui de Vyborg ; d'autres blocs d'un grès rouge que l'on ne retrouve en place que près des bords du lac Onéga ; enfin des fragmens de calcaire ancien qui viennent de l'Esthonie et de l'Ingrie. On retrouve ces mêmes blocs erratiques au sud-est de Pétersbourg jusqu'aux environs du plateau de Valdaï et même jusque près de Moskou ; et au nord-est jusque sur les bords de la Dvina du nord, qui se jette dans la mer Blanche.

938. — *Dépôts limoneux métallifères et gemmifères.* — Plusieurs contrées présentent à la surface du sol des dépôts limoneux, composés de sable argileux et de galets, auxquels se trouvent mêlées des paillettes et des pépites d'or, comme ceux qui se trouvent près de Goldberg dans la Silésie, aux environs de Schweidnitz.

939. — D'autres sont *auroplatinifères* comme ceux qu'on exploite dans les monts Ourals, et dans lesquels on a trouvé un nombre assez considérable de pépites d'or et des pépites de platine pesant 6 à 8 kilogrammes. L'épaisseur de ces dépôts est de 1 à 2 mètres.

940. — Dans les mêmes montagnes, ces dépôts limoneux contiennent non-seulement des métaux précieux, mais plusieurs gemmes ou pierres fines telles que des Ceylanites, des Grenats, des Zircons et même quelques petits diamans.

941. — Ces amas métallifères et gemmifères paraissent appartenir au dépôt ancien, puisque M. de Humboldt a reconnu dans ceux qu'il a signalés entre le 59e et le 60e degrés de latitude, la présence de débris d'éléphans.

942. — *Dépôts arénacés gemmifères.* — Dans quelques lo-

calités, comme dans l'Inde et au Brésil, on trouve au milieu de dépôts arénacés des *diamans*; mais au Brésil ces diamans sont accompagnés d'*émeraudes*, de *topazes*, de *rubis* et d'autres gemmes.

943. — *Dépôts arénacés stannifères*. — D'autres dépôts de transport qui ne sont pas toujours dépourvus d'ossemens de mammifères perdus, renferment, comme dans le Cornouailles en Angleterre, du sulfure d'étain en assez grande abondance pour être exploité.

944. — *Dépôts ferrifères ou brèches ferrugineuses*. — On doit ranger parmi les dépôts clysmiens ces minerais de fer hydraté que l'on exploite dans quelques localités du Jura, où ils remplissent des fentes verticales dans le calcaire qu'ils recouvrent.

945. — Ils semblent être analogues à ceux qui se présentent avec les mêmes caractères de gisemens dans l'Alp du Wurtemberg où ils renferment des ossemens de *mastodonte*, de *rhinocéros*, de *cerf*, de *cheval*, etc.

946. — *Dépôts limoneux et caillouteux*. — Il y a aussi des dépôts limoneux, c'est-à-dire composés d'une marne rougeâtre, plus ou moins mêlée de sable, et contenant avec des cailloux roulés, tantôt des coquilles marines des différens terrains anciens, tantôt des ossemens de mammifères.

947. — C'est à ces sortes de dépôts que se rapportent ceux des bords de la Lena et de l'Indighirka en Sibérie, dans lesquels on trouve une si grande quantité de débris d'éléphans, que l'ivoire qu'on en retire est une branche importante de commerce, et dans lesquels aussi on a trouvé, mais conservé dans la glace, l'*Elephas primigenius* que nous appelons *Mammouth* et les Russes *Mammonth*, ainsi que le *Rhinoceros tichorhinus* avec leur chair, leur peau et leurs poils.

948. — Plusieurs dépôts *limoneux* de transport paraissent être d'origine marine, tels sont ceux du Jutland, qui renferment en effet des corps organisés marins.

Dépôt moderne.

949. — Le dépôt moderne du terrain clysmien diffère principalement du dépôt ancien parce qu'on y trouve en général beaucoup plus de ruminans analogues ou identiques à ceux qui

vivent aujourd'hui dans les mêmes contrées, que de pachydermes qui ont abandonné ces contrées.

950. — *Dépôts limoneux et caillouteux de la vallée du Rhin.* — Ce dépôt consiste en une masse de sable mêlé de couches argileuses, et renfermant un grand nombre de cailloux roulés, surtout dans sa partie inférieure, et quelquefois des blocs plus ou moins considérables de diverses roches dont le gisement est peu éloigné. Dans beaucoup de localités le dépôt est surmonté d'une marne jaunâtre très fine, renfermant des coquilles terrestres et fluviatiles.

951. — Ce dépôt est connu en Alsace sous le nom de *Lehm*, et en Allemagne sous celui de *Læss*. Bien que son type se trouve dans la grande vallée du Rhin et dans les plaines qu'elle forme, nous l'avons reconnu dans d'autres vallées de l'Allemagne méridionale, dans les plaines de la Hongrie, sur les bords du Danube et même dans la Valachie.

952. — *Débris organiques du Læss.* — Sur les bords du Rhin on trouve dans ce dépôt des ossemens de rhinocéros et d'éléphans. M. Boué, observateur habile dont la justesse du coup-d'œil est connue, a trouvé au milieu de ce dépôt, à 200 et 300 pieds au-dessus du cours du Rhin, près de Lahr, dans le grand duché de Bade, des ossemens humains mêlés à des coquilles terrestres et fluviatiles, et à des ossemens de grands pachydermes.

953. — *Dépôts des cavernes à ossemens.* — Ces dépôts consistent en un limon argileux et en une couche plus ou moins épaisse de cailloux roulés qui y ont été entraînés de l'extérieur par des fentes et des crevasses qui n'existent plus parce qu'elles ont été remplies par les stalactites qui se forment journellement dans la plupart de ces cavités. Au milieu de ce limon et de ces galets on trouve ordinairement des ossemens très bien conservés, surtout lorsque le dépôt de transport a été recouvert par des stalagmites; car ces stalagmites qui ne sont que des concrétions calcaires formées par les eaux qui tombent des stalactites attachées à la voûte de la caverne, servent à arrêter la décomposition de ces ossemens. On a remarqué en effet, que lorsqu'il n'y a point de stalagmites sur le sol de la caverne, les ossemens sont décomposés ou dans un très mauvais état de conservation.

954. — Les principaux animaux dont on trouve les débris dans les cavernes sont : trois espèces d'ours dont une qui est gigantesque, porte le nom d'*Ursus spelæus*, le *Felis spelæa*, le *Canis spelæus*, l'*Hyena spelæa*, et souvent aussi des cerfs, des sangliers, des éléphans et des rhinocéros. Les autres animaux sont le loup, le renard, le bœuf et le cheval.

955. — Plusieurs cavernes ont offert, mêlés à ces débris d'animaux, des ossemens humains ou des produits grossiers de l'industrie humaine. Ainsi dans la caverne de Pondres (département du Gard), on a trouvé des fragmens de poterie d'une argile qui n'avait été ni lavée, ni cuite, mais qui avait seulement été séchée au soleil, ainsi que plusieurs ossemens humains au milieu d'un dépôt contenant des hyènes, des bœufs et des cerfs.

Dans la caverne de Souvignargues, on a fait une découverte semblable.

956. — Le docteur Schmerling, qui a étudié avec tant de soin les cavernes de la province de Liège, a découvert dans celle d'Engis, au milieu d'une couche argileuse remplie de galets de quarz, de silex et de calcaire, divers ossemens humains mêlés à des débris d'ours et d'autres espèces d'animaux ; enfin il découvrit dans une autre caverne, près de Choquier, des restes de l'*Ursus spelæus* et de rhinocéros accompagnés d'ossemens humains et de divers objets grossièrement travaillés par l'homme.

957. — *Brèches osseuses*. On a donné ce nom à des dépôts plus ou moins solides, composés d'argile ferrugineuse, de sable et de calcaire, qui enveloppent des débris de différentes roches et des ossemens ordinairement brisés comme s'ils avaient été transportés violemment par les eaux.

958. — Tantôt ce dépôt est très dur, tantôt il est friable ; quelquefois il est marneux plutôt que sablonneux, quelquefois aussi plutôt calcaire ou sablonneux que marneux.

959. — Les ossemens y sont accompagnés de coquilles ordinairement terrestres, fluviátiles et lacustres ; mais il arrive aussi que ces ossemens se trouvent avec des corps organisés marins. Les cavités que présentent les brèches sont souvent remplies de concrétions calcaires qui leur donnent alors une grande solidité.

960. — Ces brèches remplissent des fentes et des crevas-

ses qui pénètrent plus ou moins profondément dans la roche.

961. — Les côtes de la Méditerranée, depuis le rocher de Gibraltar jusqu'aux falaises de la Dalmatie, offrent un grand nombre de ces brèches, qui ont d'ailleurs un caractère uniforme de structure, de couleur et de composition.

962. — Nous ne citerons que quelques-unes des plus remarquables. Les brèches de Nice renferment avec un grand nombre de cailloux roulés, composés de quarz, de gypse et de calcaire, des ossemens de rhinocéros, de bœuf, de cheval, de cerf, de bélier, etc. mêlés à des coquilles terrestres et marines.

Les brèches d'Antibes, de Cette et de la Corse, ne présentent, avec les ossemens d'animaux, que des coquilles terrestres et d'eau douce.

Les brèches de la Dalmatie ont offert d'abord à Spallanzani, puis au savant naturaliste Donati, des ossemens humains mêlés à des débris de divers animaux : on révoqua en doute le témoignage de ces deux savans, mais dans ces derniers tems il a été confirmé par le professeur Germar, qui y a trouvé des fragmens de verre et de poteries d'une fabrication grossière.

Trois savans distingués : le baron de Schloteim, M. Schottin et le comte de Sternberg, ont signalé dans une brèche osseuse, près de Kœstritz, des ossemens humains mêlés à des os de bœufs, de cerfs, de chevaux et de rhinocéros.

963. — *Brèches ferrugineuses de la Morée*. Nous avons parlé d'un calcaire ferrugineux qui recouvre les calcaires solides des environs de Nauplie et du Cap Malée ; ce calcaire paraît se rapporter à un dépôt littoral antérieur à l'époque actuelle, et que M. Boblaye désigne sous le nom de *brèche ferrugineuse*.

964. — *Dépôts coquillers*. — Il existe sur différens points du globe plusieurs dépôts marins qui ont été rapportés à l'époque du terrain clysmien par la plupart de ceux qui les ont visités. Ils renferment une grande quantité de coquilles identiques avec celles qui vivent dans nos mers ; en général ils paraissent être dûs à des délaissemens marins anciens ou à des soulèvemens de plages. Nous en citerons quelques exemples.

965. — Le *dépôt d'Uddevalla*, en Suède, s'élève à environ 70 mètres au-dessus du niveau de la mer. Les coquilles qui le composent vivent toutes dans les eaux qui baignent la côte. Un grand nombre sont brisées comme cela se voit encore sur toutes

les plages où les flots amassent des coquilles ; mais la plupart sont entières.

966. — *Le Spitzberg* présente un exemple analogue : on y a remarqué des dépôts d'argile élevés d'environ 20 pieds au-dessus des plus hautes marées, et renfermant un grand nombre de coquilles qui vivent encore.

967. — *La presqu'île de Saint-Hospice près de Nice* nous montre un dépôt du même genre : c'est un amas de sable coquiller qui se trouve à plus de 18 mètres du niveau de la Méditerranée, et dont les coquilles existent dans cette mer.

968. — *Sur la côte du Chili*, la baie de la Conception présente, à la hauteur de 1000 à 1500 pieds au-dessus du niveau de l'Océan, un dépôt de sable micacé contenant des coquilles d'espèces identiques avec celles qui vivent dans cette baie.

969. — Les côtes du Pérou et des Antilles offrent plusieurs autres exemples semblables. On en connaît aussi dans l'Océanie, à l'île même de Poulo-Nias.

970, — *La Sicile* a offert à M. Lyell, dans le *Val di Noto*, un dépôt marin très remarquable par sa puissance parmi ceux qui paraissent appartenir à l'époque clysmienne. Il se compose à sa partie inférieure d'une masse de marne bleue coquillère qui, dans quelques parties de l'île, a plusieurs centaines de pieds d'épaisseur. Au-dessus s'élève un calcaire sableux et arénacé qui contient une grande quantité de galets calcaires ; enfin plus loin c'est un calcaire compacte et concrétionné qui a, dans quelques localités, 700 à 800 pieds d'épaisseur.

971. — Ce qui prouve que le dépôt du *Val di Noto* est d'une époque peu ancienne, c'est que sur 216 coquilles, M. Deshayes n'en a trouvé que 10 qui ne sont pas vivantes.

972. — Cependant nous devons le dire, les dépôts du *Val di Noto* s'étant formés par voie de sédiment, du moins en grande partie, il semblerait qu'ils ne dussent point appartenir à la série des dépôts clysmiens ; mais on conçoit qu'il ait pu se former à la même époque des dépôts de sédimens par suite de l'action des sources minérales, comme nous le ferons voir plus tard.

973. — *Tourbières anciennes.* — Quelques tourbières, aujourd'hui sous-marines, d'autres qui, loin de la mer, sont couvertes de dépôts d'alluvions, paraissent être trop anciennes pour

qu'on puisse rapporter leur enfouissement à une époque récente ou historique, surtout lorsqu'elles renferment des végétaux qui ne croissent plus dans le pays auquel elles appartiennent, ou des animaux qui ne s'y trouvent plus vivans.

974. — En *Ecosse*, une tourbière sous-marine, qui se voit dans la baie de *Frith of Tay*, offre bien le caractère d'ancienneté que nous venons d'indiquer ; ainsi on y reconnaît des troncs de gros chênes, arbres aujourd'hui fort rares en Écosse ; les débris d'animaux qu'on y trouve consistent en coquilles terrestres et lacustres, et en ossemens de cerfs, tels que le grand élan d'Irlande (*cervus giganteus*), le daim fauve (*cervus dama*) et le daim rouge (*cervus elaphus*).

975. — Cette tourbière se compose de couches d'argile, de galets et de gravier contenant des amas de végétaux avec des lignites compactes ou friables mêlés de sulfure de fer. Elle repose sur une argile grise renfermant du mica et du quarz, et traversée de racines changées en tourbe.

976. — *Emploi des roches du terrain clysmien.* — Nous avons déjà cité plusieurs métaux précieux qui appartiennent aux différens dépôts de ce terrain, et ce riche minerai de fer que l'on exploite dans le Jura et dans le Wurtemberg. Ainsi l'on peut juger de la richesse minérale que recèle ce terrain, lorsque l'on considère que la Russie seule retire annuellement de ses dépôts limoneux auro-platinifères, pour plus de 21 millions d'or et plus d'un million de platine, et que les lavages d'or du Brésil produisent encore la valeur d'environ 22 millions de francs.

977. — Nous ajouterons que les tourbières anciennes ou les forêts sous-marines, fournissent des bois que l'on emploie quelquefois pour les constructions, comme dans le comté de Lincoln en Angleterre ; que les blocs erratiques fournissent pour la bâtisse des matériaux d'autant plus utiles qu'ils se trouvent toujours dans des plaines dépourvues de carrières ; enfin que les galets sont utilisés pour l'entretien des routes.

978. — *Agriculture.* Le terrain clysmien, selon la nature de ses dépôts donne lieu à différentes espèces de sol. Le sablon qui forme la superficie des dépôts de cailloux roulés, est favorable à la culture de certains légumes : témoin la plaine de Freneuse aux environs de Mantes, et qui est célèbre par ses na-

vets ; celle de Boulogne près de Paris , où les engrais multiplient les récoltes. L'île de la Camargue , à l'embouchure du Rhône , et la plaine de la Crau , qui en est séparée par un bras du fleuve , prouvent que les graviers souvent marneux du terrain clysmien ne sont pas exempts de fertilité.

979 — Lorsque les galets alternent avec des couches de marnes et d'argiles, et que celles-ci sont à une assez petite profondeur pour être ramenées à la superficie par le soc de la charrue , le sol est généralement favorable à la culture, aussi quelquefois est-il utile de creuser pour ramener à la surface ces marnes et ces argiles.

980. — Si le dépôt clysmien est limoneux, il se couvre naturellement de bois et de prairies , et peut s'approprier à des cultures variées.

Dépôts plutoniques.

981. — Des déjections d'origine volcanique ont couvert le sol à l'époque où se forma le terrain clysmien , et ont même formé des intercalations et des alternances avec certains dépôts de ces terrains. Ainsi , quelques-unes des anciennes éruptions du Vésuve, de l'Etna , de l'île d'Ischia et de la Campanie sont contemporaines de ces dépôts.

982. — Les roches plutoniques de l'époque clysmienne sont des basaltes , des trachytes , des laves poreuses ou téphrines , des vackes et des pépérines.

Soulèvement du sol.

983. — Suivant M. Lyell , la Sicile et l'île d'Ischia présentent des traces de soulèvemens qui se sont effectués pendant que se formaient les dépôts calcaires appartenant à l'époque du terrain clysmien.

984. — Nous pensons que ce que nous avons dit précédemment sur l'origine des blocs erratiques du nord de l'Angleterre, de l'Allemagne, de la Pologne et de l'Esthonie, les uns descendant de la Peninsule Scandinave , et les autres de la Finlande, permet d'admettre que la cause première de ces transports de masses énormes est le dernier soulèvement d'une partie des montagnes de la Suède et de la Finlande, et la formation des longues crevasses ou failles qui auront été l'origine de la mer Baltique, ou au moins des détroits par lesquels elle commu-

nique aujourd'hui à la mer du Nord ou d'Allemagne, et d'une autre crevasse qui aura formé le golfe de Finlande ; car il n'est guère probable que ce transport de roches ait pu se faire au travers de ces bras de mer.

985 — Nous avons vu aussi qu'une partie du terrain clysmien présente des traces de l'existence de l'homme : on doit donc en conclure que les derniers dépôts de ce terrain appartiennent au grand cataclysme dont on retrouve la tradition dans les souvenirs de presque tous les peuples.

986 — Et comme cet événement historique est la dernière des révolutions de la surface du globe, on est naturellement conduit, comme l'a fait remarquer M. Elie de Beaumont, à demander quelle est la grande chaîne de montagnes dont l'apparition remonte à la même date, et l'on reconnaît que le système des Andes, dont les soupiraux volcaniques sont encore généralement en activité, forme le trait le plus étendu, le plus tranché et pour ainsi dire le moins effacé de la configuration extérieure actuelle du globe terrestre.

987 En donnant le nom de système des Andes à ce système, M. Elie de Beaumont fait remarquer qu'il comprend « cet énorme bourrelet montagneux qui court entre l'Océan Pacifique d'une part et le continent des deux Amériques et de l'Asie de l'autre, en suivant depuis le Chili jusqu'à l'empire des Birmans, la direction d'un demi-grand cercle de la terre, et en servant comme d'axe central à cette ligne volcanique en zig-zag qui, suivant çà et là des fractures plus anciennes, sans s'écarter de la zône littorale, forme, ainsi que l'a remarqué M. de Buch, la limite la plus naturelle du continent de l'Asie, et peut même être considérée comme séparant la partie aujourd'hui la plus continentale du globe terrestre, de sa partie la plus maritime. »

CHAPITRE XXVII.

—

DE L'ÉTAT DE LA TERRE A L'ÉPOQUE OU SE FORMA LE TERRAIN

CLYSMIEN.

988. — Vers l'époque où se formèrent les premiers dépôts de transport, l'Europe offrait encore un grand nombre de bassins remplis d'eau ; ces bassins marins, dans l'origine, étaient divisés en un grand nombre de lacs d'eau douce, comme ceux de la Bavière, de l'Autriche, de la Hongrie, de la Bohême et du Rhin.

989. — Dans la partie septentrionale de la France il existait trois bassins lacustres : celui qui entoure aujourd'hui Paris, celui de la Loire supérieure et celui de la Loire inférieure. Il en existait aussi plusieurs dans la partie du sud-ouest de la France.

990. — Quelques-uns de ces lacs ont laissé des dépôts considérables : tels sont ceux de la vallée du Rhin, de l'Autriche, de la plaine orientale de la Hongrie, etc.

991. — « La hauteur des eaux de ces anciens lacs d'eau douce, nous est bien indiquée, dit M. Boué, par ces grandes masses de cailloux et de marne en partie coquillère et à ossemens de quadrupèdes, comme cela se voit dans la plaine orientale de la Hongrie, en Autriche, dans la vallée du Rhin, le long de la Garonne et de plusieurs rivières du nord de l'Allemagne. Des amas de sables, de cailloux et de poudingues (Alpes), sur des plateaux ou des pentes de collines ou de montagnes, nous montrent que dans toute l'Europe les principales rivières ont eu pendant la première partie de l'époque alluviale un niveau et un lit bien plus élevé qu'à présent, ou plutôt il y avait sur leurs cours actuels des lacs retenus par des digues maintenant détruites. »

992. — Pendant que les eaux douces et les ruptures des lacs formaient ces dépôts, la mer rongeait les continens : ses courans et ses vagues accumulaient des dépôts considérables d'alluvions

que l'on remarque à un niveau que n'atteignent plus les plus hautes marées de l'Océan.

993. — « Les causes qui ont fait, ajoute M. Boué, baisser les mers ou rehausser les continens, après l'époque des anciennes alluvions, sont très difficiles à assigner, parce qu'elles peuvent avoir varié beaucoup suivant les localités. Dans la mer Méditerranée, la débâcle de la grande mer intérieure de l'Asie peut avoir accéléré son abaissement, et la formation accidentelle, ou l'approfondissement du détroit de Gibraltar peut bien en avoir été la cause principale. Dans la Baltique, des causes semblables ont pu agir ; mais pour la mer du Nord et l'Océan Atlantique, il faut avoir recours à d'autres événemens. »

994. — M. Rozet a remarqué, dans le Lœss de la vallée du Rhin, des galets cimentés par du calcaire spathique identique avec celui des sources incrustantes ; plusieurs autres faits analogues, parmi lesquels nous citerons le calcaire du *Val di Noto*, en Sicile, recouvrant un dépôt de galets, nous portent à admettre, avec M. Rozet, qu'à l'époque clysmienne, plusieurs sources d'eaux chargées de carbonate de chaux, et d'autres, chargées d'acide carbonique, se firent jour çà et là à diverses reprises ; que l'apparition de ces sources coïncida probablement avec les éruptions volcaniques, qui paraissent avoir été fréquentes durant cette époque.

795. — M. Rozet a trouvé dans les calcaires de la Provence, les canaux qu'avaient suivis les eaux acides pour venir des profondeurs du globe ; et sur les roches environnantes, les sillons qui marquaient leur passage. Dans le Jura et dans la Bourgogne, il a reconnu que la surface des roches calcaires était souvent coupée, sur des espaces très étendus, par de profonds sillons, divergeant assez souvent d'un ou de plusieurs trous verticaux pratiqués dans l'épaisseur des roches ; que ces trous sont de véritables cheminées à parois corrodées par un liquide acide, qui se ramifient souvent un grand nombre de fois, et qui sont souvent aussi tapissées de stalagmites qui annoncent le passage d'eaux chargées de carbonate de chaux.

996. — Ainsi, pendant l'époque diluvienne, il se serait élevé du sein de la terre de grandes masses d'eaux qui auraient contribué à augmenter l'intensité des différens cataclysmes qui caractérisent cette époque.

997. — Nous avons vu précédemment (991) que, durant cette époque, les principales rivières ont eu un lit et un niveau plus élevés qu'aujourd'hui ; tout tend à prouver en effet, que les cours d'eau étaient beaucoup plus volumineux. Le volume de leurs eaux augmenté de celui des eaux qui sortirent du sein de la terre et de celui des eaux des lacs qui occupaient tous les plateaux, et qui furent généralement détruits par les commotions volcaniques, et par le soulèvement de certaines parties du sol et de plusieurs chaînes de montagnes, dut acquérir une grande vitesse et une force irrésistible qui peuvent expliquer le transport des blocs erratiques et de tous les dépôts clysmiens.

998. — Lorsque les fleuves de cette époque et les courans diluviens, venant de l'intérieur des terres, tombaient dans la mer, ils déposaient sur les plages les matériaux qu'ils chariaient : voilà pourquoi les dépôts clysmiens qui occupent la place d'anciens rivages, présentent au milieu de marnes, de sables et de galets, des débris d'animaux et de végétaux marins et terrestres. C'est ce mélange qui sert à distinguer ces sortes de dépôts de ceux qui se sont faits par une cause analogue dans les grandes plaines et les larges vallées.

999. — Les sources calcarifères et les sources acides n'étaient pas les seules qui abondaient à l'époque clysmienne : des sources ferrugineuses incrustantes, analogues à quelques-unes que l'on connaît en Écosse, dans le Mecklenbourg, etc., ont couvert de leurs dépôts des plateaux de calcaire jurassique et crétacé de certaines contrées. Ces dépôts, après avoir été remaniés par des courans d'eau, se sont mélangés de fossiles anciens et d'ossemens d'animaux de l'époque clysmienne, comme on le remarque sur le plateau jurassique de l'Alp, du Wurtemberg, dont nous avons parlé précédemment (945).

1000. — Ce que nous avons dit du terrain clysmien suffit pour faire voir qu'il se compose de dépôts locaux qui se sont formés à différentes époques. Les plus récens de ces dépôts, ceux-là même qui renferment des ossemens humains ou des objets de l'industrie des premiers hommes, ne paraissent pas non plus être contemporains : de là résulte que différentes traditions se rapportent chez différens peuples à l'un de ces cataclysmes, et qu'aucun n'a été produit par une cause générale sur toute la surface de la terre.

1001. — Si l'Océan augmenté par une grande masse d'eau pluviale et par une autre grande masse de toutes les eaux souterraines, avait couvert toutes les sommités du globe, on devrait retrouver partout les dépôts clysmiens : or, les hautes montagnes ne présentent aucun amas de cailloux roulés ; ils n'existent que dans les grandes plaines, sur les bords des grands fleuves et des rivières, et sur quelques plateaux peu élevés. Les blocs erratiques que l'on remarque sur les pentes des plus hautes montagnes, sont dus à une autre cause que celle d'un cataclysme, c'est-à-dire à des soulèvemens qui eux-mêmes ont précédé les dépôts diluviens à ossemens de ruminans et à ossemens humains.

1002. — Si les dépôts clysmiens, si ce que l'on nomme le *Diluvium*, étaient le résultat d'un déluge universel, ces dépôts ou ce *diluvium* présenteraient partout des coquilles marines identiques à celles qui vivent dans les mers, puisque les eaux douces et les eaux marines n'auraient dû faire, pendant ce déluge universel, qu'une seule masse liquide, qui aurait dû mêler partout les débris de végétaux et d'animaux terrestres avec les débris de végétaux et d'animaux marins. Cependant, les dépôts clysmiens que l'on remarque loin des mers, ne renferment aucune coquille marine : ce n'est partout qu'un dépôt fluviatile ou d'eau douce. On ne trouve de corps organisés marins, ainsi que nous l'avons dit plus haut (964), que dans les dépôts clysmiens voisins des bords actuels de la mer, ou qui occupent la place d'anciens rivages.

1003. — Enfin, si l'on voulait voir dans les dépôts clysmiens qui renferment des ossemens de *mastodonte*, du *grand ours des cavernes*, et d'autres animaux perdus, un produit du déluge mosaïque, il faudrait expliquer comment ces animaux, qui auraient dû, comme les autres, entrer dans l'arche de Noé, n'existent plus, et sont anté-diluviens.

1004. — Il résulte de tous ces faits que, si un grand nombre de contrées du globe ont été le théâtre de grandes inondations et de violens cataclysmes, les traces qui en subsistent aujourd'hui ne s'accordent nullement avec l'idée d'un *déluge universel*.

1005. — Mais cette conclusion n'oblige cependant point à admettre que le déluge mosaïque est une fiction ou une fable. Elle engage seulement à ne point s'en tenir rigoureusement à la lettre du récit de Moïse, et à tenir compte au contraire des métaphores qui caractérisent le style oriental. Ainsi pourquoi veut-on que le déluge de Moïse ait été *universel ?* Parce que le texte de la Genèse porte, que la *terre, et toutes les plus hautes montagnes* furent couvertes par les eaux.

1006. — Cependant ces expressions ne peuvent-elles pas avoir un sens moins absolu, moins général ? par ces mots *la terre*, le texte de Moïse n'a-t-il pas voulu désigner la *contrée*, la *partie du monde* habitée par les seules nations dont il parle ? *toutes les plus hautes montagnes* ne signifient-elles pas toutes celles de cette contrée ou de cette partie du monde ? De nos jours encore, dans notre France, où le langage n'a cependant rien de la poésie orientale, un paysan ne dit-il pas *tout le pays a été ravagé*, lorsqu'il ne s'agit que du petit territoire de sa commune ?

1007. — De même à l'époque du déluge mosaïque, par l'expression de la *terre*, on ne devait entendre que la partie *habitée* du globe ; nous irons même plus loin en disant qu'on ne devait entendre que la partie du globe habitée par le *peuple de Dieu*, par le peuple enfin pour lequel le déluge était une punition terrible envoyée par Dieu lui-même.

1008. — D'ailleurs, où voit-on dans la Genèse qu'aucun passage du récit de Moïse se rapporte aux quatre ou cinq parties qui divisent la terre ? il n'y est question que d'une petite partie de l'Asie occidentale et d'une partie encore plus petite de l'Afrique orientale et septentrionale ; rien sur le reste de ces deux parties du monde, rien sur l'Europe, rien sur l'Amérique, rien sur l'Océanie. Pourquoi donc voudrait-on que le déluge qu'il raconte se rapportât à des contrées, à des parties du monde dont il ne parle pas ? ce serait vouloir une absurdité.

1009. — Il résulte donc pour nous, et nous osons le croire, pour tout homme qui voudra raisonner, que rien dans le récit de Moïse n'autorise à soutenir que le déluge de Noé a été *universel*, dans le sens que l'on doit aujourd'hui attacher dans le ngage ordinaire à cette expression.

1010. — Nous avons vu précédemment (985 et 986) que le

dernier cataclysme que la terre a éprouvé paraît se rapporter au soulèvement du sol le plus récent, c'est-à-dire à celui qui comprend, suivant M. Elie de Beaumont la chaîne des Andes et quelques montagnes de l'Asie.

1011. — Cependant peut-être pourrait-on attribuer le déluge de Noé à un cataclysme très récent, dont M. Dubois de Montpéreux a reconnu des traces manifestes au pied du mont Ararat, sur le théâtre même où la tradition biblique place ce grand événement. Cette tradition coïncide admirablement, dit-il, avec les faits géognostiques et même avec la dernière révolution qui a mis à sec le bassin de l'Arménie centrale, événement qui fut accompagné de quelques éruptions du volcan de l'Alaghez ou de celui du Naltapa. « En adoptant cette tradition, ajoute-t-il, le déluge d'Arménie, comme celui de la Thessalie ou de Deucalion appartiendrait aux tems historiques, et serait de beaucoup postérieur au dernier grand soulèvement du Caucase : ce qui ne rencontre aucune difficulté, dès que nous envisageons l'Arménie centrale comme bassin isolé, tel que je l'ai décrit avec ses formations d'eau douce (1). »

1012. — Nous terminerons ce chapitre en faisant remarquer que les débris organiques que l'on trouve dans les dépôts du terrain clysmien prouvent qu'à la fin de l'époque où ceux-ci se formèrent, l'Europe et la plus grande partie de l'Asie devaient présenter à peu près la même configuration qu'aujourd'hui, et conséquemment à peu près la même température et la même végétation.

(1) Lettre à M. Élie de Beaumont par M. Dubois de Montpéreux. — 9 mai 1837.

CHAPITRE XXVIII.

—

TERRAIN RÉCENT OU ACTUEL.

Synonymie : *Période jovienne* de M. Al. Brongniart. — *Terrains modernes* de M. d'Omalius d'Halloy. — *Terrain post-diluvien* de plusieurs auteurs.

1013. — Les dépôts qui se forment actuellement à la surface de la terre constituent le terrain que nous appelons *récent* ou *actuel*.

1014. — Ces dépôts sont d'autant plus utiles à étudier qu'ils peuvent donner une idée exacte de plusieurs phénomènes que présentent les formations anciennes.

1015. — Ce terrain appartient à la *série neptunienne* et à la *série plutonique*.

1016. — Les dépôts de la *série neptunienne*, c'est-à-dire dans laquelle l'eau joue un rôle plus ou moins important, peuvent se diviser en trois groupes distincts, selon la nature et l'origine des roches qui en font partie : ainsi les uns sont *terrestres* ou se forment à la surface de la terre ; les autres sont *nymphéens* ou sont dus à l'action des eaux douces et des sources ; d'autres enfin sont *tritoniens* ou formés par les eaux marines.

1017. — Les dépôts de la *série plutonique* comprennent tous les produits des volcans modernes et des pseudovolcans.

Dépôt terrestre.

1018. — Ce dépôt comprend des produits assez variés qui se forment dans les plaines, sur les plateaux et dans les montagnes. Nous ne citerons que les plus importans.

1019. — *Tourbe des montagnes.* — Cette tourbe se compose de mousses, de lichens et de graminées qui, se succédant chaque année, constituent une substance fibreuse analogue à la tourbe des marais et que l'on exploite aussi comme combustible.

1020. — Dans les Vosges on connaît deux dépôts tourbeux

différens: l'un qui occupe le fond des vallées et qui se forme dans des étangs marécageux : c'est la tourbe ordinaire, dont nous parlerons bientôt ; l'autre, qui se trouve sur les flancs et même sur les sommets des montagnes les plus élevées. Elle a quelquefois plus de 2 mètres d'épaisseur.

1021. — *Humus.* — On désigne ainsi une couche qui se forme à la surface du sol, dans un grand nombre de contrées, par la succession des débris de végétaux qui meurent chaque année. L'*humus* diffère de la tourbe en ce qu'il est formé de végétaux décomposés qui constituent un véritable *terreau*, la *terre végetale* la plus pure.

1022. — Les feuilles qui tous les ans tombent des arbres dans les forêts, les plantes qui meurent à la surface des immenses plaines ou *steppes* de l'Europe orientale et de l'Asie, forment un *humus* d'autant plus fertile qu'il renferme en abondance des débris d'animaux ; aussi les steppes de la Russie méridionale et de la Krimée sont-elles remarquables par leur fertilité.

1023. — *Eboulis.* — On nomme ainsi les dépôts qui se forment sur les pentes et aux pieds des montagnes, et qui se composent des débris des roches que la gelée, la pluie, les autres agens atmosphériques et l'écoulement des eaux tendent sans cesse à désagréger et à réduire en galets, en sable et en argile, selon leur dureté et leur nature minéralogique:

Les avalanches de pierres qui tombent des sommets des Alpes, les galets et les blocs plus ou moins gros que les glaciers entraînent dans les vallées rentrent dans la classe des éboulis.

1024. — *Dépôts salins.* Les efflorescences salines qui se forment sur les bords des lacs de certaines contrées constituent des dépôts qui, malgré leur faible épaisseur, ne sont pas sans importance pour l'homme, puisqu'ils deviennent souvent la source d'un commerce important.

1025. — Ces dépôts salins se composent généralement de divers carbonates de soude que les minéralogistes désignent sous les noms de *Natron*, *Urao* et *Gay-Lussite*; de sulfates de soude connus sous ceux de *Reussine* et de *Sel de Glauber;* de sousborate de soude appelé *Borax;* de nitrate de potasse ou *Salpêtre;* de chlorure de sodium ou *Sel marin;* enfin de plusieurs autres sels tels que le *Nitrate de chaux*, l'*Epsomite* ou le *sulfate de magnésie*, etc.

Dépôt nymphéen.

1026. — *Alluvions fluviatiles.* — Les alluvions que déposent les fleuves et les rivières sur leurs bords et à leur embouchure présentent une connexion intime avec certains dépôts clysmiens, dans certaines localités même où ces dépôts se montrent avec ces alluvions, il est souvent facile de confondre les uns et les autres.

1027. — Ces alluvions offrent, comme le terrain clysmien, des dépôts qui varient par la grosseur et la nature de leurs parties. Ce sont tantôt de gros débris comme sur les bords des rivières torrenteuses ou dans le lit des torrens ; tantôt des cailloux roulés ou bien des sables et des graviers, ou bien encore un limon que l'on peut distinguer en limon *marneux*, *sableux*, *vaseux* et *noir*, suivant que la marne, le sable, l'argile et les débris de végétaux y dominent.

1028. — C'est surtout à l'embouchure des fleuves que les alluvions sont considérables : aux bouches de l'Escaut et de la Meuse ces dépôts ont plus de 76 mètres d'épaisseur. Cet effet est dû en grande partie à l'action de la mer, qui semble se refuser à recevoir dans son sein les matières qu'elle ne peut dénaturer ; ainsi elle refoule le limon et le sable que lui apportent les fleuves, et qui encombrent si-souvent les ports situés près de leur embouchure.

1029. — Ce sont ces alluvions qui donnent naissance à ces îles nouvelles qui se forment à l'embouchure de certains fleuves, et qui constituent ce qu'on nomme des *Delta*, comme au Nil, au Pô ; au Rhône, au Gange, au Volga, au Mississipi, etc.

1030. On a calculé que la marche moyenne des dépôts formés à l'embouchure du Pô, est d'environ 70 mètres par an depuis deux siècles, que les atterrissemens du Rhône ont, depuis six ou huit siècles, reculé d'une demi-lieue certains points reconnaissables ; que depuis le tems d'Hérodote, le delta du Nil s'est accru d'un mille. Le docteur Barrow a calculé que le limon charié par le fleuve Hoang-Ho, dans la mer Jaune, pourrait combler celle-ci en 240 siècles, bien qu'elle ait 20,000 lieues géographiques carrées et 37 mètres de profondeur moyenne.

1031. — On trouve dans ces alluvions, des débris de végétaux et d'animaux qui vivent encore dans nos contrées ; on y trouve aussi des ossemens humains, et divers objets façonnés de main d'homme : ainsi, en 1808, lorsque l'on creusait la Seine à la pointe de l'île des Cygnes pour les travaux préparatoires de la gare de Grenelle, on découvrit une pirogue qui paraissait avoir une grande antiquité.

1032. — *Alluvions lacustres.* — Les lacs qui ont diminué de grandeur, ont déposé des alluvions sur leurs bords. Le lac Erié, dans l'Amérique septentrionale, en offre un exemple remarquable : un puits que l'on creusa dans ses dépôts, à Weightsbourgh, traversa trois pieds de sable argileux, et 17 de gravier mêlé de blocs de diverses roches. A cette profondeur, on trouva des fragmens de grands végétaux et des coquilles bivalves identiquement les mêmes que celles qui vivent dans le lac : on y découvrit aussi une dent d'éléphant. Cet exemple prouve combien il est facile de confondre certaines alluvions modernes avec les dépôts clysmiens.

1033. — *Tourbe des marais.* — Cette tourbe se forme dans les étangs et les marais dont l'eau n'est ni complètement stagnante, ni trop rapidement renouvelée, de telle sorte, que les végétaux ne s'y pourrissant pas, y éprouvent un mode particulier de conservation analogue au tannage.

1034. — Dans la Hollande et la Belgique, on distingue les tourbières en deux classes, celles des plaines basses et celles des plaines hautes. Les premières, appelées en Flamand, *lageveenen*, reposent ordinairement sur des dépôts de transport ; les secondes appelées *hooge-veenen*, sont quelquefois séparées en plusieurs couches par des lits de sable, de gravier, de petits cailloux roulés, de marne et de limon, qui y sont transportés par des alluvions.

1035. — On trouve quelquefois au fond de ces tourbières, des arbres avec leurs branches.

1036. — Les débris organiques y sont très communs : ce sont des ossemens de cerf, de cheval, de castor, de sanglier, de bœuf, etc., ainsi que des coquilles terrestres ou lacustres.

1037. — *Dépôts sédimenteux.* — Sous ce nom, nous comprenons différens sédimens calcaires, siliceux et gypseux, qui se forment dans certaines localités.

1038. — Le *tuf calcaire* que déposent certaines sources,

comme celle de St.-Alyre, à Clermont en Auvergne ; ou celui que forment les eaux pluviales qui, traversant les fentes de certaines roches calcaires, déposent dans les vallées des sédimens plus ou moins solides, qui conservent l'empreinte des végétaux sur lesquels ces sédimens se sont accumulés, peuvent donner une idée de ces calcaires récens. Ils contituent quelquefois des masses de plusieurs mètres d'épaisseur.

1039. — Les cascades de Tivoli, formées par le Teverone, et principalement celle de Terni, formée par le Velino, déposent un sédiment calcaire très remarquable par sa texture lamellaire et sa dureté.

1040. — Les stalactites et les stalagmites, qui tapissent certaines cavernes, appartiennent aussi aux dépôts dont nous parlons.

1041. — Les *sédimens siliceux* qui se forment aujourd'hui, sont dûs en général à des sources chaudes qui contiennent une grande quantité de silice. Tels sont les sédimens que déposent dans l'île de St.-Michel, l'une des Açores, les sources de Furnas, dont la température est entre 23 et 90 degrés centigrades. Tels sont ceux du grand et du petit Geyser en Islande, dont les eaux sont à la température de 111 à 124 degrés ; tels sont encore ceux que déposent plusieurs sources thermales de la même île et qui, présentant des empreintes de végétaux, rappellent tout-à-fait le mode dont ont dû se former les meulières compactes à empreintes végétales ; tels sont enfin les dépôts de silex résinites auxquels donnent lieu les évaporations des sources du Mont-Dor et de St.-Nectaire, en Auvergne.

1042. — Les *sédimens gypseux* sont moins fréquens que les sédimens calcaires. Ils paraissent être dûs aussi à certaines eaux minérales. L'île de Fortaventure, l'une des Canaries, et les îles Salvages, qui sont volcaniques comme les précédentes, offrent des dépôts de gypse qui se sont formés dans des lacs où se jetaient des sources chargées d'acide sulfurique.

Dépôt tritonien.

1043. — *Rochers de madrépores.* — Les polipiers pierreux appartenant à la famille des madrépores, tels que les méandrines, les caryophillées, et notamment les genres astrées, contribuent journellement par leur accroissement, à former des masses calcaires, qui tendent à envahir plusieurs plages dans les mers équatoriales. Les marins donnent à ces masses le nom de *bancs de corail*.

1044. — *Alluvions marines*. — Ces alluvions ne sont pas aussi faciles à étudier que les alluvions fluviatiles : on ne peut examiner que celles qui se forment au bord de la mer, où elles constituent des plages basses, de petites collines appelées dunes ou des talus au pied des falaises.

1045. — Ces alluvions sont de diverses natures : sur un grand nombre de plages, ce sont des amas de *gros cailloux* roulés, appelés *galets*, qui s'amoncèlent, et qui sont arrondis par l'action constante du flux et du reflux. Les galets amoncelés sur les rivages, éprouvent en général une action progressive dans la direction des vents dominans.

Au-dessous des galets se trouve un sable fin.

1046. — Les flots qui accumulent les galets sur les plages, y forment aussi des amas de sable et de gravier, que l'on nomme généralement *bancs de sable*, et qui sont autant d'écueils dangereux pour les navigateurs.

1047. — Ceux-ci distinguent ces écueils en *bas-fonds* et *hauts-fonds*. Les bas-fonds sont des bancs dont la superficie est assez éloignée du niveau de l'eau pour que les plus grands vaisseaux ne puissent les toucher ; les haut-fonds, au contraire, sont des bancs dont les sommets s'approchent beaucoup plus du niveau de l'eau, ce qui expose les navires à y échouer.

1048. — Lorsque les sables, transportés par les flots, restent sur la plage, leurs parties les plus fines et les plus légères sont transportées le plus loin ; le soleil les dessèche, et le vent, les poussant et les accumulant en buttes plus ou moins élevées, en forme ce que l'on nomme des dunes.

1049. — Ces masses de sable, qui ont quelquefois depuis 20 jusqu'à 60, et même jusqu'à 100 mètres de hauteur, sont chaque année, refoulées dans l'intérieur des terres, où elles enfouissent les plantations, les forêts, les maisons, et quelquefois des villages entiers. Ce n'est que depuis que Brémontier eut l'heureuse idée de retenir ces masses de sables mouvans sur le sol, en y semant l'*Elymus arenarius* et plusieurs autres plantes, que les dunes ont cessé d'être un fléau sur nos côtes.

1050. — Les collines de sable du terrain supercrétacé paraissent avoir été formées de la même manière que se forment encore les dunes.

1051 — Si la côte est argileuse ou marneuse dans sa partie inférieure, la plage se couvre d'un dépôt *limoneux* ou *vaseux*.

1052. — Ce sont ces dépôts qui, sur les côtes du Dane-mark et de la Hollande, ont été entourés de digues et livrés à la culture, parce qu'ils sont doués d'une grande fertilité.

1053. — Sur certaines portions de rivages, il se forme des amas de coquilles plus ou moins brisées et mêlées d'un peu de sable. Ces *dépôts coquillers* renferment quelquefois des coquilles d'eau douce ou terrestres, que la pluie ou quelques petits cours d'eau y entraînent. Ils constituent alors des amas qui offrent une grande analogie avec certains dépôts qui, dans le terrain supercrétacé, présentent à la fois des coquilles terrestres, d'eau douce et marines.

1054. — Dans certaines contrées, ces dépôts marins se solidi-fient journellement à l'aide de la précipitation du carbonate de chaux que les eaux tiennent en dissolution, ou à l'aide de l'oxide de fer que certaines sources amènent dans la mer. Nous avons vu de pareils dépôts se solidifier sur les côtes de la mer d'Azof, mais les côtes de la Morée, de la Sicile et de la Syrie présentent des exemples analogues.

1055. — On sait aussi que les Antilles, entre autres la Gua-deloupe et l'île d'Haïti ou de St.-Domingue, ainsi que l'île de St.-Anastase près des côtes de la Floride, offrent des masses calcaires qui se sont ainsi formées depuis les tems historiques.

Dépôts volcaniques.

1056. — Nous avons examiné les dépôts plutoniques con-temporains de chaque espèce de terrains; il ne nous reste plus à examiner que ceux qui appartiennent aux terrains ré-cens ou actuels.

1057. — Ces dépôts constituent trois formations distinctes.

1058. — La *formation lavique*, qui comprend les différentes variétés de *téphrines*, que l'on confond sous le nom de *laves*, présente des roches presque toujours disposées en coulées qui affectent en grand des formes très variées: ce sont des masses qui ressemblent à des champignons, à des stalagmites, et rare-ment à des nappes.

1059. — Souvent ces coulées sont interrompues par des vallons qui les coupent transversalement.

1060 — Ces laves renferment quelquefois des fragmens de roches anciennes, telles que le granite, la syénite et le mica-schiste, comme à l'île de Palma; d'autres fois, on y trouve l'obsidienne et la ponce, comme à Vulcano et au Vésuve.

1061. — La *formation conglomératique* comprend des roches d'agrégation, comprises sous les noms de *pépérine*, de *brecciole*, de *brèche volcanique* et de *moyas*.

1062. — Leur mode de formation est dû à des torrens qui proviennent soit de l'intérieur du sol, soit de la fonte des neiges qui couvrent la cime des volcans, soit enfin des eaux pluviales qui tombent pendant les éruptions et qui, délayant des matières argileuses et limoneuses avec les débris volcaniques dont le sol est couvert tout autour du volcan, forment ces roches à l'aide d'un nouveau remaniement.

1063. — Nous comprenons aussi dans la même formation, les matières pulvérulentes que lancent les volcans, et que l'on nomme *cendres, lapilli, cinérite, smodite* et *pouzzolane*.

1064. — La formation trachytique appartient aussi aux volcans modernes; les volcans actifs de l'Amérique méridionale et ceux aujourd'hui sous-marins qui ont formé depuis les tems historiques quelques-unes des îles de la Grèce, et qui en soulèvent encore aujourd'hui, nous montrent parmi leurs produits, des trachytes plus ou moins modifiés.

1065. — Les produits ignés de l'époque actuelle diffèrent sensiblement de ceux des volcans anciens : ainsi point de *phonolithes*, d'*eurites*, de *spilites*, de *dolérites*, de *vakites*, de *leucostines*, ni de basalte prismatique.

1066. — Le feldspath constitue cependant plus de la moitié de la masse des laves modernes. La silice y joue aussi un rôle important, bien qu'elle y soit en moins grande abondance.

1067. — Une remarque qui n'est point sans importance, c'est que l'amphibole, si commun dans les roches volcaniques anciennes, est rare dans les modernes.

CHAPITRE XXIX.

—

DE LA CRÉATION DU MONDE ET DES ÊTRES SELON LA GE-NÈSE.

1068. — Il n'est peut-être pas inutile de terminer par un coup-d'œil sur la création du monde telle que la raconte la Genèse. On y verra que ce récit, qui n'a point été destiné à répandre les sciences physiques parmi les hommes, n'est cependant point en contradiction avec les grands traits que présente la géologie.

1069. — Depuis long-tems on avait porté des attaques plus ou moins sévères et plus ou moins *spirituelles* sur un texte dont on voulait prendre tous les mots dans leur acception propre, comme si ce texte avait été écrit dans notre langue.

1070. — Ce n'est que dans ces derniers tems que des esprits supérieurs ont admis comme orthodoxe l'interprétation adoptée déjà par Pie VII lorsqu'il s'entretint à Paris avec les membres de l'Institut. Cette interprétation autorise à considérer les jours de la Genèse comme des époques ; elle est d'ailleurs fondée sur le texte même, dans lequel le mot *Iom* signifie *époque*, *révolution*, que l'on a traduit par *jour*.

1071. — Selon ce livre, la lumière est créée le premier jour. Long-tems une école de philosophes jeta du ridicule sur cette sublime parole : *Dieu dit que la lumière soit, et la lumière fut*, parce qu'il est question de lumière avant la création du soleil. Mais M. de Candolle, en examinant par quelle cause les plantes fossiles des houillères de la baie de Baffin sont analogues aux plantes équatoriales, a prouvé qu'elles avaient dû être soumises à des conditions également analogues de chaleur et de lumière. Or, en admettant que la chaleur centrale, à l'époque où croissaient ces plantes, leur était suffisamment favorable, il restait encore à chercher d'où pouvait leur venir la lumière nécessaire que le soleil refuse dans ces latitudes septentrionales, et il a été forcé de conclure qu'il existait dans ces régions , à l'époque où croissaient les végétaux dont il s'agit, une lumière inconnue aujourd'hui , et dont les aurores boréales ne sont peut-être que les débris. Ainsi , la science vient nous prouver la nécessité d'admettre qu'une lumière toute particulière a dû précéder celle du soleil.

1072. — La Genèse place la création des végétaux avant celle d'aucun animal : c'est en effet ce que nous présente la première époque où nous voyons des dépôts antraxifères, c'est-à-dire d'origine végétale inférieure même aux dépôts qui renferment des trilobites.

1073. — La création d'êtres organisés qui suit dans la Genèse celle des végétaux, est celle des reptiles : *que les eaux produisent en abondance des reptiles qui aient vie*. Et en effet encore, la seconde époque est celle des grands sauriens, qui sont accompagnés de tortues, de poissons et de nombreuses espèces de mollusques : ce qui est en rapport avec ces mots : *tous les animaux se mouvant dans les eaux.*

1074. — Enfin , après ces êtres organisés, la Genèse fait paraître les mammifères terrestres, puis le bétail: c'est aussi dans la troisième époque que nous voyons arriver des genres de mammifères , à la vérité perdus aujourd'hui ; puis, immédiatement après, ces nombreux pachydermes et ruminans, tels que les éléphans, les mastodontes , les rhinocéros, les bœufs, les cerfs, les antilopes, animaux qui, en général, susceptibles d'être apprivoisés, ont pu , à la rigueur, être compris sous la dénomination de *bétail.*

1075. — C'est après ces animaux que paraît l'homme. Celui-ci, il est vrai, n'a point laissé de traces incontestables dans les dépôts qui recèlent les débris des animaux de la quatrième époque ; mais il peut avoir été contemporain de ceux qui ont vécu pendant la fin de cette même époque.

1076. — Il résulte de ces rapprochemens un fait très remarquable : c'est que la succession des êtres organisés, telle qu'elle est rapportée en peu de mots dans le récit de Moïse, n'est point en contradiction avec les faits. Si cette partie de ce qu'il a écrit ne peut être considérée comme le résultat d'une inspiration divine, parce qu'elle n'est point strictement exacte, surtout dans les détails, il y a lieu d'admirer cette force de génie qui lui fait deviner quelques-uns des faits que les recherches scientifiques devaient démontrer 23 siècles plus tard.

CHAPITRE XXX.

—

INSTRUCTIONS PRÉLIMINAIRES RELATIVES AUX VOYAGES GÉOLOGIQUES.

Préparatifs nécessaires avant de se mettre en voyage.

1077. — On ne peut étudier la géologie avec fruit qu'en examinant les roches dans les terrains qui les renferment ; qu'en faisant en un mot des courses et des voyages géologiques.

1078. — Lorsqu'on a parcouru la contrée que l'on habite, il faut aller au loin étudier des contrées qui comprennent des terrains que l'on ne connaît encore que par les caractères généraux que présentent les traités de géologie.

1079. — Nous n'avons pas besoin de dire comment se font les courses géologiques , chacun comprendra parfaitement qu'elles ont pour objet d'examiner la configuration du sol , les escarpemens qui montrent les couches à nu, et les carrières ouvertes dans le but d'exploiter certaines roches.

1080. — Les voyages géologiques offrant d'autant plus de difficultés qu'il s'agit d'étudier des pays plus étendus , exigent souvent , pour être exécutés avec fruit, quelques préparatifs dont nous nous bornerons à indiquer les principaux.

1081. — Ainsi que l'a dit le savant géologiste allemand, M. de Léonhard (1), avant d'entreprendre un voyage géologique il faut se familiariser autant qu'il est possible avec la constitution minéralogique du pays que l'on se propose d'explorer. L'une des choses les plus importantes est donc de consulter les livres ou les mémoires dans lesquels ce pays est décrit; mais il faut avoir soin de choisir les plus nouveaux , parce que la plupart des ouvrages géologiques anciens n'ont qu'une valeur

—

(1) *Agenda geognostice* , 1 vol. in-18.

relative : souvent les considérations les plus importantes y sont omises ou mal présentées. Ils sont loin de présenter toujours avec l'indication des superpositions de roches, des conclusions satisfaisantes sur leur étendue et sur leurs rapports réciproques. Des faits établis par un observateur y sont souvent en contradiction formelle avec les observations d'un autre. On y trouve quelquefois tant de choses extraordinaires et contraires à l'expérience des modernes, qu'il faut admettre qu'il y a eu méprise dans l'appréciation des roches, confusion et erreur à l'égard des époques géologiques. Cependant certains ouvrages anciens offrent quelques principes utiles, et présentent des observations qui peuvent servir de points de rappel pour des découvertes ultérieures.

1082. — On doit faire un résumé court, judicieux et clair, de ses lectures, que l'on écrit sur des feuilles séparées pour chaque localité, afin de pouvoir au besoin les consulter aisément sur place.

1083. — Comme il est indispensable de bien connaître le pays qu'on veut explorer, il faut se munir des meilleures cartes géographiques qui représentent dans le plus grand détail le relief de ce pays, ses montagnes, ses plateaux et ses vallées ; et s'il est possible, les hauteurs des reliefs et les pentes des cours d'eau.

1084. — Les collections minéralogiques et géognostiques locales offrent aussi un moyen de se préparer avantageusement à un voyage géologique : ainsi lorsque l'on arrive dans le pays que l'on se propose d'explorer, il est utile de consulter les collections particulières et publiques qui peuvent y exister. Elles donnent une connaissance quelquefois précieuse de sa constitution géognostique, de la nature des montagnes, des substances minérales qu'elles renferment et de certains faits qu'il faut y étudier.

Instrumens nécessaires pour un voyage géologique.

1085. — Les instrumens du géologiste varient nécessairement suivant la nature des recherches qu'il se propose de faire, l'étendue de son voyage, et la constitution géognostique du pays à explorer.

1086. — Ils doivent se réduire au strict nécessaire, car rien n'est incommode en voyage comme d'être muni d'objets qui n'ont point une utilité réelle. Nous n'indiquerons donc que les instrumens que l'on peut regarder comme indispensables.

1087. — Les *marteaux* appartiennent essentiellement à cette classe d'instrumens. Il est d'autant plus utile de s'en munir, que ceux que l'on trouve dans le commerce et qui sont en usage pour différens métiers ne conviennent point aux géologistes ; ceux-ci ont besoin que leurs marteaux aient des formes spéciales pour servir à casser les roches et à les échantillonner ; et d'ailleurs ces marteaux doivent être en acier et trempés de manière à n'être pas cassans.

1088. — Il est nécessaire d'être muni de deux marteaux au moins ; l'un doit être du poids de 3 à 5 livres : il est destiné à attaquer les roches les plus dures et les plus tenaces, telles que les syénites, les granites et les trapps ; l'autre doit peser un peu plus d'une livre : il sert à échantillonner des roches moins dures, telles que les calcaires et même les grès ; un troisième, plus petit, est utile pour donner aux échantillons la forme régulière qui est essentielle pour pouvoir être rangés facilement dans les tiroirs des meubles à collections.

1089. — La forme la plus commode à donner au marteau destiné à attaquer les roches les plus dures, est celle qui présente un tranchant arrondi aux deux extrémités. (Pl. 4, fig. 1.)

1090. — Le second marteau, présente d'un côté, un tranchant arrondi, et de l'autre, une masse quadrangulaire (pl. 4, fig. 2).

1091. — Le troisième, destiné à tailler les échantillons, remplit fort bien ce but, lorsqu'il est petit et mince, et qu'il présente, vu de face, un hexagone alongé (pl. 4, fig. 3).

1092. — Enfin, M. Robison d'Édinbourg a fait construire un marteau en forme de rondelle, dont le profil présente un biseau. Comme ce marteau ne frappe que sur un point très rétréci, il est très commode pour diminuer un échantillon de la quantité que l'on juge convenable (pl. 4, fig. 4).

1093. — J'ai tiré un assez bon parti d'une canne à tête de marteau pour pouvoir conseiller d'employer cet instrument que j'ai fait exécuter de la manière suivante : une tête de marteau en acier bien trempé, longue de 9 centimètres, haute de 2 à 3, carrée à une extrémité, aplatie à l'autre, présentant un col creux, qui s'emmanche sur une canne en bois de cornouiller, au moyen de deux broches en fer rivées, forme la partie supérieure de cet instrument qui, à l'autre extrémité, se termine par un ciseau de 20 à 22 centimètres de longueur, fixé à la canne comme la tête. A l'aide de ce ciseau, on peut détacher facilement certains morceaux assez gros, en l'introduisant dans les fentes que présente la roche. La canne est longue de 80 centimètres; les centimètres y sont marqués de 10 en 10, en sorte qu'elle peut servir de mesure (pl. 4, fig. 5). J'ai parcouru les Alpes, une partie de l'Allemagne et la Krimée, armé de cet instrument, et j'ai reconnu qu'il était utile d'abord comme canne pour monter et pour descendre; ensuite, qu'il pouvait remplacer un marteau de 3 livres, parce que la longueur du manche permet de donner des coups d'une grande force; enfin, ce qui peut être quelquefois fort utile en voyage, cet instrument présente une très bonne arme défensive.

1094. — Les marteaux sont embarrassans à porter; afin de n'en éprouver aucune gêne, j'ai fait faire une ceinture en cuir, au moyen de laquelle on peut en porter facilement trois, en les faisant passer dans des pattes en cuir servant à les recevoir : ces pattes sont munies d'une petite courroie à boucle, destinée à retenir la tête du marteau, qui pourrait tomber dans les mouvemens du corps, à pied ou à cheval. Cette ceinture est large de 7 à 8 centimètres, afin qu'elle puisse soutenir les reins sans les fatiguer (pl. 4, fig. 6). Elle se place sous la redingote; et comme le gilet la cache presque entièrement, elle n'a pas l'inconvénient de donner cet air singulier, qu'il faut éviter en voyage.

1095. — Un *ciseau* en acier, semblable à ceux dont se servent les tailleurs de pierres, est souvent utile lorsqu'il s'agit de fendre des roches, et d'en extraire des minéraux et des fossiles; mais comme on n'en a besoin que dans certaines localités, nous pensons qu'il peut être remplacé avec avantage par un instrument tout en fer, qui est à la fois un marteau et un ciseau dont nous donnons la forme (pl. 4, fig. 7), et qui remplit parfaitement l'office du ciseau en même tems qu'il sert de marteau pour casser les échantillons.

1096. — Un instrument dont on ne peut se dispenser dans les contrées montagneuses, est le *compas*, appelé aussi boussole. Il sert à mesurer la direction et l'inclinaison des couches.

Sa forme et sa grandeur sont celles d'une montre (pl. 4, fig. 8). Un petit aplomb, nécessairement mobile, indique le degré d'inclinaison. Un petit pied qui rentre dans la boîte de l'instrument, sert à le placer d'aplomb ; enfin, un petit ressort rend l'aiguille immobile, lorsqu'on ne se sert pas de l'instrument.

1097. — On remplace avantageusement le compas que nous venons de décrire, par le *clinomètre*, qui a été inventé il y a quelques années en Angleterre, et qui est encore peu connu en France. C'est une alidade en bois, divisée en deux portions réunies par une charnière en recouvrement (pl. 4, fig. 9), dont chaque branche a 6 pouces de longueur, et qui fermée, n'a que 2 pouces de largeur. La branche inférieure, qui est la plus large, et qui doit servir de ligne d'horizon, est accompagnée d'un niveau à bulle d'air, destiné à donner exactement cette ligne ; une boussole placée dans l'épaisseur de la branche sert à indiquer la direction des couches. Dans l'instrument anglais, cette boussole est immobile ; mais nous avons fait une modification qui en rend l'emploi plus commode : elle se tourne de manière à être horizontale, ce qui fait qu'elle indique plus facilement la direction des couches. Un quart de cercle gradué, attaché à la branche supérieure, indique l'ouverture de l'angle qu'une couche forme avec l'horizon. Ce qui rend ce clinomètre fort utile, c'est qu'il peut servir à mesurer à distance l'inclinaison des couches d'une montagne.

1098. — Une *chaîne* composée d'un ruban enroulé sur un pivot, renfermé dans une boîte en cuir, de 9 à 10 centimètres de diamètre (pl. 4, fig. 10), est encore un instrument peu embarrassant, et qui est souvent utile, lorsqu'il s'agit de mesurer l'épaisseur de certaines couches, ou la profondeur de quelques excavations. Une boîte du diamètre que nous venons d'indiquer, peut contenir une chaîne de 10 à 15 mèt. de longueur.

1099. — Dans les hautes chaînes de montagnes, comme dans les Alpes, un *bâton* en bois solide et léger, ayant 6 à 7 pieds de longueur, et armé d'une pointe en acier à son extrémité inférieure, est indispensable pour les excursions, parce qu'il procure plus de sûreté dans la marche pour monter, et surtout pour descendre sur des pentes très rapides. Ces sortes de bâtons se trouvent dans toutes les montagnes où ils sont nécessaires : les guides en sont toujours pourvus.

1100. — La nécessité de restreindre , autant que possible , le nombre d'objets à emporter en voyage, nous oblige à n'indiquer parmi ceux qui sont nécessaires à l'examen des roches , que les plus indispensables : ainsi, on se munira d'une bonne *loupe* à trois verres, que l'on aura soin de porter au cou , au moyen d'une ganse et d'un anneau.

1101. — On aura dans sa poche un *briquet* et une *lime*, pour essayer la dureté des roches.

1102. — On se munira aussi d'une *pince* à extrémités en platine (pl. 4 , fig. 11) d'un *chalumeau* en métal , à pointe en platine, et d'une petite lampe à esprit de vin ; d'un *barreau aimanté* (pl. 4 , fig. 13) que l'on porte dans un étui en bois (pl. 4 , fig. 13 *bis*) et qui sert à faire des expériences sur le magnétisme des roches , et surtout pour reconnaître les parties ferrugineuses dans des fragmens de roches , triturés suivant le mode d'analyse mécanique de M. Cordier. Afin d'arriver à ce résultat , on a aussi besoin d'un *petit mortier en agate*.

1103. — Pour distinguer les roches calcaires ou calcarifères des autres roches , il est indispensable d'emporter un *flacon* en verre contenant de l'*acide nitrique* ou *azotique non concentré*. L'effervescence que produit une goutte de cet acide sur la roche indique la présence du carbonate de chaux.

1104. — Quelques instrumens de physique sont fort utiles aussi au géologiste en voyage : le *baromètre à siphon* de M. Gay-Lussac , instrument qui se place dans un étui en forme de canne, ou le baromètre de Bunten , qui se porte dans un étui en cuir, sont indispensables pour mesurer les hauteurs. Le fabricant d'instrumens de physique que nous venons de nommer vend de petits thermomètres très bons et très portatifs qui se renferment dans des étuis en cuivre argenté longs de 6 à 8 pouces, et qui ne sont pas plus gros qu'un tuyau de plume. On sait que pour faire les expériences du baromètre il faut se servir d'un thermomètre que l'on compare à celui qui est adapté au baromètre.

1105. — Les thermomètres à *maxima* et *minima* sont des instrumens essentiels pour prendre la température des cavernes , des mines, des sources, des lacs et des mers.

1106. — Nous n'avons pas besoin de décrire ces instrumens de physique, parce qu'il y en a plusieurs de différentes formes et bien connus, qui remplissent parfaitement le but qu'on se propose en les employant.

Vêtemens de voyage.

1107. — Une *redingote* courte en drap léger est plus commode en voyage qu'un habit, d'abord, parce qu'elle protège mieux contre la pluie, les vents froids et les changemens de température que le voyageur éprouve dans les montagnes; ensuite, parce qu'on peut la munir de quatre poches au moins que l'on fait faire en une peau flexible et solide, et dans lesquelles on met de nombreux échantillons de roches.

1108. — Les *pantalons* doivent être larges et, autant que possible, en drap gris parce que cette couleur est peu salissante. Les *chemises* doivent être en coton plutôt qu'en toile, parce que le coton évite un refroidissement trop prompt. Les *cravattes* doivent être en soie de couleur.

1109. — La *coiffure* la plus commode est une *casquette* en drap, à visière; mais comme on ne peut pas se présenter partout en casquette, il est bon d'emporter un de ces chapeaux qui se plient, et qui portent le nom du chapelier Gibus, leur inventeur.

1110. — La chaussure devant être solide, il vaut mieux avoir des souliers en cuir de buffle d'Amérique qu'en cuir de bœuf. Un bon soulier très couvert et épais, garni d'une demi-semelle attachée avec une double rangée de clous ou de vis est préférable à la botte et au soulier de chasse couvert d'une guêtre; car dans les chemins pierreux, les sous-pieds de la guêtre sont bientôt usés.

1111. — Pour se garantir de la pluie et de la neige, il est utile de porter un parapluie appelé *polybranches*, qui fait canne et parapluie à volonté, parce que lorsqu'il est en canne on met le taffetas dans la poche. Mais un meilleur moyen de se préserver de la pluie, surtout pendant les orages et sur les lieux élevés exposés aux vents, est un manteau en drap imperméable, mais poreux comme ceux que l'on a nouvellement inventés, car les manteaux en toile cirée ou en étoffe imprégnée de caoutchouc, interceptant la transpiration, on se trouve à la longue aussi mouillé par l'effet de cette transpiration, qu'on aurait pu l'être par l'effet de la pluie.

1112. — Comme il y a quelquefois de l'inconvénient à parcourir un pays dans un costume qui attire l'attention, il est bon non-seulement de placer la ceinture à marteaux sous la redingote, mais de faire adapter au *havre-sac* destiné à être sur le dos, une passe en cuir qui permette de le porter comme une gibecière de chasseur. Ce havresac doit d'ailleurs différer de celui des soldats : pour cela, il est bon que la peau qui le recouvre soit en veau marin et qu'il soit garni d'un grand nombre de poches extérieures, dans lesquelles on trouve toujours à placer une foule de petits objets de toilette ou de voyage.

1113. — Le havresac est très utile si l'on voyage à pied, mais, comme on en a besoin pour mettre les échantillons que l'on recueille, il est souvent indispensable d'avoir une *malle* que l'on envoie en avant dans la première ville où l'on doit s'arrêter.

1114. — Les meilleures malles sont celles qui sont faites totalement en cuir : elles durent beaucoup plus long-tems que celles dans lesquelles il entre du bois.

1115. — Les voyages géologiques n'exigent cependant pas que l'on soit constamment à pied ; on peut facilement voyager à cheval, accompagné d'un guide auquel on confie sa monture toutes les fois qu'on a quelques observations à faire ou des échantillons à recueillir. C'est presque toujours à cheval que nous avons parcouru la Krimée.

Règles de conduite à observer en voyage.

1116. — Ainsi que l'a conseillé M. Boué, l'un de nos plus intrépides géologistes voyageurs, une tenue modeste et sans recherche, une dépense qui n'excite ni la cupidité des hôtes ni celle des guides, sont des points essentiels à observer en voyage. « Si l'on s'habille trop mal, et si l'on voyage en dépensant trop peu d'argent, dit-il, il peut arriver que dans certains pays, on soit pris pour un artisan, mal reçu dans les auberges et vexé même par les polices locales. Dans ce dernier cas, rien de mieux que de mettre promptement ses meilleurs habits et d'aller parler aux chefs de bureaux, car en général les tribulations d'auberge et de police ne proviennent que des employés subordonnés, qui mesurent leurs égards à la qualité des habits et à la tenue du voyageur. »

1117. — La qualité à prendre en voyage n'est point une chose indifférente : celles de militaire, de négociant, de naturaliste même, exposent dans certains pays à des examens de la part des douaniers, à des retards et à des questions qu'il est bon d'éviter. Les qualifications de professeur, d'ingénieur des mines ou d'ingénieur des ponts-et chaussées sont celles qui épargnent le plus les questions oiseuses.

1118. — Il faut autant que possible savoir la langue du pays que l'on visite, c'est le meilleur moyen de s'épargner toutes les petites vexations auxquelles sont exposés les étrangers dans beaucoup de contrées.

1119. — L'usage des liqueurs spiritueuses est mauvais en voyage ; il y a aussi de l'inconvénient à boire beaucoup et souvent : c'est exciter la transpiration; mais c'est une bonne précaution à prendre que celle de se munir d'une petite bouteille de liqueur alcoolique et d'une tasse en cuir, afin de corriger la crudité ou la fraicheur de l'eau de source qu'on rencontre, si l'on a le besoin réel d'étancher sa soif.

1120. — Dans un voyage géologique, il faut s'habituer à ne manger que deux fois par jour : le matin au moment du départ, et le soir au gite qui doit terminer la course.

1121. — Certains voyageurs fixent à l'avance, non-seulement les points d'arrêt de chaque journée, mais encore ceux de de tout un voyage ; celui qui s'occupe de géologie peut moins que tout autre s'astreindre à ces mouvemens méthodiques : il doit s'efforcer de voir le plus de choses dans le moins de tems possible ; mais lorsqu'une localité présente des faits qui peuvent conduire à des indications importantes, son devoir est d'y consacrer tout le tems nécessaire sans s'inquiéter si ses recherches alongeront le tems du voyage.

1122. — Lorsqu'il s'agit d'arrêter un prix avec les guides et les conducteurs de voitures ou de mulets, il faut prendre beaucoup de précautions pour n'être pas dupé. En Italie, et surtout en Suisse, comme l'a fait remarquer judicieusement M. Boué, les voyageurs sont obligés d'avoir recours, pour le choix de ces guides et de ces conducteurs, à des courtiers qui ne voient dans cette affaire que leur intérêt, et la loi permet que les voyageurs soient à la merci de ces entremetteurs et passent de main en main, de telle sorte qu'ils sont en général mal servis pour leur argent, et qu'ils sont même exposés à des dangers réels par la négligence de leurs guides, parce que ceux-ci n'obtenant qu'une partie du salaire convenu, ne sont souvent pas suffisamment rétribués.

1123. — » J'ai eu aussi, dit M. Boué, de semblables mésaventures çà et là en Allemagne ; mais dans les petits états du nord de cet empire, il se pratique sur les étrangers un autre genre d'escroquerie, savoir : de forcer les voyageurs à prendre tel ou tel cocher, à tel ou tel prix, au moyen de témoins habilement introduits, sous divers prétextes, dans les lieux où se discutent de semblables arrangemens. On a beau ensuite prétendre qu'on n'est pas convenu du prix, les témoins sont là, les conducteurs sont bourgeois de la ville, et en cette qualité, la plainte du voyageur n'est plus une affaire de police, mais de cour correctionnelle. Il faudrait rester plusieurs jours dans une ville pour obtenir justice, et l'on est obligé de se laisser voler, comme cela m'est arrivé dans la première auberge de Hildesheim en Hanovre. »

1124. — Il ne faut prendre des guides que lorsqu'il y a urgence, car ce sont en général les plus ennuyeux compagnons que l'on puisse trouver, et dont le moindre défaut est de vous obséder de questions. Souvent l'ennui les gagne par les fréquentes stations que nécessitent les observations, et dans ce cas, ils marchent en avant et sont toujours hors de portée quand on a besoin de leurs services. D'autres fois, si l'on n'y prend garde, ils se débarrassent des échantillons de roches qu'on leur confie. « Il est arrivé à des géologues, dit M. Boué, d'avoir à recommencer des excursions, parce que des guides avaient jeté à mesure tout ce qu'on leur avait donné à garder, ou avaient eu la bonhomie de ne remplir leur besace qu'avec les pierres prises à côté de l'auberge où se terminait la course. »

1125. — Nous devons encore faire observer que le choix de la saison pendant laquelle on veut entreprendre un voyage n'est pas indifférent, et mérite d'être fait avec discernement : ainsi, dans le nord de l'Europe, les voyages géologiques doivent être faits en été et en automne ; le printems est favorable pour voyager dans l'Europe centrale ; l'hiver doit être préféré lorsqu'on se propose de visiter l'Europe méridionale, et surtout les contrées qui bordent la Méditerranée. Pour parcourir les plus hautes montagnes de l'Europe, il faut , dit M. Boué , choisir les mois de juillet , août et septembre ; cependant l'automne est souvent préférable pour voyager dans les Pyrénées.

Du choix des pays à parcourir.

1126. — Les personnes qui commencent l'étude de la géologie doivent, au lieu de parcourir des pays peu connus, visiter de préférence les contrées classiques qui , ayant été bien étudiées , présentent une foule de localités instructives.

1127. — Pour le TERRAIN GRANITIQUE on visitera dans les Pyrénées le port d'Oo , le port de Clarabide , le col de la Marguerite , les pics de la Maladetta et du Canigou.

1128. — Les éruptions de *granite* et de *syenite* doivent être étudiées près de Cierp dans les Pyrénées , dans l'île d'Arran en Écosse , et dans le Cornouailles en Angleterre.

1129. — Les *porphyres* méritent d'être observés dans les Vosges , dans les environs d'Autun et d'Avallon , dans l'ancien Palatinat du Rhin, et dans les environs de Mansfeld (province de Saxe en Prusse).

1130. — Les *porphyres syénitiques*, en grande partie aurifères , n'existent en Europe que dans la Hongrie, la Transylvanie et les monts Ourals.

1131. — Les *serpentines* et les *ophiolithes* sont plus faciles à examiner dans la Ligurie et la Toscane qu'au mont Viso et au mont Rose , dans les Alpes.

1132. — Les *pyroxènes* en roches se montrent en grandes masses au col de Lherz dans les Pyrénées , et dans l'île de Rum en Écosse.

1133. — Le TERRAIN SCHISTEUX ne se présente pas avec le même développement partout où il existe. Le *gneiss* et le *micaschiste* sont faciles à observer aux environs d'Inspruck , dans les falaises et les vallées dénudées de l'Écosse et du Cornouailles, ainsi que dans les Vosges , tandis qu'ils le sont beaucoup moins dans la France centrale , dans la Bohème et dans la Saxe.

1134. — Les *schistes* et les *psammites* des formations cambrienne et silurienne sont plus développés dans le pays de Galles, le comté de Cornouailles et la Bretagne , que dans le Harz.

1135. — Les environs de Pontivy, en France, offrent le schiste maclifère avec des trilobites.

1136. — C'est en Norwège que l'on voit les plus beaux exemples de diorites intercalés dans les schistes cristallins du terrain schisteux.

1137. — Le TERRAIN CARBONIFÈRE présente un grand intérêt dans la France centrale, en Belgique, en Angleterre et en Écosse; mais le vieux grès rouge s'observe dans le comté de Derby, de Brecknock et d'Hereford en Angleterre; dans la chaîne du Thuringerwald en Allemagne; et le calcaire carbonifère est parfaitement caractérisé aux environs de Givet et de Sablé en France, ainsi que de Visé en Belgique; tandis que la formation houillère, qui est très développée dans la France centrale, dans la province prussienne de Westphalie, en Belgique et en Angleterre, est surtout remarquable dans ce dernier pays par l'abondance du fer carbonaté.

1138. — Le TERRAIN TRIASIQUE est plus développé en Allemagne qu'en France, et est fort incomplet en Angleterre.

1139. — Le *grès rouge* s'observe dans les environs d'Eisenach, de Zwickau, de Dresde et de Plauen en Saxe; mais près d'Heidelberg, dans le grand duché de Bade, cette roche renferme des filons de porphyre et de brèche porphyrique.

1140. — Le *zechstein* et les schistes bitumineux et cuivreux qui l'accompagnent sont parfaitement caractérisés dans les environs de Mansfeld en Prusse.

1141. — C'est dans les Vosges et même dans les environs d'Épinal que se trouve le type du *grès vosgien*, tandis que le *grès bigarré* s'observe à Domptail et à Baccarat dans le département de la Meurthe, à Forbach et à Sarreguemines dans le département de la Moselle, à Durbach dans le grand duché de Bade, et aux environs de Stuttgart dans le royaume de Wurtemberg.

1142. — Le *muschelkalk* se voit près de Lunéville dans le département de la Meurthe, de Bourbonne-les-Bains dans le département de la Haute-Marne, de Rambervillers et de Charmes dans celui des Vosges, de Chagny et de Saint-Léger-sur-d'Heune, dans celui de Saône-et-Loire, etc. Mais il est plus développé dans les environs de Bayreuth en Bavière et de Gœttingue en Hanovre.

1143. — Le *keuper* ou les *marnes irisées* se montrent partout où le *muschelkalk* existe : on peut donc les examiner dans toutes les localités que nous venons de citer, ainsi qu'aux environs de Stuttgart et d'Heilbronn dans le royaume de Wurtemberg, de Kaudern et de Baden dans le grand duché de Bade.

1144. — Le TERRAIN JURASSIQUE ne se présente pas avec ses nombreuses subdivisions dans toutes les contrées où il existe.

1145. — En France, le *lias* est facile à étudier aux environs de Metz (Moselle), de Semur (Côte-d'Or), d'Avallon (Yonne), de Pontarlier (Doubs) et de Lons-le-Saulnier (Jura).

1146. — Près d'Avallon on voit une sorte de grès feldspathique ou d'arkose qui contient des gryphées ; aux environs d'Aubenas (Ardèche), le lias est traversé par des filons de basalte.

1147. — Dans le royaume de Wurtemberg, aux environs de Gœppingen, le lias est très développé. Dans plusieurs localités de ce royaume il renferme un grès ferrugineux que l'on a appelé *Eisensandstein* et *Quadersandstein*.

1148. — Dans les états Sardes, à Petit-Cœur et au Col-du-Bonhomme, le lias est représenté par des calcaires schistoïdes, des schistes ardoisiers calcarifères, des argiles schisteuses noires et des grès schisteux et micacés contenant des combustibles que l'on rapporte à l'anthracite et au stipite.

1149. — En Illyrie, la formation du lias comprend des calcaires compactes et des dolomies métallifères qui, dans les environs de Bleiberg et de Villach, renferment de la galène et de la calamine.

1150. — A Bex, en Suisse, dans le canton de Vaud, on exploite d'importantes salines, qui sont situées dans la formation liasique.

1151. — L'Angleterre est le pays le plus classique pour les différens étages de la formation oolithique. Les principaux comtés où l'on peut l'étudier, sont ceux d'York, de Sommerset, d'Oxford, de Lincoln, de Dorset, et de Vilts.

1152. — En France, on peut étudier l'*étage inférieur* aux environs de Metz et de Nancy, et surtout de Caen, pour l'*Oolithe ferrugineuse* ; le *Fullers-earth* se trouve à *Port-en-Bessin* (Calvados) ; la *grande oolithe* se reconnaît près de Stenay et de Montmédy (Meuse) ; l'*argile de Bradford* près de Bouxviller (Bas-Rhin) ; le *Cornbrash* et le *Forest-marble* près de Mamers (Sarthe) et de Sallenelles (Calvados) ; l'*argile d'Oxford*, près de Dives (Calvados) ; le *Calcareous grit*, près de Saint-Mihiel et de Verdun (Meuse) ; le *Coralrag* ou le *calcaire corallien*, près de Boulogne-sur-Mer (Pas-de-Calais), de Besançon (Doubs) et de Mortagne (Orne) ; l'*argile de Kimméridge*, aux environs de Lisieux et de Honfleur (Calvados), du Hâvre (Seine inférieure) et de Boulogne-sur-Mer. Enfin, l'*oolithe de Portland*, dont le type est dans le comté de Dorset, se trouve aussi dans les environs de Boulogne-sur-mer et de Bar-le-Duc.

1153. — Dans le Jura suisse, au mont Terrible, près de Porentruy, on peut étudier l'oolithe ferrugineuse, le calcaire appelé *dalle nacrée*, les marnes à chailles ; enfin, toute la formation oolithique, depuis sa base jusqu'au calcaire portlandien (*Portland stone*).

1154. — Le TERRAIN CRÉTACÉ ne présente pas partout ses trois étages réunis. C'est dans les environs de Neuchâtel, en Suisse, que se trouve le type de l'étage inférieur, appelé *formation néocomienne*. En Angleterre, dans le comté de Sussex, le même étage est représenté par la *formation* wealdienne *Wealden roks*).

1155. — L'étage moyen ou le *grès vert* est bien caractérisé dans les environs de Hastings en Angleterre ; en France, près Saint-Martin-le-Nœud et de Savignies, à quelques lieues de Beauvais (Oise) ; au cap de la Hève, près du Hâvre (Seine inférieure) ; à l'Ile d'Aix (Charente inférieure) ; à Huchaux et à Vaison (Vaucluse), etc.

1156. — Le même étage est représenté près de Vienne en Autriche, par le grès à fucoïdes, appelé grès viennois; et dans les Karpathes, par un grès analogue, appelé *grès karpathique*.

1157. — La craie tufau et la craie marneuse que nous plaçons dans l'étage supérieur, ont leur type aux environs de Tours et de Saumur.

1158. — La craie blanche couvre toute la Champagne, une partie de la Picardie, de la Bourgogne et du Poitou. On la voit à Meudon, à Bougival, à Marly, et dans d'autres localités des environs de Paris. C'est à Beyne, près de Grignon, à quelques lieues de Versailles, qu'on trouve la dolomie grise dans la craie blanche.

1159. — Toute la partie septentrionale de l'Europe, qui s'étend au sud de la mer Baltique, présente aussi la craie blanche. Elle est intéressante par ses fossiles à la montagne de Saint-Pierre près de Maëstricht.

1160. — Le terrain crétacé mérite encore d'être étudié dans certaines vallées des Pyrénées, comme celle de Gavarnie ; dans celles des Alpes du Salzbourg, comme la vallée de la Salza ; et dans celles de la Carinthie, comme la vallée de l'Isonzo.

1161. — Le TERRAIN SUPERCRÉTACÉ demande à être étudié pour l'*étage inférieur*, dans les environs de Paris, où l'on voit les assises les plus inférieures jusqu'aux meulières et aux calcaires lacustres supérieurs aux sables et grès de Fontainebleau.

1162. — L'*étage moyen* n'offre dans les environs de Paris, que les sables et grès que nous venons de nommer, couronnés par les calcaires lacustres et les meulières les plus supérieures.

1163. — Pour voir des groupes de couches contemporaines, il faut visiter, par exemple, les mollasses d'eau douce du midi de la France, aux environs de Bergerac, de Pau, de Toulouse, de Narbonne, d'Aix, de Nîmes, etc. Les marnes et gypses d'Aix ; le calcaire marneux lacustre de l'île de Wight en Angleterre ; les mollasses et le nagelflue de Vevay et du mont de la Molière en Suisse ; les argiles à lignite de Cadibona, près de Savone, dans les États sardes ; enfin, les grès à lignite de Bude en Hongrie, et de Bochnia et de Lemberg dans la Galicie.

1164. — Des dépôts du même étage, mais plus récens, sont en France : le calcaire moellon de Montpellier, les faluns de Dax, de Bordeaux et de la Touraine, ainsi que le calcaire marin des environs du Mans, de Nantes et de Doué près de Saumur. En Autriche, il faut voir les marnes bleues de Baden, et les mollasses de Mœdling dans les environs de Vienne.

1165. — L'*étage supérieur* comprend comme type, le *crag* des environs de Suffolk et de Norwich en Angleterre ; les marnes subapennines de Sinigaglia, dans les états romains, de Sienne en Toscane ; d'Asti en Piémont ; les galets à lignite de Norvalèse en Savoie; les sables et galets à ossemens de grands mammifères du *val d'Arno* en Toscane ; et en France , les galets à lignites des vallées de l'Isère et du Rhône, et des environs d'Issoire , dans le département du Puy-de-Dôme.

1166. — LE TERRAIN CLYSMIEN OU DE TRANSPORT, ne présente pas le même intérêt que les précédens. Cependant, il faut voir les dépôts de galets de sable et de blocs erratiques des environs de Paris ; le *Lœss* des environs de Bâle et de Mayence ; en France , les cavernes à ossemens d'Osselles , à quelques lieues de Besançon , d'Echenoz et de Fouvent (Haute-Saône), de Lunel, Viel (Hérault) et de Bèze, de Pondres et de Souvignargues (Gard) ; de Kirkdale et de Banwell en Angleterre ; de Baumann, dans le pays de Blankenbourg ; de Gailenreuth en Bavière ; etc.

1167. — Il faut visiter aussi les brèches ferrugineuses du Jura, en France et des environs de Tuttlingen , dans le royaume de Bavière , ainsi que les brèches osseuses d'Antibes, d'Anduse, de Perpignan , etc., en France ; de Palerme en Sicile ; de Cagliari en Sardaigne , et de Gibraltar en Espagne.

1168. — Les DÉPÔTS PLUTONIQUES doivent aussi attirer l'attention du géologiste : dans les Alpes, le groupe du Mont-Blanc , celui du Saint-Gothard, les montagnes des Grisons et celles de la Valteline, sont classiques pour les effets produits par les roches d'origine ignée, dont les éruptions se lient à de grands soulèvemens et à des transmutations remarquables dans les caractères de certaines roches de sédiment.

1169. — Sous le même point de vue, les intercalations de *porphyres pyroxéniques*, et de roches granitoïdes au milieu des dépôts supercrétacés, donnent depuis long-tems une grande célébrité aux environs de Predazzo et à la vallée d'Avisio dans le Tyrol.

1170. — Plusieurs localités du Vicentin, les environs de Warbourg, le mont Déesenberg, dans la Hesse électorale et quelques parties du duché de Saxe Meiningen-Hildbourghausen présentent de beaux exemples de filons , de dikes et de culots de roches pyroxéniques et basaltiques au milieu du terrain supercrétacé.

1171. — Si le Velay et le Vivarais sont célèbres par leurs

masses de basaltes prismatiques, les environs du Puy sont classiques par les phonolithes en montagnes et en coulées, ceux de Clermont-Ferrand par les nombreux volcans éteints et les domites ; le Mont Dor et le Cantal en France, les sept montagnes sur le Rhin, les environs de Schemnitz en Hongrie par leurs masses de Trachytes, et les montagnes de l'Eifel par les altérations que les roches d'origine ignée ont fait éprouver à celles de sédiment.

Du choix des lieux les plus propres aux observations géologiques.

1172. — Lorsque l'on se propose d'explorer une contrée ou une portion quelconque d'un pays, il est utile de l'examiner du sommet d'une montagne ou d'un autre lieu élevé, et de prendre une idée exacte de tout l'espace qui s'étend autour de soi jusqu'à l'horizon, en en suivant les détails sur une bonne carte géographique.

1173. — Après avoir pris ainsi un aperçu du pays, on doit s'attacher à parcourir les vallées principales, parce qu'on y trouve presque toujours des affleuremens de couches qui donnent une idée de leur constitution géognostique.

1174. — Les *vallées longitudinales* sont plus promptement étudiées que les *vallées transversales*, par une raison très simple : c'est que la direction des couches ainsi que nous l'avons dit précédemment (42) étant la même que la direction d'une chaîne de montagnes, et les vallées longitudinales s'étendant à peu près dans le même sens que la chaîne ; il s'en suit qu'elles présentent en général la même suite de roches depuis leur origine jusqu'à leur extrémité. Tandis que les vallées transversales coupant les chaînes à peu près dans le sens de leur largeur, laissent voir la succession de toutes les couches et leur inclinaison : ce qui donne une idée exacte de la composition de toute la chaîne que l'on veut étudier.

1175. — Les vallons arrosés par les torrens, les ravins, les gorges de montagnes, sont aussi des localités fort instructives, surtout lorsqu'elles ont été nouvellement lavées et balayées par les pluies, parce qu'elles montrent à nu des coupes naturelles.

1176. — Les falaises qui bordent les mers, les escarpemens

qui bordent aussi les lacs et certains fleuves, sont encore des points très favorables à l'observation, par le même motif que nous venons de donner.

1177. — Il est bon aussi d'examiner les cailloux roulés entraînés par les torrens et les cours d'eau, parce qu'ils donnent une idée assez exacte de la nature des roches environnantes, et que souvent ils indiquent la présence de certaines roches que l'on ne soupçonnait pas exister dans les environs, et dont on peut s'occuper alors à chercher le gisement.

1178. — Les *éboulis* de rochers qui s'accumulent au pied des montagnes ; les *moraines* ou amas de roches et de cailloux qui entourent les glaciers, parce qu'ils ont été entraînés par eux ; les fragmens de roches qui gisent au milieu des champs nouvellement labourés ; les tas de pierres qui bordent les routes et qui sont destinés à leur entretien ; les déblais provenant du creusement d'un puits, du percement d'une galerie de mine, ou de l'exploitation de différentes espèces de roches, donnent aussi de très bons renseignemens sur la nature géognostique d'un pays.

1179. — La visite des mines elles-mêmes n'offre pas autant d'intérêt qu'on pourrait le croire, parce que les galeries et les puits étant toujours plus ou moins garnis de madriers et de planches pour en assurer la solidité, il est difficile d'y suivre la superposition des couches.

1180. — Il est encore fort utile d'examiner les carrières en exploitation ou abandonnées, parce qu'on peut y étudier facilement les couches.

1181. — On obtient aussi quelquefois de très bons renseignemens de la part des carriers, parce qu'ils connaissent parfaitement la succession des couches qu'ils exploitent ; mais il faut se familiariser avec les dénominations bizarres par lesquelles ils les désignent.

1182. — Le tracé des routes et surtout des chemins de fer, et le creusement des canaux offrent aussi au géologiste de bons moyens d'observation, qui ne manquent jamais d'être utiles à la science lorsque les ingénieurs chargés de ces travaux se livrent à l'étude de la géologie.

1183. — Enfin un coup-d'œil jeté sur les matériaux employés dans les constructions, ou sur les murs en pierres sèches qui entourent les champs et les vignes, peut donner au géologiste des indications qu'il aurait tort de négliger.

Des collections géologiques.

1184. — On doit en général éviter de prendre les échantillons de roches parmi les débris accumulés au pied des rochers; il faut autant que possible les détacher des rochers même, parce qu'on est plus sûr d'avoir des échantillons dépourvus de toute trace de décomposition. Il est même quelquefois utile d'attaquer le rocher ou la couche de roche assez profondément, pour être bien certain d'avoir des parties parfaitement intactes : ce que l'inspection peut d'ailleurs facilement prouver.

1185. — Les échantillons trop petits ne présentent pas suffisamment les caractères des roches. Ils doivent être autant que possible carrés, afin de pouvoir se ranger facilement dans les tiroirs des meubles à collections; les meilleures dimensions sont celles de 10 à 12 centimètres de longueur, 8 à 10 de largeur, et 2 à 3 d'épaisseur; mais lorsqu'ils contiennent des fossiles, on est souvent obligé de les tenir beaucoup plus grands, dans la crainte de mutiler des corps organisés utiles à présenter aussi complets qu'il est possible.

1186. — Il faut en général tailler complètement les échantillons sur les lieux, parce que souvent un dernier coup de marteau brise le morceau du reste le mieux taillé, et que si l'on n'est plus sur les lieux on ne peut le remplacer.

1187. — Pour éviter une perte de tems précieux en voyage, on peut se dispenser d'étiqueter chaque échantillon ; on réunit en un ou plusieurs paquets tous ceux d'une localité, et l'on met dans chaque paquet une étiquette concernant ces échantillons et le lieu où on les a trouvés, en ayant soin de mentionner avec détail la localité dans un journal de voyage que l'on doit rédiger exactement chaque jour, ou plusieurs fois dans la journée, pour les diverses localités que l'on a visitées.

1188. — Quant aux roches d'origine ignée, il faut avoir soin, comme le recommande M. Boué, de prendre des échantillons de l'extérieur et de l'intérieur, afin de faire voir le genre d'altération qu'elles subissent par l'action de l'air.

1189. — Les fossiles, dit ce savant géologiste, se trouvent principalement dans les carrières, dans les marnières, dans diverses exploitations, dans les champs nouvellement labourés, dans les couches décomposées, etc. On doit donc rechercher ces localités, et ne négliger aucune des indications que l'on peut obtenir des habitans du pays.

1190. — Lorsque les fossiles sont dans des masses de sable, d'argile, de marne ou d'autres substances dont il serait facile de les dégager, on fera bien de les y laisser : c'est un moyen d'épargner le tems que l'on perd au triage, et de rendre leur emballage plus facile.

1191. — Dès que l'on a assez d'échantillons pour pouvoir en remplir une caisse, il faut s'en débarrasser si l'on se trouve dans un lieu favorable à cette expédition.

1192. — Afin que l'emballage soit fait avec les garanties nécessaires pour que les caisses arrivent à leur dernière destination sans qu'aucun échantillon soit brisé, il ne faut point ménager le papier ni le foin, et avoir soin de placer les paquets dans le sens de leur épaisseur et non de leur largeur, et de les tasser autant qu'il est possible.

Des cartes et des coupes géologiques.

1193. — Lorsque l'on explore un pays peu connu et que l'on a le projet de le faire connaître sous le point de vue géognostique, il faut, après l'avoir visité dans tous les sens, en construire la carte géologique. Le plus sûr moyen d'arriver à ce résultat est de se servir des meilleures cartes géographiques, c'est-à-dire offrant le relief exact du pays, et que l'on tâche de colorier en voyage. S'il n'existe pas de bonnes cartes du pays, on se servira de celles que l'on pourra se procurer et sur lesquelles on corrigera les erreurs géographiques que l'on reconnaîtra. Enfin s'il n'existait aucune carte du pays, on en construirait une soi-même, ce que l'on peut toujours faire avec plus ou moins d'exactitude, selon le tems et les moyens que l'on a à sa disposition.

1194. — Le point le plus difficile, lorsqu'on dresse une carte géologique, c'est de reconnaître et de relever les limites des formations et des autres subdivisions des terrains; parce que souvent ces subdivisions n'occupent que des espaces peu considérables, que leurs limites sont irrégulières, peu tranchées et quelquefois même cachées par des dépôts de sédiment ou de transport plus récens. Il faut alors, comme le fait observer M. Boué, s'aider des affleuremens que présentent les lits des cours d'eau, les coupes des carrières et le tracé des grandes routes ou d'autres travaux de terrassemens. Sur les points où ces indications manquent, il faut chercher quelques données dans le relief du sol, et tracer les lignes des limites d'une manière idéale, mais qui ait quelque probabilité.

1195. — Le coloriage de ces cartes n'offre aucune difficulté: il faut seulement éviter de les charger de trop de détails, et avoir soin que les teintes plates dont on les couvre soient assez transparentes pour que l'on puisse distinguer le relief du sol.

1196. — Quant aux coupes, elles sont de deux espèces : les *coupes artificielles* ou *théoriques*, comme la coupe générale des terrains que nous donnons (pl. 4, fig. 14, et pl. 2 et 3), et les *coupes naturelles* comme celle qui traverse la France depuis le Hâvre jusqu'à Colmar (pl. 4, fig. 15).

1197. — Les premières sont la représentation de toutes les idées admises sur la structure générale du globe, d'une partie du monde, d'une contrée ou d'un pays. Leur intérêt augmente, dit M. Boué, en raison du nombre de coupes naturelles qui en forment la base.

1198. — Les secondes étant toujours présentées sur des échelles très réduites, doivent autant que possible être dans des rapports exacts de hauteur, mais jamais de longueur. On est obligé de donner aux aspérités d'une contrée la plus grande hauteur possible afin d'y faire voir tous les détails de stratification des terrains.

1199. — Les plaines prennent ainsi l'aspect de plans inclinés, les montagnes et même les collines celui de pics élevés.

1200. — Lorsque les coupes se rapportent aux cartes géologiques, on doit autant que possible dresser les unes et les autres sur la même échelle, et indiquer sur les cartes la direction et la ligne des coupes.

VOCABULAIRE

DES PRINCIPAUX MOTS TECHNIQUES ALLEMANDS, AN-
GLAIS, ITALIENS, ETC., EMPLOYÉS DANS LA GÉO-
LOGIE ET LA MINÉRALOGIE.

A.

ABFÆLLE (all.). Flancs d'une montagne.

ABGLEICHUNG (all.). Affleurement.

ABKOMMENDES, ABKOMMIS (all.). Veine ou branche qui se détache du filon principal, soit du côté du toit, soit du côté du mur.

ABKOEMNISS (all.). Étendue dont une veine s'éloigne du filon principal.

ABLOESUNG (all.). Trace, lisière, espace entre un filon et ses parois ou salbandes.

ACTINOTE-SLATE (angl.). Actinote schisteuse.

ADER (all.). Veine de minéraux, de métaux, etc.

ADLERSTEIN (all). Pierre d'aigle, œtite, fer oxidé géodique.

AFTERGÆMS (all.). Quarz avec titane oxidé aciculaire.

AFTERGNEISS (all.). Schiste micacé avec grenats.

AFTERGRANIT (all.). Granite dans lequel le quarz est remplacé par le corindon. Suivant le professeur Blumenbach, c'est le granite où l'amphibole remplace le mica.

AFTERHORNSTEIN (all.). Pierre de corne, pétrosilex, cornéenne d'Haüy.

AFTERKORNLING (all.). Syénite, roche mélangée de feldspath et d'amphibole intimement agrégés.

AFTERPORPHYR (all.) Porphyre argileux. — Porphyre dans lequel la chaux carbonatée remplace le feldspath.

ALAUNERDE (all.). Terre alumineuse.

ALAUNFELS (all.). Alunite.

ALAUNSCHIEFER (all.). Schiste aluminifère.

ALPENKALKSTEIN (all.). Calcaire alpin.

ALTER-ROTHER-SANDSTEIN (all.). Vieux grès rouge.

ALTERE-ALLUVIAL-BILDUNGEN (all.). Alluvions anciennes.

ALUM-EARTH (angl.). Terre alumineuse.

ALUM-SLATE (angl.). Schiste alumineux.

ALWARSTEIN (all.). Calcaire compacte. — Argile calcarifère endurcie.

ANHAUFUNG (all.). Agrégat.

ANSCHUSS (all.). Concrétion.

ANSCHUTT (all.). Alluvion.

ANTHRACITH (all.). Anthracite. — Antracolite.

ARSENIKKIES (all.). Pyrite arsénicale.

ASCHE (all.). Cendre. — Marne ou argile magnésienne pulvérulente. — Calcaire terreux.

ATRAMENTSTEIN (all.). Pierre atramentaire. C'est un composé de diverses pierres qui ont servi au remplissage des espaces vides dans les mines, et qui s'est imprégné insensiblement de fer sulfaté, dont la saveur est acerbe et astringente comme celle de l'encre.

AUSSERE (all.). L'extérieur du terrain.

B.

BADEFAUM, BADESCHAUM, BADESTEIN, BADETUFF (all.). Pierre de bain, concrétion pierreuse qui se forme dans les eaux de bains chauds.

BANDJASPIS (all.). Jaspe rubané; quarz onix.

BANDSTEIN (all.). Pierre rubanée; onix.

BANK (all.). Banc, couche, lit, la hauteur des pierres parfaites dans les carrières.

BASALTTUF (all.). Brèche basaltique.

BAUMACHAT, BAUMSCHALCEDON, BAUMSTEIN (all.). Quarz agate arborisé ou herborisé.

BED (angl.). Lit, couche.

BEKLEIDUNG (all.). Incrustation, concrétion en forme de croûte qui revêt la surface ou l'intérieur d'un corps.

BERG (all.). Roche ou pierre inutile qui ne contient point de minerai. Déblai, mont, montagne, masse de terre ou de roche plus ou moins élevée au-dessus du terrain qui l'environne.

Bergader (all.). Veine métallique.

Bergblau (all.). Bleu de montagne, bleu de cuivre, cuivre carbonaté pulvérulent, d'un vert qui tire sur le bleu de ciel.

Bergbutter (all.). Beurre de montagne, sorte d'alun impur mélangé de terre ferrugineuse.

Bergerz (all.). Minerai.

Bergfall (all.). Éboulement de quelque partie d'une mine.

Bergflachs (all.). Amiante, asbeste flexible.

Bergfleisch (all.). Chair de montagne, chair fossile, asbeste tressé de Haüy.

Berggork ou **Bergkork** (all.). Asbeste tressé.

Berggrün (all.). Vert de montagne, cuivre carbonaté vert pulvérulent.

Bergkohle (all.). Bois fossile bitumineux.

Bergmilch (all.). Calcaire pulvérulent.

Bergoehl (all.). Bitume

Bergpech ou **Bergpech erde** (all.). Ampélite.

Bergpech ou **Bergthees** (all.). Bitume.

Bergtorf (all.). Tourbe de montagne, tourbe qui se trouve sur les lieux élevés, les plateaux.

Bergwerck (all.). Mine, lieu d'où l'on extrait des minéraux, des métaux.

Bernstein (all.). Succin, ambre jaune.

Beygange (all.). Filons d'accolage ou branches de filons qui accompagnent le principal, s'en détachent ou s'en écartent en certains points pour le rejoindre en d'autres.

Bimstein (all.). Pierre ponce, pumite.

Bind (all.). Schiste micacé, mêlé de tourmalines.

Bitterkalk (all.). Dolomie.

Bittersalz (all.) Magnésie sulfatée.

Bitterspath (all.). Spath magnésien, chaux carbonatée magnésifère.

Bituminoeser-kalk (all.). Calcaire bitumineux.

Bituminoeser-mergel-schiefer (all.). Schiste marneux bitumineux.

Blaes (angl.). Argile schisteuse désagrégée.

Blættergyps (all.). Chaux sulfatée laminaire.

BLÆTTERIG (all.). Laminaire.

BLÆTTERKOHLE (all.). Charbon lamelleux, houille d'un noir parfait éclatant dans sa cassure, mais la plus fragile de toutes les sortes de houille, et la plus sujette à se décomposer.

BLÆTTERSPATH (all.). Chaux carbonatée laminaire. — Chaux fluatée.

BLÆTTERSTEIN (all.). Trapp amygdalaire. — Spilite.

BLAUTHON (all.). Argile bleue, sorte d'argile regardée comme intermédiaire entre l'argile glaise et l'argile lithomarge.

BLEI ou BLEY (all.). Plomb.

BLENDE (all.). Zinc sulfuré.

BLEYGLANZ (all.). Plomb sulfuré, galène, alquifoux.

BLEYGLASZ (all.). Verre de plomb. — Plomb carbonaté.

BLEYGLIMMER (all.). Plomb carbonaté en petites paillettes brillantes saupoudrant d'autres minéraux.

BLEYGNEUSS (all.). Schiste mélangé de minerai de plomb.

BLEYISCH (all.). Plombifère, contenant du plomb.

BLEYSCHIEFER (all.). Schiste plombifère.

BOGESEN SANDSTEIN (all.). Grès bigarré.

BOHNERZ ou BOHNENERZ (all.). Fer pisiforme, fer oxidé globuliforme.

BOTOM-LAYER-COAL (angl.). Nom d'une sorte de houille que l'on estime en Angleterre comme l'une des meilleures pour le chauffage.

BOULDERS (angl.). Rognons de silex.

BOWEY-COAL (angl.). Substance ligneuse bitumineuse combustible.

BRANDSCHIEFER (all.). Schiste noir inflammable.

BRAUNEISENSTEIN (all.). Fer hydraté. — Limonite.

BRAUNERZ (all.). Zinc sulfuré mêlé de plomb sulfuré.

BRAUNKOHLE (all.). Houille brune, houille terreuse.

BRAUNSTEIN (all.). Manganèse.

BRECCIA (ital.). Brèche.

BRECCIOLE (ital. francisé). Synonyme de *Pépérine*.

BRENNKOHLEN (all.). Charbon fossile différent de la houille.

BRIETZ (all.). Trass ou tufa volcanique.

BRUCH (all.). Éboulement de roches. — Cassure.

Bruchbein, **Bruchnochen**, **Bruchstein** (all.). Incrustations, concrétions d'argile calcarifère, ou marnes impressionnées.

Bunt (all.). Bigarré, diapré, varié de différentes couleurs.

Bunter sandstein (all.). Grès bigarré.

Bunterthon (all.). Argile bigarrée, sorte d'argile endurcie diversement colorée.

Buntkupfererz (all.). Cuivre pyriteux.

C.

Calcareous grit (angl.). Calcaire marno-sableux.

Calp (angl.). Calcaire silicifère.

Cannel-coal (angl.). Houille compacte.

Ce nom parait être une corruption de celui de *canal-coal* (houille de canal), probablement de ce qu'elle est transportée par des canaux. On prétend que le nom de *Cannel-coal* vient de *Candle-coal* (houille candelaire), parce que cette houille compacte est exclusivement employée à la fabrication du gaz hydrogène bicarboné, ou gaz d'éclairage.

Carboniferous limestone (angl.). Calcaire carbonifère.

Cargnieule (franç.). Calcaire magnésien caverneux.

Chalk (angl.). Craie.

Chalk marle (angl.). Craie marneuse.

Chert (angl.). Meulière grossière.

Chloritische kreide (all.). Craie chloritée.

Chlorit quartz (all.). Grès flexible.

Chlorit schiefer (all.). Chlorite schisteuse, minéral en masse assez solide, dont la couleur ordinaire est le vert foncé, la cassure schisteuse et les feuillets courbes, conservant en cet état les paillettes brillantes et les autres caractères de la chlorite.

Cipolino (ital.). Cipolin; calcaire micacé.

Clay (angl.). Argile.

Claystone (angl.). Argilolite.

Claystone-porphyry (angl.). Porphyre argilolitique.

Clinkstone (angl.). Phonolithe.

Coak (angl.). Coke, houille que l'on a dépouillée de son bitume par une première combustion.

CONNICOAL CORAL (angl.). Houille composée de parties coniques, enchâssées les unes dans les autres.

CORALRAG (angl.). Calcaire à polypiers.

CORNBRASH (angl.). Nom donné par les carriers à un calcaire qui forme l'une des assises de la formation oolithique.

CORNSTONE (angl.). Concrétions calcaires de la formation carbonifère.

CRAG (angl.). Nom donné par les carriers anglais à un calcaire marneux coquiller ferrugineux de l'étage supérieur du terrain supercrétacé.

D.

DACH (all.). Toit, roche qui recouvre un filon ou une couche.

DACSCHIEFER (all.) Argile schisteuse, ardoise.

DACHSTEIN (all.). Paroi supérieure d'une couche ou d'un filon.

DEHNBAR (all.). Ductile.

DEHNBARKEIT (all.). Ductilité.

DIASPRO PORCELLANICO (ital.). Jaspe porcelaine.

DIKE (angl.). Large filon de roche plutonique.

DILUVIUM (angl.). Nom donné par les Anglais au terrain clysmien ou de transport.

DIRT BED (angl.). Couche de boue.

DOGGER (angl.). Calcaire jaune à texture grossière, de la formation carbonifère.

DRUSEN (all.), (en français *Druse*). Trou, cavit dans l'intérieur d'un filon ou d'une veine.

DURCHGANG (all.). Clivage.

DÜRRSTEINERZ (all.). Minerai de fer noir.

E.

EARTH-COAL (angl.). Lignite terreux.

EINSINCKUNG (all.). Éboulement, écroulement.

EISDRUSEN (all.). Quarz hyalin formant un groupe de petits cristaux hexaèdres, disposés par rangs à la suite les uns des autres.

EISENADER (all.). Veine de fer.

EISENARTIG (all.). Ferrugineux.

EISENBLAU (all.). Fer azuré.

EISENBLENDE (all.). Urane oxidulé.

EISENBLUMEN et EISENBLÜTHE (plur.) (all.). *Flos ferri*, fleur de fer. — Chaux carbonatée fibreuse. — Stalactite rameuse très blanche.

EISENBRENNERZ (all.). Minerai de fer mêlé de parties combustibles, qui a l'aspect de la houille, mais d'une couleur brune, et translucide quelquefois comme le jayet.

EISENERDE (all.). Terre ferrugineuse, terre qui contient du fer.

EISENGANG (all.). Filon, veine de minerai de fer.

EISENGLANZ (all.). Fer oligiste.

EISENGLAS (all.). Mine de fer cassant.

EISENGLIMMER (all.). Fer oligiste écailleux.

EISEN GLIMMER SCHIEFER (all.). Itabirite et Sidérocriste.

EISENKALK (all.). Calcaire ferrifère.

EISENKIES (all.). Pyrite ferrugineuse, fer sulfuré jaune.

EISENKIESEL (all.). Jaspe ferrugineux.

EISENKLOS (all.). Fer limoneux, fer oxidé terreux.

EISENSCHWERSTEIN (all.). Scheelin calcaire.

EISENSPIEGEL (all.). Fer spéculaire.

EISENSTEINFLOSS (all.). Basalte.

EISEN ROGGENSTEIN (all.). Oolithe ferrugineuse.

EISEN SANDSTEIN (all.). Grès ferrugineux du lias.

EISENSUMPFERZ (all.). Mine de fer des lieux marécageux.

EISENTHON (all.). Vacke ferrugineuse.

ERDLAGE ou ERDSCHICHT (all.). Banc, lit, couche.

ERDOEHLE, ERDPECH (all.). Bitume.

ERDKOHLE (all.). Lignite terreux.

ERZADER (all.). Veine de minéraux, veine métallifère.

ERZGANG (all.). Filon, veine métallique, gangue.

ERZGEBIRGE (all.). Montagne métallifère dans le sein de laquelle il y a des substances minérales.

ERZKLUFT (all.). Crevasse, fente pleine de minerai; filon dont la puissance est au-dessous de 48 centimètres.

ERZMITTEL (all.). Amas de minerai que l'on rencontre de distance en distance soit sur le filon même, soit dans la roche.

F.

FAELLE (all.). En français, Failles.

Fault (angl.). Faille.

Felsarten (all.). Roches.

Feldspath (all.). Spath des champs ; substance très répandue et formant une des parties constituantes essentielles des granites et des porphyres.

Feldspath porphyr (all.). Porphyre à base de feldspath.

Feldstein (all.). Feldspath compacte. — Petrosilex.

Fell-top-limestone (angl.). Groupe de couches calcaires de la formation carbonifère.

Felspar (angl.) Feldspath.

Fern-limestone (angl.). Calcaire brun-rougeâtre de la formation carbonifère.

Feuer stein (all.). Silex pyromaque.

Fire clay (angl.). Argile schisteuse.

Fire stone (angl.). Pierre qui résiste au feu.

Flaches gebirg (all.). Montagne à pentes douces et qui s'élève un peu obliquement.

Flag (angl.). Schiste.

Fliesenstein et **Fliesen** (all.). Sorte de grès argileux mêlé de calcaire qui ne prend pas bien le poli.

Fliessgold, **Flietschgold** et **Flitschengold** (all.). Or de lavage, or disséminé en paillettes dans les sables de rivières, ou d'alluvion.

Flinty-slate (angl.). Schiste quarzeux.

Floetz (all.). Couche ou veine de masse minérale parallèle à tous les lits ou bancs du terrain où elle se rencontre. — Filon dont l'angle avec l'horizon ne dépasse pas 20°.

Floetzgebirge (all.). Montagnes à couches, montagnes stratifiées.

Floetzgebirgs-arten (all). Roches stratiformes, roches secondaires.

Floetz grünstein (all.). Dolérite.

Floetzklufte (all.). Fentes ou ouvertures inclinées qui partagent le rocher en bandes ou assises.

Floetz porphyr (all.). Porphyre de la formation houillère. Sorte de porphyre argileux qui contient des branches, des racines et même des arbres entiers pétrifiés.

Floetztrapp (all.). Trapp stratiforme ou secondaire.

Forest marble (angl.). Marbre de forêt.

Fʀᴇsʜᴡᴀᴛᴇʀ ғᴏʀᴍᴀᴛɪᴏɴ (angl.). Formation d'eau douce.
Fᴜʟʟᴇʀsᴇᴀʀᴛʜ (angl.). Terre à foulon.

G.

Gᴀʙʙʀᴏ (ital.). Euphotide.
Gᴀʙᴇʟᴜɴɢ (all.). Division d'un filon en deux branches.
Gᴀᴇʟʟᴍᴇɪ (all.). Calamine. — Zinc oxidé.
Gᴀɴɢ (all.). Filon, masse, soit de minerais métalliques, soit de toutes autres substances, presque toujours différentes de celles qui composent les couches qu'il traverse.

Stehender gang, filon qui se dirige vers une des heures 1, 2, 3, de la boussole (75°, 60°, 45°) N. O.

Morgen gang, filon qui se dirige vers les heures 4, 5, 6, (30°, 15°, 0°) N. O.

Spathgang ou *spatgang*, filon qui se dirige vers les heures 7, 8, 9, (15°, 30°, 45°) S. O.

Flacher gang, le fer qui se dirige vers les heures 10, 11, 12, de la boussole (60°, 75°, 90°) S. O.

Schwebender gang, filon dont l'inclinaison ne passe pas 15 degrés.

Flach fallender gang, filon dont l'inclinaison est entre 15 et 45 degrés.

Tonnlegiger gang, filon oblique dont l'inclinaison est entre 45 et 75 degrés.

Seiger gang ou *Seiger fallender gang*, filon perpendiculaire ou dont l'inclinaison est de 75 à 90 degrés.

Gᴀɴɢᴀʀᴛ (all.). Espèce de gangue, c'est-à-dire les diverses substances qui remplissent le filon et accompagnent le minerai.

Gᴀɴɢ-ɢᴇʙɪʀɢᴇ (all.). Montagnes à filons, montagnes d'une nature à recéler des filons métalliques.

Gᴀᴜʟᴛ ᴏᴜ Gᴀʟᴛ (angl.). Marne inférieure du terrain crétacé.

Gᴇʙɪʀɢᴇ (all.). Chaîne de montagnes.

Gᴇʙɪʀɢs ᴀʀᴛᴇɴ (all.). Roches; toutes masses minérales d'une grande étendue constituant des montagnes ou des plaines à la surface ou des amas dans l'intérieur de la terre.

Gᴇʙɪʀɢsᴋᴇssᴇʟ (all.). Terrain enfoncé plus ou moins vaste, plat, uni et d'une forme à peu près circulaire, entouré de montagnes dans un pays élevé.

GEFLOSSEN (all.). Coulée.

GELBE ERDE (all.). Argile ocreuse.

GESTELLSTEIN (all.). Schiste micacé pur.

GESTOSSEN (all.). Coulée.

GLANZKOHLE (all.). Houille piciforme.

GLANZSCHIEFER (all.). Schiste éclatant.

GLETSCHER (all.). Avalanche.

GLIEDERTE KALK (all.). Calcaire articulé. Calcaire magnésien, qui paraît être formé de petits cylindres. Il fait partie du *Zechstein*.

GLIMMER (all.). Mica.

GLIMMER SCHIEFER (all.). Schiste micacé.

GNEISS ou KNEISS (all.). Gneiss, roche dont la texture est grenue et schisteuse.

GOLD (all.). Or.

GOLDERZ (all.). Minerai d'or.

GOLDHALTIG (all.). Aurifère.

GRANITELLA (ital.). Syénite.

GRANITONE (ital.). Ophiolithe.

GRANULIT (all.). Eurite.

GRAULIEGENDE (all.). Grès gris faisant partie du grès rouge.

GRAUSTEIN (all.). Graustein. Roche composée de très petits grains de feldspath blanc et d'amphibole noir, en quelque sorte fondus. — *Dolérite*.

GRAUWAKE (all.). Grauwake. Roche composée de grains plus ou moins fins de quarz et de schiste liés par un ciment argileux.

GRAUWACKE SCHIEFER (all.). Grauwake schisteuse.

GRAUWACK WURSTEIN (all.). Grauwacke-poudingue; roche formée de fragmens de grauwacke à gros grains liés par un ciment de grauwacke à grains très fins.

GRAYWACKE (angl.). Nom que les Anglais donnent à la grauwacke.

GRAYWAKE SLATE (angl.). Couches de grauwacke.

GREAT LIMESTONE (angl.). Groupe de couches calcaires de la formation carbonifère.

GREAT OOLITE (angl.) Grande oolithe.

GREENSAND (angl.). Grès vert.

GREENSTONE (angl.). *Voyez* Greystone.

GREISEN (all.). Hyalomicte.

G**reychalk** (angl.). Craie grise.

G**reystone** (angl.) Diorite.

G**robkhole** (all.). Houille granuleuse.

G**rubig** (all.). Caverneux.

G**rün porphyr** (all.). Porphyre ophite.

G**rüner sandstein** (all.). Grès vert.

G**rünstein** (all.). Pierre verte. — Diorite.

G**rünstein porphyr** (all.). Grunstein dans lequel les grains de feldspath et d'amphibole sont si fins que l'on a peine à reconnaître la texture grenue.

G**rünstein schiefer** (all.). Grunstein schisteux, roche composée de feldspath compacte, d'amphibole et d'un peu de mica, et aussi quelquefois de grains quarzeux

G**uldisch** (all.). Aurifère.

H.

H**alb granit** (all.). Roche amphibolique.

H**alb porphyr** (all.) Porphyre vert antique.

H**alden** (all.). Déblais.

H**aufen** (all.). Amas.

H**intergebirge** (all.). Montagnes inférieures d'une chaîne.

H**irschhornstein** (all.). Sorte de schiste novaculaire, ou vulgairement pierre à rasoirs.

H**irsenerz**, H**irsenstein**, H**irsestein** (all.). Oolithe, chaux carbonatée globuliforme.

H**oehle** (all.). Grotte, cavité souterraine, caverne.

H**oelenkalk** (all.). Calcaire à cavernes.

H**olzgraupen** (all.). Schiste marno-bituminifère. — Minerai de cuivre sous la forme de bois pétrifié.

H**onestone** (angl.) Phonolithe cellulaire.

H**ornblendegestein** (all.). Amphibolite.

H**ornblende schiefer** (all.) Hornblende schisteuse.

H**ornblend porphyr** (all.). Porphyre à base d'amphibole,

H**ornfels** (all.). Roche pétrosiliceuse dans laquelle sont empâtés du quarz, des grenats et de l'argile durcie. Certaines Eurites.

H**ornfelsstein** (all.). Pétrosilex. Roche pétrosiliceuse.

H**ornmergel** (all.). Calcaire magnésien compacte arénacé à parties globulaires.

Hornschiefer (all.). Schiste corné.

Hornstein (all.). Feldspath compacte quarzifère ou pétrosilex.

Hornsteinwacke (all.). Roche pétrosiliceuse mélangée accidentellement d'autres substances.

Hornstone (angl.). Feldspath compacte ou petrosilex quarzifère corné ou jaspoïde.

Horst ou Hügel (all.). Colline.

Humus (lat.). Terreau naturel.

IJ.

Inferior greensand (angl.). Grès vert inférieur.

Ironclay (angl.). Vacke ferrugineuse.

Iungere grauwacke gebirge. (all.). Grauwacke récente.

Jaspiserz (all.). Quarz jaspe, très ferrugineux, d'un rouge foncé.

Jaspis porphyr (all.). Jaspe porphyre à base de pétrosilex. — Pechstein résiniforme.

Jura kalk (all.). Calcaire du Jura.

Jura limestone (angl.). Calcaire du Jura.

K.

Kaïn (chin.). Nom chinois par lequel on désigne assez généralement l'étain dans l'Inde.

Kalk, Kalkerde (all.). Chaux, roche calcaire.

Kalkfels (all.). Roche calcaire.

Kalkschiefer (all.). Schiste calcaire.

Kalkspath (all.). Spath calcaire.

Kalkstein (all.). Pierre calcaire.

Karpathen sandstein (all.). Grès des Karpathes.

Kesselthal (all.). Vallée encaissée et sans débouché, c'est-à-dire environnée de hauteurs de tous côtés.

Kersanton (français, breton). Roche amphibolique avec feldspath, pinite et mica.

Kettoesntein (all.). Oolithe; chaux carbonatée globuliforme.

Keuper (all.). Marnes irisées.

Keuper-sandstein (all.). Grès du Keuper.

Keuper mergel (all.). Marne du Keuper.

Keuper-gyps (all.). Gypse du Keuper.

Kies (all.). Pyrite, gros sable mêlé de fort petits cailloux.

Kiesel (all.). Caillou.

Kieselartig (all.). Quarzifère, qui tient de la nature du caillou.

Kiesel-conglomérat (all.). Quarz-brèche, poudingue, agrégat de fragmens quarzeux, anguleux ou roulés, liés par un ciment ordinairement siliceux.

Kiesel gebirge (all.). Grès à gros grains.

Kieselgyps (all.). Chaux sulfatée.

Kieselsand et **Kieselsandstein** (all.). Gravier.

Kieselschiefer (all.). Schiste siliceux. —Phtanite.

Kieselsinter (all.). Quarz hyalin concrétionné.

Kieselstein (all.) Silex.

Kiseltuff (all.). Quarz concrétionné.

Kiesig (all.). Graveleux, plein de gravier.

Killas (angl.). Argile schisteuse impressionnée.

Klebschiefer (all.). Magnésite schisteuse happant à langue.

Klingstein (all.). Pierre sonnante ou sonore. — Feldspath sonore compacte. — Phonolithe.

Klippenkalk (all.). Calcaire formant des rochers escarpés.

Kluft (all.). Fente, crevasse, ouverture. Ces fentes étant remplies de minerai deviennent de petits filons étroits.

Klump (all.). Amas.

Klyta (all.). Craie.

Kneiss (all.). Schiste bitumineux.

Kohlenblende (all.). Anthracite, anthracolithe.

Kohlengebirge (all.). Lit, couche de terre au-dessus et au-dessous de la houille.

Kohlengrube (all.). Houillère, mine de houille.

Kohlenschiefer (all.). Argile schisteuse bitumineuse.

Kohlen sandstein (all.). Grès houiller.

Kohlenstein (all.). Argile schisteuse bitumineuse.

Korn (all.). Grain.

Koernig (all.). Grenu, granuleux.

Kræhenaugenstein (all.). Roche amygdaloïde.

Kreide (all.). Craie.—Chaux carbonatée crayeuse.

Kreide grau (all.). Craie grise.

KREIDE GEBIRGE (all.). Montagnes de craie, montagnes stratiformes de plus récente formation.

KREIDEKIESEL (all.). Pierre à feu, quarz agate pyromaque.

KREIDENARTIG (all.). Crétacé, qui tient de la nature de la craie.

KÜMMELSTEIN (all.). Roche amygdaloïde.

KUPFER (all.). Cuivre.

KUPFER ARTIG (all.). Cuivreux, qui ressemble au cuivre, qui est de la nature du cuivre.

KUPFERBRAND, **KUPFERBRANDERZ**, **KUBFERBRONZERZ** (all.) Cuivre bitumineux, argile schisteuse, bitumineuse et cuivreuse.

KUPFERHALTIG (all.). Cuivreux.

KUPFERKIES (all.). Pyrite cuivreuse.

KUPFERSANDERZ (all.). Grès cuivreux.

KUPFERSCHIEFER (all.). Argile calcarifère, schisteuse, bitumineuse, imprégnée de cuivre pyriteux, de cuivre sulfuré et de cuivre carbonaté, soit vert, soit bleu.

KURZAWKA (pol.). Nom que les Polonais donnent à l'argile schisteuse du terrain crétacé inférieur.

L.

LACUSTRINE (angl.). Lacustre.

LAGER (all.). Gisement, lit, couche, banc; tout arrangement ou disposition quelconque des différentes roches ou matières qui composent une montagne; la manière dont les minéraux sont disposés dans les diverses sortes de terrains.

LAPILLI et **RAPILLI** (ital.). Cendres volcaniques.

LARDARO (ital.). Schiste talqueux.

LAVA (all.). Lave, matière fondue qui sort des volcans et se répand en formant comme des torrens ou ruisseaux enflammés.

LEBERKIES (all.). Pyrite magnétique, fer hépathique, fer sulfuré décomposé, fer sulfuré argentifère. — Argile calcarifère. — Marne schisteuse.

LEBETSTEIN (all.). Pierre ollaire, talc ollaire.

LEHM (all.). Terre grasse, terre argileuse, argile glaise.

LETTEN (all.). Terre glaise, argile glaise.

LETTENKOHLE (all.). Houille argileuse.

LIAS (angl). Calcaire marneux formant l'étage inférieur du terrain jurassique.

Lias kalk (all.). Calcaire du Lias.

Lias sandstein (all.). Grès du Lias.

Lias schiefer (all.). Schiste du Lias.

Liegende (all.). Lit, mur ou chevet d'un filon, c'est-à-dire son sol, la roche sur laquelle il repose, et qui fait une des limites de sa largeur ou puissance.

Liegende stoecke (all.). Amas couchés ou couches tronquées de minerais.

Limestone (angl.). Calcaire.

Loemige (all.). On nomme ainsi dans le comté de Mansfeld le banc de roches sur lequel repose le schiste cuivreux exploité comme mine de cuivre.

Loess (all.). Argile limoneuse.

London clay (angl.). Argile de Londres.

Lower chalk (angl.). Craie inférieure.

Lower greensand (angl.). Grès vert inférieur.

Ludus helmontii (lat.). Jeux de Van Helmont; rognons marneux géodiques, renfermant des cristaux de quarz.

Lumachellen, Lumachelleen marmor (all.). Marbre lumaquelle ou lumachelle; marbre composé d'une multitude de coquilles unies par un ciment calcaire.

M.

Macigno (ital.). Grès marneux.

Magnesian limestone (angl.). Calcaire magnésien.

Magneteisen (all.). Aimant.

Magnetkies (all.). Pyrite magnétique.

Mandelstein (all.). Amygdalite, Amygdaloïde, Spilite.

Marly sandstone (angl.). Grès marneux.

Meerschaum (all.). Écume de mer, variété de l'argile qui contient une quantité sensible de magnésie

Mergel (all.). Marne

Mergelige kreide (all.). Craie marneuse.

Mergelschiefer (all.). Schiste marneux, argile schisteuse.

Metalliferous limestone (angl.). Calcaire métallifère.

Mica slate (angl.). Micaschiste.

Millstone grit (angl.). Grès feldspathique grossier.

Moder (all.). Tourbe.

Moorkohle (all.). Combustible grossier; sorte de lignite du terrain crétacé de la Pologne.

Morast-erz (all.). Mine de marais ; hydrate de fer qui se forme journellement dans les plaines basses du Mecklenbourg.

Mountain limestone (angl.). Calcaire de montagnes ; calcaire carbonifère.

Moya (esp.). Tufa argiloïde; produit volcanique.

Murbersandstein (all.). Grès friable , grès des houillères. Granite recomposé ; sorte d'agrégat formé de mica, de quarz et de feldspath.

Murkstein (all.). Micaschiste grenatifère.

Muschelbruch (all.). Falun.

Muschelgrube (all.). Falunière.

Muschelkalk (all.). Calcaire coquiller.

Muschelsand (all.). Sable coquiller.

N.

Nagelflue ou Nagelfluhe (all.). Poudingue à ciment marneux.

Nagelkalk (all.). Marne présentant des formes semi-cristallines voisines de la chaux carbonatée.

Nenfro (ital.). Sorte de lave.

New-red-sandstone (angl.). Nouveau grès rouge.

O.

Old-red-sandstone (angl.). Grès pourpré. — Vieux grès rouge.

Ose (suéd). Longues collines de cailloux roulés, du terrain clysmien en Suède.

Outliers (angl.). On donne ce nom à une portion de strate qui se présente à quelque distance, et détachée de la masse générale de la formation à laquelle elle appartient.

P.

Pebbly calcariferous grit (angl.). Brèche de grès calcarifère.

Pechicht (all.). Bitumineux , qui tient de la nature de la poix.

Pechkohle (all.). Houille piciforme , houille sèche.

Pechstein (all.). Pierre de poix , feldspath résinite.

Pechstein porphyr (all.). Porphyre à base de pechstein, dont la pâte est rouge ou verte, brune ou même noire.

Pennant grit (angl.). Grès grossier de la formation houillère.

Pentamerous limestone (angl.). Calcaire à pentamères.

Peperino (ital.). Pépérine ; tufa volcanique argileux , enveloppant des grains de chaux carbonatée, de mica, de pyroxène, etc.

Perlstein (all.). Perlite ; roche ignée vitreuse.

Perlstein porphyr (all.). Porphyre à base de perlstein.

Petuntzé (chin.). Pegmatite granulaire, dans laquelle le
feldspath est en décomposition.

Pfefferstein (all.). Pierre de poivre , oolithe.

Pfeilerstein (all.). Basalte en colonne.

Pingen (all.). Anciens puits de mines abandonnées.

Piperno (ital.). Lave du Vésuve.

Pichstone (angl.). Feldspath résinite.

Pitcoal (angl.). Houille sèche.

Ploener-kalk (all.). Craie inférieure, calcaire.

Plastic-clay (angl.). Argile plastique.

Plastischerthon (all.). Argile plastique.

Polierschiefer et Polierstein (all.). Schiste à polir ; argile schisteuse légère , dont la couleur est en général le blanc
jaunâtre. — Schiste tripolien.

Pomice (ital.). Pumite.

Porcellan jaspis et Porcellanit (all.). Jaspe porcelaine.
Porcellanite , Thermantide ; substance modifiée par la chaleur
des feux souterrains , et dont l'aspect est assez semblable à
celui de la brique qui a essuyé un léger degré de vitrification.

Porose kalk (all.). Calcaire marneux.

Porphyr (all.). Porphyre.

Hornstein porphyr, porphyre à base de Hornstein ou de
Cornéenne.

Porphyrænlicher trapp (all.). Trapp semblable au porphyre; roche composée d'amphibole uni au feldspath et admettant des lames de mica qui lui donnent l'aspect porphyrique.

Porphyræhnliches-urtrap-gestein (all.). Diorite porphyroïde.

Porphyrschiefer (all.). Schiste porphyrique.

Porschüssig (all.). Se dit d'un minerai qui se trouve immédiatement sous la surface de la terre:

Pozzolana (ital.). En français *Pouzzolane*.

Prasen, prasenstein, praser (all.). Prase; quarz hyalin vert obscur.

Puddingstein (all.) Poudingue; quarz agate brèche.

Puddingstone (angl.). Poudingue.

Purpurschiefer (all.). Schiste pourpré.

Putzen (all.). On nomme ainsi une montagne dont la masse est comme crevassée, sans offrir pourtant des fentes ou ouvertures en longueur, mais présentant une infinité de cavités ou excavations dont les dimensions sont égales en tous sens et qui sont vides ou remplies de minerai; souvent aussi seulement avec de l'eau, et dont quelquefois plusieurs se communiquent : telle est la montagne d'Yberg, près de Grund, au Harz; elle est comme criblée de mines de fer.

Q.

Quadersandstein (all.). Grès du lias que l'on exploite pour la bâtisse, dans le Wurtemberg et d'autres parties de l'Allemagne.

Quaderstein (all.). Pierre de taille.

Quartz ou quarz (all.). Quarz, pierre très dure dont la base est la silice, et qui étincelle sous le briquet.

Quartzdruse (all.). Groupe de quarz cristallisé.

Quartzfels (all.). Schiste micacé.

Quartz-gestein (all.). Quarzite.

Quartz hornfels (all.). Roche pétrosiliceuse mêlée de quarz.

Quartzicht (all.). Qui tient à la nature du quarz, qui ressemble au quarz.

Quartz porphyr (all.). Porphyre à base de quarz.

Quartz sand (all.). Sable quarzeux, quarz hyalin arénacé.

Quartz sandstein (all.). Grès lustré, quarz arenacé agglutiné.

Quartz schiefer (all.). Gneiss, schiste micacé.

Quartz sinter (all.). Quarz hyalin concrétionné.

Quern stone (ang.). Sable et grès ferrugineux.

Querschicht (all.). Couche transversale.

Quis ou Kies (all.). Ce mot désigne toute pyrite en général, c'est-à-dire, le sulfure de fer ou de cuivre.

R.

Rapakivi (finlandais). Granite sans quarz, ou syénite. Ce nom désigne aussi certaines Dolérites.

Rapillo (ital.). Rapillo ou lapillo ; ces noms sont donnés à de petites masses formées de pierre ponce et de lave spongieuse rejetées par les volcans.

Rauch grauer kalk (all.). Calcaire gris de fumée.

Raseneisen, Raseneisenstein (all.). Mine de fer de gazon, fer limoneux, fer oxidé terreux.

Rauchwacke ou Rauschwacke (all.). Calcaire magnésien criblé de grandes cavités remplies de terre, qui n'en altèrent pas la tenacité.

Rauherkalk (all.). Calcaire magnésien terreux.

Rauhstein (all.). Calcaire marneux.

Redmarle (angl.). Marnes irisées.

Red conglomerate (angl.). Conglomérat rouge.

Roggenstein (all.). Oolithe, chaux carbonatée globuliforme.

Rotheisenstein (all.). Mine de fer oxidé rouge.

Rothes todtes liegendes (all.). Fond stérile rouge, base morte ou stérile rouge ; cette dénomination a été donnée généralement au grès rouge.

Rottenstein (all.). Tripoli, quarz aluminifère tripoléen.

Rottenstone (angl.). Meulière coquillère. — Calcaire siliceux carié.

Rubbly (angl.). Calcaire coquiller qui se divise en petits fragmens.

Russkohle (all.). Sorte de houille terreuse, d'un gris noirâtre très foncé ; elle se distingue en deux variétés.

Russkohle feste, Russkohle compacte.

Russkohle zerreibliche, Russkohle friable de Menbrach en Thuringe.

S.

Saalband (all.). Salbande, parois d'un filon. Ses deux grandes surfaces, dont l'une est appelé le toit et l'autre le mur, c'est-à-dire a roche qui l'eucaisse et le sépare de celle qui constitue le terrain qu'il traverse.

SAAMENSTEIN (all.). Roche amygdaloïde.

SABBIA (ital). Sable.

SALMIACK (all.). Ammoniac.

SALZMARMOR (all). Marbre salin ; chaux carbonatée saccharoïde.

SALZQUELLE (all.). Source salée.

SALZSTEIN (all.). Pierre de sel, sel gemme. Substance pierreuse qui se précipite au fond de la chaudière pendant l'évaporation des eaux salées, et s'y attache.

SALZSTOCK (all.). Masse ou gros rognon de sel gemme ; gîte de sel fossile.

SALZTHON (all.). Argile salifère.

SAMISCH ERDE (all.). Terre de Samos, argile blanchâtre, dont les anciens distinguaient deux espèces : l'une tendre, légère, grasse au toucher, qu'ils appelaient *collyrium,* et l'autre compacte et dure qu'ils nommaient *aster.*

SAND (all.). Sable, sablon, gravier.

Flussand, sable de rivière.

Goldsand, sable d'or.

Triebsand, sable mouvant.

SANDARTIG (all.). Arénacé.

SANDHÜGEL (all.). Colline sablonneuse.

SANDIG (all.). Sableux, sablonneux, plein de sable.

SANDMERGEL (all.). Argile calcarifère terreuse. Grès argilo-calcaire.

SANDSCHIEFER (all.) Grès schisteux à grains très fins, mêlés de paillettes de mica.

SANDSTEIN (all.). Grès, quarz arénacé agglutiné.

Biegsamer sandstein, grès flexible.

Bunter sandstein, grès bigarré ou panaché.

Eisen schüssiger sandstein, grès ferrifère.

Glimmeriger sandstein, grès micacé.

Weisse sandstein, grès blanc.

SANDSTEIN PORPHYR (all.). Grès porphyrique, grès argileux farci de feldspath.

SANDSTEIN SCHIEFER (all.). Grès schisteux.

SANDSTONE (angl.). Grès.

Satz (all.). Dépôt. Sédiment.

Sasso morto (ital.). Nécrolithe.

Saüerzinck (all.) Calamine.

Scaglia (ital.). Craie.

Scar limestone (angl.). Groupe de couches calcaires dépendant de la formation carbonifère.

Schaalstein (all.). Chaux carbonatée testacée, blanchâtre, jaunâtre, verdâtre ou rougeâtre, d'un éclat nacré, et dont la cassure est lamelleuse, présentant des pièces testacées très minces. — Brèche trappéenne amygdalaire.

Schar-gang (all.). Filon étroit ou veine qui va rejoindre le filon principal et s'y réunit ; filon qui n'a pas sa direction vers l'un des points cardinaux, mais entre deux.

Schaumerde (all.). Écume de terre, chaux carbonatée nacrée ; minéral en petites masses d'un blanc nacré, d'une structure écailleuse, et qui a beaucoup de rapport avec le spath schisteux.

Scherm (all.). Parois ou pentes d'un filon, les parties de la montagne qui touchent aux salbandes ou à la lisière.

Schibika (pol.). Schibika ; on nomme ainsi le sel le plus pur des mines de Vieliczka, en Gallicie.

Schicht (all.). Couche, lit, stratification.

Schiefer, **Schieferstein** (all.). Schiste, sorte de roche dont la texture est feuilletée et qui se sépare en lames ; ardoise.

Thonschiefer, schiste argileux.

Zeichenschiefer, argile schisteuse graphique.

Schieferblau (all.). Ardoisé.

Schieferig (all.). Schisteux, composé de feuilles comme l'ardoise.

Schieferkohle (all.). Houille schisteuse ; sorte de houille dont la cassure principale est schisteuse, et dont les feuillets sont plats.

Schiefer mergel (all.). Argile calcarifère endurcie, schisteuse.

Schilfsandstein (all.). Grès à impressions végétales.

Schlangenstein (all.). Serpentine ; ophite.

Schmiedekohle (all.). Charbon pour la forge, à l'usage du maréchal ; houille piciforme.

Schneefælle (all.). Avalanche.

Schneidestein (all.). Talc ollaire.

Schorlschiefer (all.). Quarz schisteux mêlé de tourma-lines.

Schreibkreide (all.). Craie blanche.

Schrift granit (all.). Granite graphique , c'est-à-dire *Peg-matite*.

Schrof (all.). Falaise.

Schwefel (all.). Soufre.

Schwefelkies (all.). Fer sulfuré.

Schwielen , **Schwælen**, **Schwulen**, (all.). Argile schisteuse en masses ellipsoïdales renfermant des empreintes pyriteuses de poissons.

Seestrohm , **Seestrom** (all.). Courant de la mer ou son mouvement.

Seifengebirge ou **Gebürge** (all.). Dépôts d'alluvion, atter-rissemens.

Seifengebirgsart (all.). Brèche ; agrégat composé de frag-mens de diverses roches réunies par un ciment quelconque.

Seifengestein (all.). Minerai d'étain retiré par le lavage des dépots d'alluvion.

Seifengold (all.). Or de lavage.

Seifstein (all.). Savon pierre , argile smectique.

Septaria (angl.). Rognons de calcaire ferrugineux.

Shale (angl.). Marne schisteuse.

Shanklindsand (angl.). Grès vert inférieur.

Shell marl (angl). Marne coquillère.

Silber (all.). Argent.

Silberbley (all.). Plomb argentifère.

Silbererz (all.). Minerai d'argent.

Silberglas, **Silberglaserz** (all.). Mine d'argent sulfuré.

Silberkies (all.). Pirite argentifère.

Silurian system (angl.). Système silurien.

Smaragd (all.). Émeraude.

Spack (pol.). Sel gemme mélangé avec l'argile.

Sperkies (all.). Fer sulfuré blanc.

Spiesglanz, **Spiesglas** (all.). Antimoine.

Splitteriger hornstein (all). Pétrosilex fragmentaire.

Sprung (all.). Fente; faille.

Staarstein (all.). Bois monocotylédons silicifiés.

STAHLERZ (all.). Minerai de fer propre à faire de l'acier ; sable ferrugineux ou fer magnétique sablonneux.

STALSTEIN (all.). Mine de fer propre à faire de l'acier ; minerai de fer spathique.

STANGEN KOHLE (all.). Houille scapiforme, lignites.

STEIN (all.). Pierre, roche, rocher.

Kalkstein, *gypsstein*, Pierre à chaux, pierre à plâtre.

Typographischer stein, Pierre typographique, pierre hébraïque, granite graphique.

STEINADER (all.). Veine de roche, veine dans les pierres.

STEINBANK (all.). Lit de pierres.

STEIN BRAUSESTEIN (all.). Argile glaise.

STEINGRUBE (all.). Carrière de pierre.

STEINHOEHLE (all.). Grotte, antre, caverne.

STEINKOHLE (all.). Houille, charbon de terre, charbon de pierre.

STEINSALZ (all.). Sel fossile, sel gemme.

STEINSALZGRUBE (all.). Mine de sel, mine d'où l'on tire le sel gemme.

STEINSATZ (all.) Assise de pierres, rang de pierres de taille posées horizontalement.

STINK KALK (all.) Calcaire fétide.

STINKSTEIN (all.) Calcaire fétide.

STOCKWERK (all.). Massifs de minerais ; minerais en masses et non en filons suivis ; réunion de petits filons.

STOLLEN (all.). Galeries, chemins souterrains pratiqués sur une ligne à peu près horizontale dans une montagne.

STRAHLKIES (all.). Pyrite rayonnée, pierre de foudre, fer sulfuré radié.

STREBEWAND (all.). Contrefort.

SÜSSWASSER-QUARZ (all.). Quartz lacustre.

SÜSSWASSER-KALK (all.). Calcaire lacustre.

SUTURBRAND, SURTURBRAND (island.). Suturbrand, bois bitumineux d'un brun noirâtre, susceptible du plus beau poli.

SYENIT-PORPHYR (all.). Syénite porphyroïde.

SWAGA (tibet.). Soude boratée, nommée aussi *Tinckal* par les Indiens.

SWINESTONE (angl.). Calcaire argileux fétide.

SZYBIKERSALZ (polonais). Sel de Szybik, ou de la profondeur des mines de Bochnia et de Vieliczka.

SzYBIKERSTEIN (polonais), Pierre de Szybik , grès mêlé d'argile et d'oxide de fer, et qui paraît servir de base au dépôt de sel dans les mines de Viéliczka en Gallicie.

T.

TABASCHIR (all.). Tabaschir, substance qui se trouve dans des monceaux de bambou , et qui a beaucoup de rapport avec le quarz résinite hydrophane.

TAFELBASALT (all.). Basalte tubulaire , basalte en plaques minces et de grandeurs inégales.

TAGEGEHÆNGE (all.). *Tagékluft*, fentes, crevasses, filons qui viennent aboutir sous le gazon.

TALKIGE FORMATION (all.). Formation talqueuse.

TALKSCHIEFER (all). Talc endurci, d'une cassure lamelleuse. — Stéaschiste.

TERRA MASCHIA (ital.). Sorte de pépérine ponceuse.

THON (all). Argile.

Blasiger thon, argile à potier.

Bunter thon, argile panachée, sorte d'argile endurcie diversement colorée.

Erhærteter fester thon, argile endurcie.

Feüerbestændiger thon, argile qui souffre le feu, argile réfractaire.

Feüer fester thon, argile kaolin, feldspath argiliforme.

Gemeiner thon, argile commune, argile glaise d'Haüy.

Grüner thon, terre verte.

Korniger et *verhærteter thon*, argile endurcie.

Lemnischer thon, terre de Lemnos, bole.

Lichter und schaliger thon, argile smectique, terre à foulon.

Pfeiffenthon, argile à pipe, variété de l'argile glaise.

Schieferthon, argile schisteuse.

Schiefriger thon, argile schisteuse.

Schwefelhaltiger verhærteter thon, pierre d'alun, lave altérée alunifère.

Tœpferthon, argile à potier, argile glaise.

THONARTIG (all.). Argileux.

THON EISENSTEIN (all). Fer hydraté compacte.

THON GALLEN (all.). Rognons d'argile.

Thonicht ou **Thonig** (all.). Argileux ; plein d'argile.

Thon porphyr (all.). Porphyre argileux.

Thonschiefer (all.). Argile schisteuse , soit tabulaire , soit tégulaire, schiste ardoise.

Uebergangs thon schiefer, argile schisteuse de transition.

Thonstein (all.). Argile endurcie ; ce mot *thonstein* ne désigne pas en Allemagne une simple variété de l'argile, mais une espèce particulière qui diffère de l'argile endurcie ordinaire (*verhærteter thon*), par la dureté , la couleur, la cassure , l'éclat de la cassure, la pesanteur et la facilité de se rompre en éclats , et surtout parce qu'elle offre le passage sensible au pétrosilex , enfin par son gisement.

Tile stone (angl.). Nom que l'on donne en Angleterre à des grès rouges et verts, tantôt friables , tantôt durs et micacés , de la formation carbonifère.

Toadstone (angl.). Variété de roche amygdaloïde à base de trapp dont les noyaux sont ordinairement calcaires.

Todtliegendes (all.). Base stérile. Sorte de grès rouge qui repose immédiatement sur la grauwacke.

Topasfels (all.). Roche de topaze, roche d'une contexture schisteuse , grenue , c'est-à-dire composée de feuilles dont la texture est grenue ; elle consiste en un mélange de quarz , de tourmaline, de topaze et de lithomarge.

Toepferthon (all.). Argile smectique.

Torf (all.). Tourbe.

Tosca (esp.). Variété de pépérine ponceuse calcarifère de Teneriffe.

Todt liegende (all.). Mur mort, *voyez Rothes todtes liegendes.*

Tourtia (fr.). Grès calcarifère grossier.

Transition limestone (angl.). Calcaire de transition.

Trapp (suédois). Escalier ; roche cornéenne dure d'*Haüy* ; variété de la roche cornéenne appelée wake par plusieurs minéralogistes ; pierre de basalte et pierre de roche par *Deborn.*

Urtrapp, trapp primitif.

Uebergangs trapp, trapp de transition ou intermédiaire.

Flœtz trapp, trapp secondaire ou stratiforme.

Trap porphyr (all.). Basalte à structure porphyrique.

Trapp tuf (all.). Brèche trappéenne.

Trass ou **Tarras** (all.). Trass ou pierre de trass ; tufa volcanique, brèche volcanique.

Travertino (ital.). Travertin. — Calcaire lacustre des environs de Rome.

Trippel (all.). Tripoli, quarz aluminifère tripoléen d'Haüy.

Tropfstein (all.). Stalactite, chaux carbonatée concrétionnée.

Trumm, **Trummer** (all.). Débris.

Trummerstein (all.). Pierre de débris, conglomérat, brèche.

Tsienpen (persan). Talcstéatite compacte.

Tuf (all). Tuf.

Tuf volcanischer, tuf ou tufa volcanique.

Tufstein (all.). Tufeau.

Tufen mergel (all.). Marne cristalliforme.

U.

Ubereinander schichtung (all) Superposition.

Ubergang (all.). Passage d'une roche à une autre.

Ubergangs gebirgsarten, roches de transition.

Ubergangs kalkstein, calcaire de transition.

Ubersinterung (all.). Incrustation, enduit formé par une eau calcarifère sur un corps quelconque.

Unstratified roks (angl.). Roches non stratifiées.

Upper chalk (angl.). Craie supérieure.

Unter hoehle (all.) Caverne, cavité souterraine.

V.

Verde di Corsica (ital). Euphotide.

Verde di prato (ital.). Ophiolithe diallagique.

Verhærteter thon (all.). Argile endurcie. — Argilolite.

Versteinert (all.). Pétrifié, changé en pierre.

Versteinerung (all.). Pétrification.

Versteinerungs achat, quarz agate conchylioïde.

W.

Wacke, **Wacken**, **Wake** (all.). Wake, roche de formation stratiforme, qui tient le milieu entre l'argile et le basalte.

Walkerde (all.). Argile smectique.

Watersill (angl.). Nom que les mineurs anglais donnent à un grès du groupe appelé *Scar limestone* dans la formation carbonifère.

WEALDCLAY (angl.). Argile de Weald.

WEALDENROCKS (angl.). Terrain de Weald.

WEISSLIEGENDE (all.). Grès blanc. — Calschiste grisâtre.

WEISSER KREIDE (all.). Craie blanche.

WEISSTEIN (all.). Leptinite.

WELLENKALK (all). Calcaire compacte.

WERKSTÜCK (all.). *Quaderstück*, Pierre de taille, pierre de liais.

WETZSCHIEFER (all.). Schiste à aiguiser, argile schisteuse novaculaire.

WHITESTONE (angl.). Leptinite.

WIESENERZ (all.). Mine des prairies, sidérite, fer limoneux.

WULSTE (all.). Brouillage, mélange confus de plusieurs couches que l'on remarque dans les grès houillers.

WURSTEIN (all.). Poudingue, quarz agate brèche, à fragmens anguleux ou roulés, de différentes teintes.

Z.

ZECHE (all.). Mine; exploitation d'une mine.

ZECHSTEIN (all.). Pierre de mine, chaux carbonatée grisâtre qui accompagne en Thuringe l'argile calcarifère et bitumineuse.

ZEICHENSCHIEFER (all.). Argile schisteuse graphique. — Ampélite. — Mélanthérite de Lamétherie.

ZELLKIES (all.). Pyrite cellulaire, fer sulfuré lamelliforme d'Haüy.

ZERREIBLICH (all.). Friable.

ZIEGELERZ (all.). Mine de cuivre couleur de brique, sorte de cuivre pyriteux hépathique.

Dichtes ziegelerz, Ziegelerz compacte.

Erdiges ziegelerz, Ziegelerz terreux.

Verhærtetes ziegelerz, Ziegelerz endurci.

ZIEGELSCHICHT (all.). Couche, lit de houille fortement mélangée de terre.

ZIEGELTHON (all). Argile dont on fait des briques, argile glaise.

ZINKKALK (all). Calamine.

ZINKSPATH (all.). Zinc carbonaté. — Smithsonite.

Zinn (all.). Étain.

Zinnerz (all.). Minerai d'étain, mine d'étain.

Zündererz (all.). Mine semblable à de l'amadou ; c'est une sorte d'asbeste tressée d'un brun-rougeâtre, entremêlée d'argent jusqu'à environ 15 centièmes.

Zusammenhalt (all.). Ténacité.

Zusammenhang (all). Adhérence.

Zusammenhaufung (all.). Agrégation.

FIN DU VOCABULAIRE.

EXPLICATION DES PLANCHES.

—

PLANCHE PREMIÈRE.

Figure 1. — Cette figure offre un exemple de la stratification ; elle présente dans leurs lignes de séparation ce que l'on nomme les *plans de joints* et les *joints de stratification*, ainsi que les *fissures f f f* qui partagent ordinairement les couches.

La coupe que donne cette figure est relative au terrain supercrétacé moyen des montagnes appelées *Leithagebirge* dans les environs de Vienne.

La partie *supérieure* se compose de marne gypseuse, la *moyenne* de calcaire à coraux et à polypiers, et l'*inférieure* du même calcaire renfermant des cailloux roulés.

Figure 2. — Dans cette figure, qui représente une faille F qui a dérangé les couches de la vallée dans laquelle coule aujourd'hui le Tees, le Trapp, T offre l'apparence d'une couche subordonnée au calcaire : ce qui prouve que la fracture est postérieure à l'intrusion du Trapp ; mais comme la faille arrive jusqu'à la surface du sol, on n'a aucun moyen de déterminer son âge relatif. ·

Figure 3. — Disposition que présentent les couches d'argile schisteuse de la montagne de Séguinat près de Gavarnie dans les Pyrénées, et qui offre un exemple de la stratification irrégulière.

Figure 4. — Cette figure qui donne un exemple de la stratification inclinée, présente la série des différentes couches qui dans les Alpes faisant partie du groupe du Mont-Blanc, reposent sur la Protogyne.

Sur cette roche qui constitue le mont Loguia se trouvent les roches suivantes :

1° *Micaschiste* qui appartient au terrain schisteux.

2° *Grès calcarifère*, formé de grains de quarz mêlés à des grains de feldspath.

3° *Grès quarzeux et ferrugineux*, semblable au précédent, mais sans traces de calcaire, et quelquefois renfermant un peu de talc.

4° *Schiste argilo-ferrugineux rouge et vert*. Cette roche alterne un peu plus loin avec le poudingue de la vallée de Valorsine, qui n'est pas autre chose que le même schiste rempli de galets de gneiss, de micaschiste et de protogyne, mais dépourvu de granite et de calcaire : ce qui prouve que le granite que l'on voit dans cette vallée n'existait point encore lorsque ce poudingue s'est formé.

5° *Calcaire arénacé*. C'est une roche noire ou d'un gris bleuâtre très foncé, rempli de grains de quarz.

6° *Schiste argilo-talqueux* et *schiste argileux* contenant des ammonites, et que l'on rapporte à la formation du lias.

7° *Schiste calcarifère* gris-clair, arénacé, renfermant des Bélemnites et que l'on considère aussi comme appartenant à la formation du lias. Cette roche constitue la cime du mont Buet élevée de 3075 mètres au-dessus du niveau de la mer.

Figure 5. — *Schistes et psammites* appartenant à la formation du lias en Krimée. Nous les présentons comme un exemple de la stratification arquée.

Figure 6. — Couches houillères des environs de Liège, offrant un exemple de la stratification brisée.

Figure 7. — Cette figure présente un exemple des lignes de direction et d'inclinaison ; on y voit que ces lignes se coupent à angle droit : ainsi l'inclinaison est dans le sens de E-N, et la direction dans le sens de E-O.

Figure 8. Dans cette figure qui donne une idée de la disposition que présentent les couches soulevées par une masse centrale, à partir d'une ligne que l'on nomme *anticlinale*, on a représenté l'un des soulèvemens du Jura, dans lequel on voit une masse de calcaire conchylien (*muschelkalk*) M qui a soulevé les couches du terrain triasique et du terrain jurassique, de manière qu'elles se continuent de chaque côté de cette masse : ainsi *d d* sont les couches du *keuper* et du lias; *c* celles de l'oolithe, *b*, celles qui correspondent aux marnes d'Oxford, et à celles qui représentent le *coral rag* et l'oolithe de Portland.

Figure 9. — Exemple de fissures qui, dans les roches, croisent souvent les joints de stratification, et rendent difficile l'appréciation du sens dans lequel se dirigent les strates : de telle sorte qu'on ne peut distinguer ceux-ci qu'au moyen des couches qui y sont intercalées, comme celles de marne **M M** dans cette figure.

Figure 10. — Escarpement de schiste dans lequel les couches *a b c d e f g h i j k* pourraient être considérées comme de longues fissures, tandis que les lignes des feuillets indiqueraient le sens de la stratification si les couches G et C qui y sont intercalées ne servaient pas à déterminer l'inclinaison des couches.

Figure 11. — Cette figure que nous donnons comme un exemple de *stratification discordante* ou *transgressive* se rapporte aussi aux fractures appelées *failles* que les couches ont subies après leur consolidation. C'est par suite d'une faille que dans la vallée de la Ribbles en Angleterre, le calcaire carbonifère C B se présente à deux niveaux différens : d'un côté il repose sur les tranches du schiste ; de l'autre il s'appuie sur les couches du même schiste. On voit aussi dans cette localité que les schistes avaient été redressés lorsque le calcaire carbonifère s'est déposé.

Figure 12. — Dans cette figure on a représenté une masse de granite qui a soulevé le gneiss et le micaschiste ; des filons *f f f f f*, ont traversé ces roches ; ils ont leurs affleuremens en *a a a a a ;* l'un de ces filons présente une *druse* ou *poche* en P ; on y voit le mur en *m*, le toit en *t* et la tête en *tt*. On y voit aussi en S un exemple de ces ramifications nombreuses appelées *Stokwercks ;* enfin on y voit des dikes D D, larges filons de roches d'origine ignée, dont l'un se termine à la surface du sol par un culot C.

Figure 13. — On a représenté ici une masse stratifiée A B, sur laquelle s'est formé au-dessous du niveau de la mer D E, un dépôt récent C E que l'on pourrait prendre pour des couches soulevées par la masse A B.

Figure 14. — Dans cette figure on a représenté un fait analogue au précédent, mais plus compliqué. Sous une masse

de roches E F G H qui présente un plan incliné parallèle aux
strates, une masse d'eau A B C D forme un courant capable de
transporter des cailloux assez gros dans la direction C D ; arrivés en H ils se disposeront en couches J J parallèles à celles
de la masse de roches sous-marines. En sorte que si le niveau
de l'eau venait à baisser de manière à laisser voir une partie
des couches J J, on croirait qu'elles ont été soulevées par la
masse E F G H. On ne reconnaîtrait l'erreur que si les eaux
s'abaissaient jusqu'en *f*, parce qu'on verrait les galets reposer
sur les tranches des couches anciennes.

Cet effet tient à l'action du courant sur le plan incliné ; car
si les eaux marines entraînaient du gravier et du sable, ces
substances arrivées au-delà de l'action du courant, se dépo-
sant dans le sens de leur pesanteur, le gravier formerait sur les
galets des couches moins inclinées, et le sable se déposerait sur
le gravier en couches presqu'horizontales.

Figure 15. — Coupe présentant dans la vallée de Wardour
aux environs de Weymouth une couche de terre noire (*dirt
bed*) *couche de boue*, contenant des troncs, des racines et des
fruits de conifères et de cycadées.

P P P, Oolithe de Portland.

D, *Dirt bed* renfermant les débris des végétaux ci-dessus.

C, couche de calcaire lacustre.

PLANCHE II.

Cette planche ainsi que la suivante sont destinées à donner
une idée des *treize* principales époques de soulèvemens qui ont
été déterminées par M. Élie de Beaumont.

Elles représentent aussi les grands groupes de roches que nous
appelons *Terrain.*

Pour rendre ces planches plus utiles, nous avons figuré les
principaux fossiles caractéristiques de chaque terrain.

Le *terrain granitique* est représenté par les roches granitiques G et les roches porphyriques P, que traversent dans différentes directions des filons et des veines métalliques.

Le *terrain schisteux,* composé de *gneiss,* de *micaschiste* de
la *formation snowdonienne* ou *cambrienne* et de la *formation*

caradocienne ou *silurienne*, repose immédiatement sur le terrain granitique.

Les plus caractéristiques des corps organisés de ce terrain sont les suivans :

Figure 1. *Asaphus Buckii.*
— 2. *Calymene Blumenbachii.*

Le premier système de soulèvement a affecté le terrain schisteux : le granite et le porphyre en ont été les principaux agens ; mais dans les groupes du gneiss et du micaschiste pénétrèrent des *Eurites* E, des *Diorites* D, des *Syénites* S, etc.

Le *terrain carbonifère*, présente les trois formations qui le composent.

Nous y avons représenté comme caractéristiques les fossiles ci-après.

Figure 3.   *Productus lobatus.*
— 4.   *Bellerophon hiulcus.*
— 4 (bis). *Pecten papyraceus.*

Le 2e et le 3e système de soulèvemens ont eu lieu pendant l'époque carbonifère : des dolérites D D, des syénites S, des porphyres P, ont soulevé le vieux grès rouge et le calcaire carbonifère ; tandis que des trapps T et des basaltes B ont disloqué les roches de la formation houillère.

Le *terrain psammérithrique* ou *triasique* présente la formation du grès rouge et la formation magnésifère (*Zechstein*) soulevée par l'éruption de diorites D et d'autres roches d'origine ignée.

C'est le 4e système de soulèvement.

Le 5e système de soulèvement comprend des dislocations et des failles qui se sont formées dans le grès bigarré avant le dépot du muschelkalk, et qui sont principalement dues à des éruptions basaltiques B.

Enfin c'est après la formation keuprique ou des marnes irisées qu'a eu lieu le 6e système de soulèvement, que l'on peut attribuer en grande partie au porphyre P.

Les fossiles caractéristiques du terrain triasique sont peu nombreux : nous n'avons figuré que les trois suivans :

Figure 5. *Avicula socialis.*
— 6. *Ammonites nodosus.*
— 7. *Encrinites lilliiformis.*

Le *terrain jurassique* qui occupe l'extrémité de cette planche a été soulevé après les dépôts de la formation oolithique.

Ce soulèvement qui appartient au 7e système, a été produit principalement par des éruptions basaltiques B et doléritiques D.

Les fossiles caractéristiques du terrain jurassique sont nombreux : nous donnons les figures de ceux qui nous semblent les plus utiles à connaître.

Figure   8.   *Perna mytiloïdes.*
—   9.   *Plagiostoma gigantea.*
—   10.   *Idem   punctata.*
—   11.   *Gryphœa dilatata.*
—   12.   *Idem   ou Exogira virgula.*
—   13.   *Idem   cymbium.*
—   14.   *Idem   arcuata.*
—   15.   *Ostrea deltoïdea.*
—   16.   *Pleurotomaria conoïdea.*
—   17.   *Nerinœa Mosœ.*
—   18.   *Ammonites Walcotii.*
—   18 (bis).   *Idem   Bucklandi.*
—   19.   *Ostrea acuminata.*
—   20.   *Trigonia nodulosa.*

PLANCHE III.

Le *terrain crétacé* qui commence cette planche, présente la formation néocomienne et celle du grès vert, d'abord horizontales puis soulevées par des dolérites D et des Basaltes B.

Ce soulèvement appartient au 8e système.

Le 9e système de soulèvement s'est effectué après le dépôt de la craie blanche. Il a été provoqué par l'apparition de différentes roches ignées que nous avons nommées précédemment, et spécialement par des ophiolithes O, comme dans les Pyrénées ou le Mont-Perdu et le Pic de Néthou, sont le résultat de ces soulèvemens.

Parmi les nombreux fossiles du terrain crétacé, les principaux sont les suivans.

Figure 21. *Trigonia scabra.*
—   22. *Catillus Lamarckii.*
—   23. *Inoceramus sulcatus.*
—   24. *Pecten lamellosus.*

Figure 25. *Griphæa* ou *Exogyra columba.*
  — 26. *Ostrea carinata.*
  — 27. *Terebratula octoplicata.*
  — 28. *Belemnites mucronatus.*
  — 29. *Scaphites æqualis.*

Le *terrain supercrétacé* a éprouvé trois soulèvemens qui appartiennent aux 10e, 11e et 12e systèmes.

Le plus ancien de ces soulèvemens, qui a formé le Monte-Rotondo en Corse, a relevé les couches de l'étage inférieur.

Le soulèvement qui a eu lieu ensuite et qui a fait surgir le Mont-Blanc, s'est effectué après la formation de l'étage moyen.

Enfin, le dernier de ces soulèvemens s'est fait après la formation de l'étage supérieur.

Les principaux agens de ces soulèvemens sont les basaltes et les trachytes.

Les fossiles utiles à connaître sont les suivans.

Figure 30. *Lucina divaricata.*
  — 31. *Cardium porulosum.*
  - 32. *Cardium acardo.*
  — 33. *Cucullæa crassatina.*
  — 34. *Planorbis rotundatus.*
  — 35. *Limnæa longiscata.*
  — 36. *Ampullaria spirata.*
  — 37. *Nerita conoïdea.*
  — 38. *Natica epiglottina.*
  — 39. *Turritella imbricataria.*
  — 40. *Cerithium giganteum.*
  — 41. *Potamides Lamarckii.*
  — 42. *Cerithium lapidum.*
  — 43. *Rostellaria pes pelicani.*
  — 44. *Fusus contrarius.*

Le *terrain clysmien* a été soulevé à l'époque qui a vu surgir la chaîne des Andes, et qui constitue le 13e système de soulèvement.

PLANCHE IV.

Figure 1.   Marteau pour attaquer les roches dures.
  — 2.   Marteau moyen.

FIN DE L'EXPLICATION DES PLANCHES.

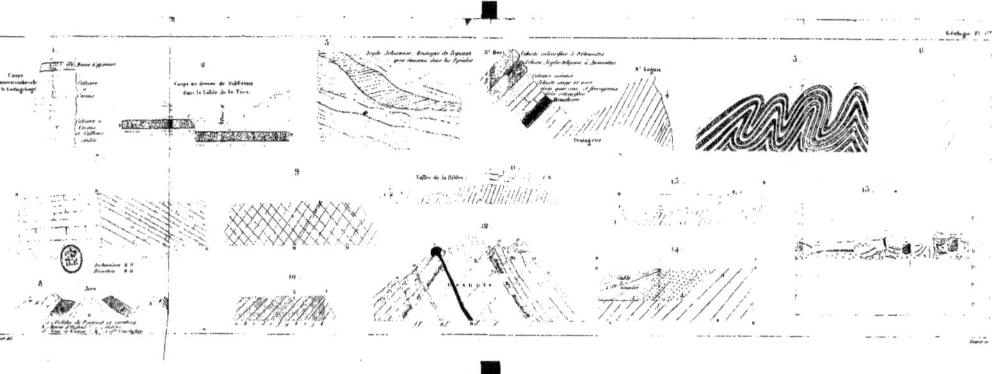

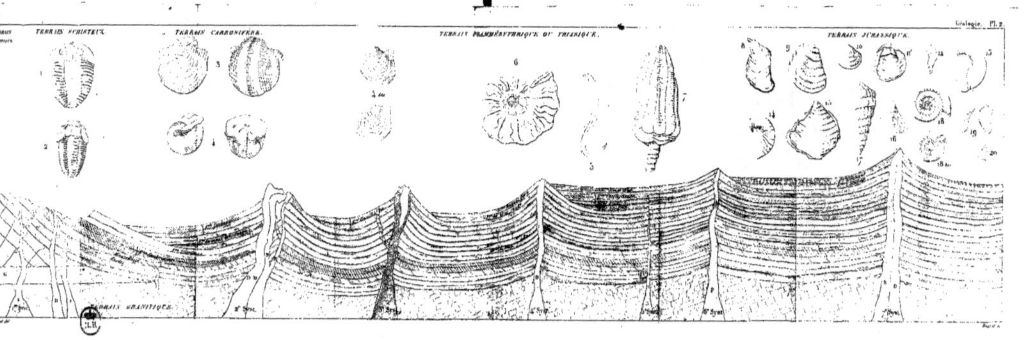
Géologie. Pl. 2.
TERRAIN SCHISTEUX.
TERRAIN CARBONIFÈRE.
TERRAIN PERMÉRYTHRIQUE OU TRIASIQUE.
TERRAIN JURASSIQUE.
TERRAIN GRANITIQUE.
1er Syst.
2e Syst.
3e Syst.
4e Syst.
5e Syst.
6e Syst.
7e Syst.

TABLE DES MATIÈRES.

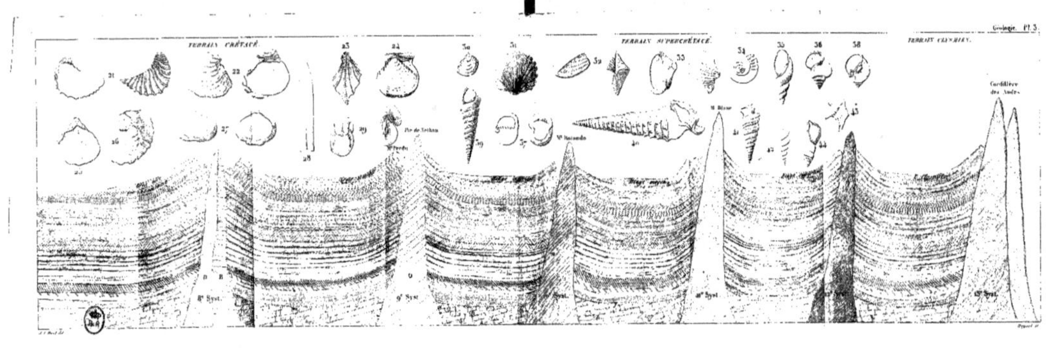

Géologie. Pl. 3
TERRAIN CRÉTACÉ.
TERRAIN SUPERCRÉTACÉ.
TERRAIN CLYMÉEN.
Pic de Nothau
V.ᵗ Raimondo
M. Blanc
Cordillère des Andes

CHAPITRE IV.

TABLEAU méthodique et descriptif des roches essentielles d connaître.

PREMIÈRE CLASSE. — ROCHES PIERREUSES ET ARGILEUSES.

PREMIER ORDRE. — *Roches siliceuses.*

GENRE DES ROCHES QUARZEUSES.

IIᵉ ORDRE. — *Roches silicatées.*

GENRE DES ROCHES ARGILEUSES.

GENRE DES ROCHES SCHISTEUSES.

GENRE DES ROCHES FELDSPATHIQUES.

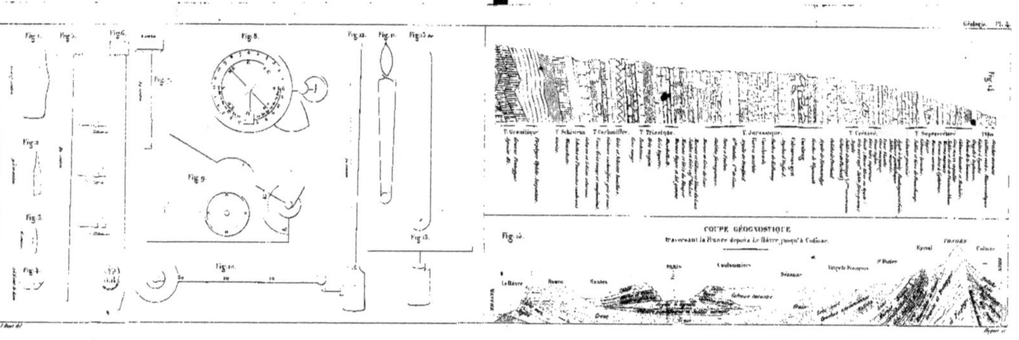

Géologie. Pl. 4.
COUPE GÉOGNOSTIQUE
traversant la France depuis Le Hâvre jusqu'à Colmar.

CHAPITRE V.

CHAPITRE VI.

CHAPITRE XIII.

CHAPITRE XIV.
SÉRIE NEPTUNIENNE.

CHAPITRE XVII.

CHAPITRE XVIII.

CHAPITRE XIX.

CHAPITRE XX.

CHAPITRE XXI.

CHAPITRE XXII.

CHAPITRE XXIII.

DE L'ÉTAT DE LA TERRE A L'ÉPOQUE OU SE FORMA LE
TERRAIN CRÉTACÉ.

CHAPITRE XXIV.

CHAPITRE XXV.

DE L'ÉTAT DE LA TERRE A L'ÉPOQUE OU SE FORMA LE TERRAIN SUPERCRÉTACÉ.

CHAPITRE XXVI.

FIN DE LA TABLE DES MATIÈRES.

TOUL, IMPRIMERIE DE Vᵉ BASTIEN.

ERRATA.

Page 37 , ligne 5 , enveloppée des *lisez* enveloppant des.
— 64 , — 3 , et roches *lisez* et d'autres roches.
— 77 , — 9 (tableau 4ᵉ colonne), Tuffus *lisez* Tuffas.
— 82 , — 29 (tableau 2ᵉ colonne), en conglomérats *lisez* et conglomérats.
— 28 , — 20, diorites *lisez* dolérites.
— 116 , — 28, couleurs *lisez* couches.
— 165 , — 5, *vealden* lisez *wealden*.
— 181 , — 7 (nᵒ du §), 584 *lisez* 594.

Nota. Il faut continuer à augmenter d'une dizaine les nᵒˢ des paragraphes jusqu'au nᵒ 835 qui doit être 845 (page 216).